解体新書「捕鯨論争」

ishii atsushi
石井敦❖編著

新評論

はじめに

恒例行事

二〇一〇年一月六日、日本が行っている南極海での調査捕鯨に対して抗議活動を行っていた反捕鯨団体「シー・シェパード保全協会」（以下、シー・シェパード）の船舶「アディ・ギル」号と調査捕鯨船団の「第二昭南丸」が衝突する事件が起きた。シー・シェパードは二〇〇六年から毎年抗議活動を行っており、それが新聞やテレビでも繰り返し報道されている。もうすでに「恒例行事」と言ってもいいかもしれない。

では、いったいなぜ、シー・シェパードが南極海に抗議船を毎年送り出せるほどの支援を得て、抗議行動を繰り返しているのだろうか。この問いに答えるためには、捕鯨に関する日本の政策や外交、調査捕鯨の実態、そして国際交渉を含めて捕鯨問題をとらえていかなければならない。つまり、シー・シェパードと日本の調査捕鯨との対峙を眺めたところで、その答えにはたどり着けないということである。

食べ物フェアでの戸惑い

私は、捕鯨基地がある石巻市鮎川に近い仙台市に住んでいる。あるとき仙台駅の近くで、東北地方の特産物が並んだ食べ物フェアに出くわした。そこで鯨肉の焼肉が売られていたが、幟《のぼり》には「仙台の」でも「東北の」でもなく、「日本の食文化」というキャッチコピーが踊っていた。周りを見渡してみたが、ほかの食べ物にそうした幟は立っていなかった。今までそういう幟を見たことがあるかどうかと記憶をたどってみたが、私の大好物であり、多くの人が日本の食文化と認めるところのラーメン店の店先でもこのような幟は見たことがない。

新聞を少したぐってみた。すると、食べ物フェアで見た「鯨肉は日本の食文化」という言葉が、日本政府による捕鯨推進の理由として真っ先に挙げられている。しかし、私自身、普段鯨肉を食べることもなければ、日常会話において鯨肉の話というものをほとんど聞いたことがない（もっとも、私は干した鯨肉にマヨネーズをつけて食べるのが好きだが）。

スーパーマーケットに行くと、クジラの刺身が売られているときがある。そこには、たいてい「南極海産」と書いてあり、豚肉や鶏肉と比べて値段はかなり高めとなっている。南極海はどの国にも属さない公海なので、当然、捕鯨活動は国際的な管理のもとでなされている。そのための交渉が繰り広げられている国際捕鯨委員会（International Whaling Commission：ＩＷＣ。**表0－1**参照）に私が初めて参加したのは、二〇〇五年、韓国の蔚山《ウルサン》で開かれたときである。さぞ「日本の食文化」のために欠かせない捕鯨を推進するべく日本政府の代表団

表0－1　IWC加盟国一覧（総数88か国。2010年12月現在）

アンティグア・バーブーダ	グアテマラ	ペルー
アルゼンチン	ギニア	ポルトガル
豪	ギニアビサウ	ルーマニア
オーストリア	ハンガリー	ロシア
ベルギー	アイスランド	セントキッツ・ネービス
ベリーズ	インド	セントルシア
ベナン	アイルランド	セントビンセント・グレナディーン
ブラジル	イスラエル	サンマリノ
カンボジア	イタリア	セネガル
カメルーン	日本	スロバキア
チリ	ケニア	スロベニア
中国	キリバス	ソロモン
コンゴ共和国	韓国	南アフリカ
コスタリカ	ラオス	スペイン
コートジボワール	リトアニア	スリナム
クロアチア	ルクセンブルグ	スウェーデン
キプロス	マリ	スイス
チェコ	マーシャル	タンザニア
デンマーク	モーリタニア	トーゴ
ドミニカ国	メキシコ	ツバル
エクアドル	モナコ	英国
エリトリア	モンゴル	ウルグアイ
エストニア	モロッコ	米国
フィンランド	ナウル	リトアニア
フランス	オランダ	ポーランド
ガボン	ニュージーランド	ブルガリア
ガンビア	ニカラグア	ドミニカ共和国
ドイツ	ノルウェー	
ギリシャ	オマーン	
グレナダ	パラオ	
	パナマ	

は頑張っているのだろう、という先入観で参加したことを告白しておく。ところが、会議がはじまって目にした光景は、どうも変な様子だった。

私はこれまでに、地球温暖化の国際交渉などにも計九回にわたって参加してきた。そのなかには、温室効果ガスの排出削減を先進国に義務づけた京都議定書（二〇〇五年に発効）の採択があった節目の京都会議（ＣＯＰ3、一九九七年）も含まれている。京都会議のときには、外交官や環境ＮＧＯが寝る間も惜しんで交渉妥結に奔走し、会期延長までをして合意にこぎつけたものである。

しかし、捕鯨の国際交渉は京都会議とはまるで様子が違っていた。京都会議では非常に稀だった感情的な非難合戦も、捕鯨問題では、いわゆる捕鯨推進派と反捕鯨派の間では日常茶飯事である。さらに、そうした対立で会議が紛糾し、捕鯨の国際的な管理を進めるための成果がまったく上がらなくても、会期延長をすることもなくそれぞれの国の外交官たちは本国に帰っていった。私が捕鯨の国際交渉に戸惑いを覚えたのは、温暖化の国際交渉会議で感じた国際社会の「皮膚感覚」とはあまりにもかけ離れていたからである。要するに、まったく熱心ではなかったのだ。

これは、なぜだろうか。こうした一連の戸惑いが、本書を書くきっかけとなった。本書では、こうした戸惑いを解消し、日本にかかわる捕鯨問題の全体像を描きたいと思っている。

捕鯨論争——いわゆる五五年体制？

蔚山《ウルサン》での捕鯨交渉の傍聴席で「捕鯨推進派と反捕鯨派の対立」と言われているものを眺めていたら、日本の国会中継を思い出した。つまり、政権与党と野党が実質的な改革論議をするわけではなく、いわば儀式的な対立をしているという国会の光景である。儀式とは、物事を滞りなく進めるための行動様式を提供するものである。儀式に則れば、誰もが次に何が起こるのかを予測することが可能であり、儀式自体には実質的な意味がない。そんな儀式には誰も興味をもたないからこそ、国会中継の視聴率も極端に低いのだろう。

同じように、捕鯨論争の対立もこうした儀式になっているだけなのかもしれない。さらに言えば、旧社会党がそれまでの主張を大転換して自民党とともに政権与党になったとき（一九九四年）と同じように、ひょっとしたら、捕鯨推進派と反捕鯨派はお互いに協力しているのではないかとさえ思えてくるし、捕鯨問題では、このような儀式的な対立をすること自体が成果となっているのかもしれない。しかし、このような対立は、納税者の立場から見ると少しだまされたような気分にもなる。

新聞で、捕鯨外交における日本政府の目的を調べてみると、それは一九八七年以来閉ざされている商業捕鯨の再開であるという。それが「悲願」なのだと形容されることも多い。この目的のために、日本政府の代表団には国際交渉に赴く旅費や日当が支払われているわけだが、すでに述べたように、実態としては儀式的な対立をして帰ってくるというのが常態化している。これでは、日本の納税者が日本政府の代表団に対して、今までに捕鯨外交にかかった何億円という費用の返済を要求しても不思議はない。

さらに重要なのは、国境に関係なく大海原を泳ぐクジラを国際社会は管理する義務があるわけだが、それが儀式的な対立に終始し、クジラが直面している問題に日本を含めた国際社会が目を向けようとしていないことである。捕鯨に対する主義主張がどうであれ、実際に絶滅危惧種である鯨種の個体数が回復してきているのかどうかはまだ分かっていない。そして、捕鯨論争ではほとんど指摘されないことだが、絶滅危惧種と目される鯨種は日本近海を含めて存在しているのだ。

さらに、地球温暖化やオゾン層破壊、海洋汚染による悪影響、クジラの捕獲を目的としていない漁法（大型定置網など）で結果的にクジラが捕獲されてしまっているという混獲の問題、漁業全般との関係、船舶との衝突問題などといった問題は、国際社会が外交を通じて協力しあわなければ解決できない問題であるわけだから、儀式的な対立をしている場合ではないのだ。言い方を換えれば、こうした問題に立ち向かえないことが儀式的な対立の代償となっている。

日本国内に目を転じると、捕鯨問題にかかっている代償はこれだけではない。日本政府が商業捕鯨再開のために必要とされる科学的知見を収集するという目的で実施している調査捕鯨には、一九八七年から毎年約五億円の補助金が注ぎ込まれ、それ以外にも国から一二億円以上の無利子融資が投入されている。これは、日本の水産研究を見渡しても史上最大規模の国策プロジェクトと言える。今までに注ぎ込まれた補助金の総額を低賃金で人手が足りないホームヘルパーの給料でたとえれば、日本全国の総人数を約一三万人だとすると、一年間にかぎってだが、一人の平均年収を約一〇万円上昇させることができるのだ。

また、調査捕鯨を委託されている水産省管轄の財団法人である「日本鯨類研究所（以下、鯨研。所在地は東京都中央区豊海町）」は、水産庁から官僚の天下りを受け入れている（二〇一一年は受け入れを止めている）。つまり、調査捕鯨には、補助金、管轄、天下りのポストという官僚政治とは切っても切り離せないお馴染みの既得権益がかかわっており、調査捕鯨を続けることでこうした既得権益などの確保につながっていると言える。

「真実が靴を履く間に、嘘は地球を半周する」

ここまで見れば分かるように、私の戸惑いは、個人的な感想にとどまらず日本社会が抱える既得権益の問題につながっている。そして、その戸惑いを解消するためには、必然的にこうした既得権益の検証作業を行うしかない。つまり、いずれの党派にも属さず、社会の権力を監視する市民オンブズマンと同じような立場から捕鯨問題を捉えなおすことが必要であり、そうした立場にある人々の研究が本書に結実したといってよい。

市民オンブズマンと言えば、警察の裏金や政務調査費の検証キャンペーンが記憶に新しい。

研究と市民オンブズマンの活動は似ても似つかぬもののように思えるかもしれないが、両者の手法は、関連する証拠を批判的に検証し、その検証で生き残ったものだけを真実と見なすという点においては同じである。

そして、この批判作業が捕鯨問題においてとくに重要になってくるのは、捕鯨問題ほど、「真実が靴を履く間に、嘘は地球を半周する」というマーク・トウェイン（Mark Twain。アメリカの小説家）による箴言が当てはまる問題がほかにないからである。捕鯨問題に関する報道や書籍、インターネット上の情報はほとんどすべてと言っていいほど「捕鯨推進」と「反捕鯨」という対立構図で描かれている。そのどちらの立場にも与せずに真実を知ろうとすると大きな壁が立ちはだかることになるのだが、その一方で、対立構図を踏襲した偏った情報はインターネットを通じて地球を半周するどころか、またたく間に何十周もしてしまう。だからこそ、批判作業を通して捕鯨問題の真実を濾《こ》しとることによってのみ、戸惑いを確信に変えることができる。

オンブズマン型研究

日本経済をつぶさに分析したターガート・マーフィー（R.Taggart Murphy。筑波大学教授、専門は国際融資）は、住宅金融専門会社（住専）などの問題を分析する際にまずこう警告した。

「タテマエとホンネの乖離《かいり》が日本社会の特徴であり、その乖離を矯正しないままでは、解決しようとする問題の実態を把握することができず、そもそも問題解決が不可能となってしまうということである」(『日本経済の本当の話〈上〉』毎日新聞社、一九九六年)

捕鯨問題にこの警告を適用すれば、捕鯨問題のタテマエとホンネをそのままにしておいたのでは問題解決は不可能となるため、捕鯨問題の改善プログラムが踏み出すべき第一歩は、「ホンネ＝実態」を明らかにし、タテマエとして名づけられていたものをその実態に即して改称作業を行うということになる。

捕鯨に関するほとんどすべての管轄を治める水産庁も、タテマエとしては農林水産省設置法に基づいて設置されている農林水産省の外局であり、農林水産大臣の指揮監督を受ける、とされている。しかし、実質的に決定権をもっているのは水産庁なのである。たとえば、日本政府の代表団の長は水産庁や水産業の関係者で占められることが圧倒的に多く、外務省の出る幕はまったくと言っていいほどない。さらに、水産庁が、行政府の長であるはずの首相の制止も振り切ったという事例がある。

それは、調査捕鯨が一九八七年に開始されたときのことで、水産庁は当初の捕獲予定数をミンククジラ八二五頭、ザトウクジラ五〇頭に設定したのだが、当時の中曽根康弘首相から「待った」がかかった。捕獲予定数が多すぎるために、調査捕鯨に反対しているアメリカを刺激しすぎるのではないかと中曽根首相は懸念したのだ。いかにもアメリカを重視した中曽根首相らしいが、水産庁はこれを聞き入れず、当初の捕獲予定数を日本政府の提案としてそのまま国際社会に向けて発表してしまったのである。

考えてみれば、市民オンブズマンの活動とは、タテマエとホンネを一致させるという活動そのものである。つまり、タテマエである出張という名目を、カラ出張というホンネ（実態に合った）という正しい名前をつける作業を行っているのである。本書をさらに別の視点から見れば、批判作業をとおして捕鯨問題におけるタテマエとホンネを一致させるという作業の一端を担う試みが結実したものが本書であるとも言える。そして、こうした研究活動を「オンブズマン型研究」と私は名づけたい。

本書の構成

市民オンブズマンは、公平な立場をとらなければならない。したがって、本書の検証対象となるのは、捕鯨推進・反捕鯨にかかわらず、日本の捕鯨問題にかかわっている主要な組織すべてとなる。私の少ない経験から言えば、日本で組織批判をすると、そこで雇われている個人を批判しているというように誤解される場合が多い。したがって、ここで強調しておきたいことは、本書で展開されている批判はあくまでも組織や現状のシステムに向けたものであって、決して個人ではないということである。

検証対象が多く、検証内容も、鯨類科学から新聞報道、捕鯨外交に至るように多岐にわたるため、執筆は多様な専門分野の研究者やジャーナリストにお願いした。政治学・国際政治史（真田康弘）、鯨類科学（フィリップ・クラプハム、Phil Clapham）、科学技術社会学、国際関係論（ともに石井敦・大久保彩子）の研究者に、国際環境NGOのグリーンピース・ジャパンのスタッフでもあったジャーナリスト（佐久間淳子）を加えた総勢五人である。

市民オンブズマンの独立性という意味では、本書は執筆者全員による共同研究の成果ではなく、それぞれの執筆者たちが日本の捕鯨問題の利害当事者から独立した立場で執筆している。

本書の構成は次のとおりである。

まず第1章では、捕鯨問題の全体像を過不足なく描き、以降で行われる批判作業の文脈を定位する。第2章では、これまで捕鯨関係者しか語ってこなかったと言ってもいい捕鯨をめぐる国際政治史の再検証を行う。第3章では、日本が実施している調査捕鯨の科学的な信頼性や妥当性、捕鯨管理にとっての必要性を評価する。第4章では、マスコミ報道が構築してきた言説を実態と照らし合わせ、今まで捨象されてきた捕鯨問題に対する多様な視点を指摘することによってマスコミ報道の問題点を検証する。とくに、捕鯨問題の常套句の一つである日本の鯨食文化の言説にも焦点を当てる。第5章では、反捕鯨団体の代名詞とも言えるグリーンピースで捕鯨問題を担当したことのあるジャーナリストが、政治的に構築されてきたグリーンピースの虚像を指摘し、その表裏一体の関係にある同団体の功罪を実体験に基づいて明らかにする。そして第6章では、日本政府の捕鯨外交が本当に外交目的として掲げている商業捕鯨の再開に寄与してきたのかどうかを検証し、さらに日本の捕鯨外交の推進力を明らかにする。

本書では、反捕鯨国などの諸外国に対する批判は行っていない。そうせざるを得ないのはひとえに、それが大規模な国際研究チームを組織しなければならず、また紙幅にかぎりがあるからである。しかし、結果として、捕鯨を推進している日本政府だけしか批判していないことになるため、本書が「反捕鯨本」というレッテルを貼られる可能性がある。現に、私は自著の論文で何ら反捕鯨的な主張を展開していないにもかかわらず、私が水産庁の捕鯨政策を批判していることだけを取り上げて「反捕鯨学者」だと紹介されたこともある。しかし私は、読者がそうしたレッテル貼りをせずに読了してくれると信じている。

石井　敦

もくじ

第5章 グリーンピースの実相——その経験論的評価と批判 201 佐久間 淳子

解体新書「捕鯨論争」

第1章 捕鯨問題の「見取り図」

2006年にセントキッツで開催されたIWC年次総会の会場（写真提供：佐久間淳子）

4 クジラとカンガルー

そもそも、なぜ日本がやる捕鯨活動を国際的に管理する必要があるのだろうか。一つの理由としては、クジラが地球上の海という海を「国際的」に移動するからというのがある。そして、もう一つの理由、これは時代によって異なってくる。

クジラは捕った人の所有物であるという考え方が支配的であった二〇世紀の後半ごろまでであれば、クジラを捕りすぎると豊漁貧乏になってしまい、かつ資源が劣化するので国際的に生産調整をしたほうが長期的な利潤を確保できるという理由が挙げられる。しかし、その後の時代では、クジラは捕った人のものではなく、公海を泳ぐ、いわば人類共有の財産だとする認識が支配的になったため、たとえクジラを捕ったことがなくても、また国土が海に面してなくても、世界中どの国でも捕鯨に関して意見を言う権利をもち、日本も含めてその意見は尊重されなければならず、国際協力による管理が必要であるという考え方になった。

反捕鯨派がクジラを特別視する論拠の弱点を突こうとして、「なぜ、クジラは食べてはだめで、カンガルーや畜肉はいいのか」というように陸上の生物を持ち出されることがよくある。二〇〇九年三月一五日付の〈毎日新聞〉が報じているように、日本政府も国際捕鯨委員会（ＩＷＣ）の席上で繰り返しカンガルーの食用に対して言及している（第6章を参照）。

カンガルーなどの陸棲動物は、基本的にかぎられた領土内に生息しているので、そうした動物は生息地を治める国（二か国以上の場合もありうる）が管理すればよいのであって、他の国の出る幕はないとされている。一方、クジラの場合は、共有財産だから国際交渉を通じて管理しなければならず、歴史や価値観がそれぞれ異なる国々が話し合いの席に着かなければならないとされている。よって、捕鯨問題にカンガルーを持ち出すことは、カンガルーが生息する国々にとっては「大きなお世話」なのである。

捕鯨の国際的管理

現在、捕鯨の国際的管理は一九四六年に締結された国際捕鯨取締条約（巻末に全文掲載。以下、取締条約）のもとで行われ、その交渉機関がＩＷＣである。しかし実は、この取締条約で管理される「商業捕鯨」の定義は同条約には書かれておらず、管轄鯨種、つまり管理対象となるクジラの種類も国際的な合意が得られていない、と言ったら読者のみなさんは驚かれるかもしれない。ましてや、日本語で書かれた捕鯨問題の解説本などには「取締条約の管轄鯨種は一三種類である」（現在は一四種類）とはっきり書いてあるのに、「なぜ？」と思われるだろう。

国際政治における主権国家といえども、しょせんは人間のやることだ。誰しも、はっきりさせようとするとこじれそうだから曖昧なままにしておこうという経験をしたことがあるだ

図1－1　大型鯨類の一覧

・近代捕鯨が主な対象種としたクジラ

・それ以外のクジラ

・セミクジラ
・コセミクジラ
・クロミンククジラ
・コククジラ
・ホッキョククジラ
・キタトックリクジラ
・ミナミトックリクジラ

（イラスト提供：倉澤七生）

ろう。これと同じように、わざわざはっきりさせる必要のないものは、ほじくらず、曖昧なままにしておくべきことは曖昧にしておいて合意にこぎつけるというのが国際政治の常套手段である。これが取締条約でも起こり、現在まで尾を引いている。

クジラは「ひげクジラ」と「歯クジラ」に大別できる。食用になるのは圧倒的にひげクジラであり、その仲間には、絶滅危惧種であるシロナガスクジラやホッキョククジラ、そして調査捕鯨の主な捕獲対象となっているミンククジラが含まれる。ひげクジラはおしなべて大型であるため捕獲効率がよく（一回の捕獲でより多くの鯨油や鯨肉が得られる）、乱獲の対象となった。一方、歯クジラの代表格と言えば小説『白鯨』[1]にも登場するマッコウクジラであり、主に鯨油を採取するために乱獲の対象となった。水族館で人気者となっているイルカも生物学的にはクジラと何ら変わらず、この歯クジラの仲間である。

別のクジラの分類法として重要となるのは、取締条約の管轄鯨種かどうかを基準とする「大型鯨類」（**図1-1**参照）と「小型鯨類」である。取締条約の管轄鯨種が合意されていないことはすでに述べたが、それは最終的な決着がついていないということであり、すべてのＩＷＣ加盟国が取締条約のいわば「最小公倍数」の管轄鯨種として合意している一四種の大型のクジラが「大型鯨類」と呼ばれている。それ以外のクジラは、イルカなども含めてすべ

（1）アメリカの小説家ハーマン・メルヴィルが一八五一年に発表した長編小説。

て「小型鯨類」に分類される。大型、小型という名前が付けられているために大きさで区別しているようにも思えるが、あくまでも取締条約を基準としていることに注意が必要である。このおかげで、たとえば大型鯨類のミンククジラよりも大きいツチクジラが小型鯨類に含まれているというねじれ現象が生じている。

もめているのは、イルカなどの小型鯨類の扱いである。日本、ノルウェー、アイスランドといった捕鯨推進派は、基本的に小型鯨類は取締条約の管轄外であるという立場をとっている。だから、水産庁のホームページには取締条約の管轄鯨種として一四の鯨種だけが明記されている。その根拠としては、取締条約の附属書にある学名表に小型鯨類が掲載されていないこと、また小型鯨類は主に沿岸に生息しているため、沿岸国や地域機関に管理を任せたほうがよいといったことが理由として挙げられている。さらに、政治的な理由としては、食用などの資源利用ができる小型鯨類の管理に関係する国をなるべく少数に抑えたほうが資源利用を推進しやすいということもあるだろう。[2]

一部の小型鯨類は、沿岸だけでなく公海を泳ぐ人類共有の財産であるにもかかわらず、その国際的管理を行う組織は定まっていない。そして、小型鯨類は、過剰な捕獲、混獲、精緻な科学研究に基づかなければ効果があるかどうかも分からない漁業者による間引き、海洋汚染、オゾン層破壊や温暖化といった環境変化の脅威にさらされており、そもそも生息数がまったく分からない鯨種もいるというのが現状である。

実際、日本では知事や農水大臣許可のもとで小型鯨類を捕獲しており、その捕獲対象のうちの数種は、減少傾向にあるということが水産庁による資源評価で判明している[3]。有明海の沿岸ではミナミハンドウイルカが混獲され、このまま混獲が続けば絶滅危惧種となる可能性も指摘されているほか[4]、長崎県の壱岐島では、一九七六年から一九八二年までの間に四七五〇頭の小型鯨類が駆除されている[5]。

小型鯨類を取締条約の管轄に含めるべきとするのは、アメリカやオーストラリア、ニュージーランド、大半の欧州諸国、アルゼンチン、ブラジルといった国々である。その理由は、こうした小型鯨類への脅威に国際社会が効果的に対処するために取締条約の管轄に含めるべきである、としているからだ。さらに、これらの国々が法的根拠として挙げているのが、日

（2）K. Mulvaney & B. McKay (2003) Small Cetaceans: Status, Threats, and Management. In: W.C.G. Burns & A. Gillespie, The Future of Cetaceans in a Changing World. Transnational Publishers.

（3）水産庁（一九九八）『日本の希少な野生水生生物に関するデータブック（水産庁編）』（社）日本水産資源保護協会。

（4）共同通信ニュース「有明海でイルカの混獲被害相次ぐ　一〇年後に半減も」二〇〇九年三月一九日〈www.47news.jp/CN/200903/CN2009031901000710.html〉（二〇〇九年四月二日閲覧）。

（5）T. Kasuya (1985) Fishery–dolphin conflict in the Iki Island area of Japan. In: J.R. Beddington, R.J.H. Beverton & D.M. Lavigne (eds.) Marine Mammals & Fisheries. George Allen & Unwin.

本も批准している国連海洋法条約（以下、海洋法条約[6]）や、いわゆる地球サミットで日本を含め全会一致で採択された「アジェンダ21[7]」である。

海洋法条約の第六五条には、「同条約の加盟国は、沿岸も含むすべての海域において、すべての鯨類を含めた海生哺乳動物の保全、管理、研究のために『適切な国際機関』のもとで協力しなければならない」と規定している。その後、アジェンダ21の第17章では、その「適切な国際機関」がＩＷＣであることが確認された。この二つをあわせると、ＩＷＣは学名表に記載されているものだけでなく、小型鯨類を含むすべてのクジラを管理対象にするべきということになる。

この議論が示している重要なことの一つは、捕鯨問題に関係している国際法は、文字どおり捕鯨が名称に含まれている取締条約だけでなく、ほかにも関連する重要な国際法もふまえながら捕鯨問題を理解しなければならない、ということである。国際法は、網の目のように複雑に絡み合っている。そうした国際法の一覧と、それぞれの国際法が捕鯨問題とどのようにかかわってくるのかを**表1-1**に示した。

もう一つ重要なことは、国際法というのは文字どおりに読めばいいのではなく、その時々の状況に応じて解釈されて初めて意味をもってくるということである。右記の例では、小型鯨類がＩＷＣの管轄に入るはずがないという明確な根拠として附属書の学名表が挙げられている。しかし、条約の締結された一九四六年当時では、小型鯨類を国際的に管理しようとす

表1－1 捕鯨問題と関連する国際条約／議定書

条約／議定書（協定も含む）	略称	締結年	日本の批准年	捕鯨問題との関連
国際捕鯨取締条約	ICRW	1946	1951	＊国際的な鯨類の管理のための主たる条約
国連海洋法条約	UNCLOS	1982	1996	＊包括的に海洋に関する事項全般を規定する「海の憲法」であり、その中で鯨類の管理を位置づけている条約
絶滅のおそれのある野生動植物の種の国際取引に関する条約(ワシントン条約)	CITES	1973	1980	＊鯨類資源の国際取引に関する禁止措置や貿易規制
移動性野生動物種の保全に関する条約(ボン条約)	CMS	1979	（批准せず）	＊鯨類に関する保全や、そのための国際協力の推進
バルト海および北海の小型鯨類の保全に関する協定	ASCOBAMS	1991	（批准せず）	＊バルト海、北東大西洋、アイルランド海、北海における小型鯨類に関する保全のための国際協力の推進
黒海、地中海及び（ジブラルタル海峡以西の）大西洋の接続水域の鯨類の保全に関する協定	ACCOBAMS	1996	（批准せず）	＊黒海、地中海（と隣接する大西洋海域）における小型鯨類に関する保全のための国際協力の推進
生物多様性条約	CBD	1992	1993	＊クジラを含めた海洋生態系に関する国際協力 ＊日本の調査捕鯨の目的の一つにも謳われている生態系アプローチの定義が採択されている
南極の海洋生物資源の保存に関する条約	CCAMLR	1982	1982	＊クジラは基本的に管轄外だが、クジラの主要な捕食物であるオキアミに関する保存管理と持続可能な利用のための措置の採択と実施（日本の調査捕鯨ではオキアミをめぐる競合を研究テーマの一つに挙げている） ＊海洋生態系の維持
北大西洋海産哺乳動物委員会	NAMMCO	1992	（批准せず）	＊北大西洋に生息するクジラやイルカなどの海産哺乳動物を管理することを目的とした国際機関
国際海上人命安全条約	SOLAS	1974	1980	＊船舶の安全性確保のための規則を定める条約
1973年の船舶による汚染の防止のための国際条約に関する1978年の議定書	MARPOL	1973/1978	1983	＊船舶の運航やその事故による海洋の汚染を防止するための条約

出典：各条約／議定書の公式ホームページに基づき筆者作成。

る国はなく、そもそも公海を泳ぐ生物が「人類共有のものである」という考え方などはなかった。それだからこそ、学名表をＩＷＣの管轄とすることが共有され、問題視されなかったのである。

しかし、現時点では、人類共有の財産という考え方が広く受け入れられて共通認識となっている。そして、そもそも生物学の世界では新種が出てきたり、同じ種だと思っていたものが違う種だと分かったり[8]、またその逆があったりすることを考えれば、生物種の学名表というのは管轄を縛るものではなく、あくまでも参考程度のものである、と解釈するのもまちがいだとは言い切れない。実際、表中にある「ＡＣＣＯＢＡＭＳ」という国際的な枠組みでは、学名表を参考表記として位置づけている[9]。

国内であれば、学名表の位置づけを裁判で決められる可能性が高いが、国際社会では、そうしたことを国際司法裁判所などの機関に期待することは難しい。そこで、国際交渉の重要任務の一つとして、現状の共通認識を確認し、その共通認識をもとに国際法をどう解釈するのか、小型鯨類の場合であれば、それは取締条約の管轄に入るのか入らないのかを不断に取り決めることが挙げられる。言い換えれば、国際法の解釈は国際政治そのものであり、小型鯨類の問題を解決するためには、国際法に違反しているかどうかを判断すればいいという問題ではなく、ＩＷＣ加盟国の責任において政治判断を行う以外にないということである。なお、本書では、簡略化のためにＩＷＣ管轄鯨種を一四種の大型鯨類に限定するが、これは捕鯨推進国やその他の国の見解を支持するものではないということを申し添えておく。

　クジラの種類と並んで重要な基礎知識として、捕鯨の種類に関する分類がある。これも少し込み入っているが、大きく分けて、主に国際社会で通用する分類と、日本国内だけでしか通用しない漁業法に則した分類がある。前者は取締条約で規定されており、主に科学調査や先住民のニーズを充足させることといった捕鯨の目的によって区分されており、後者は母船使用の有無と漁具で区分されている（**表1－2**を参照）。

　ここで注意しなければならないのは、日本の漁業法で区分されている大型・小型捕鯨業の「大型」、「小型」という表記が、捕獲しているクジラの大きさを表しているわけではないということである。具体的には、大型鯨類であるミンククジラと小型鯨類を捕獲する商業捕鯨

---

(6)　いわゆる「海の憲法」と呼ばれ、海洋法秩序を包括的に規定した条約。一九八二年に第三次国連海洋法会議で採択、一九九四年に発効。二〇一一年三月一〇日の時点で批准国は一六一か国。日本は一九九六年六月に批准した。「海洋法に関する国際連合条約」とも言う。

(7)　「持続可能な開発」を実現するための具体的な行動計画を策定したもので、一九九二年にブラジルのリオデジャネイロで開催された「国連環境開発会議」で採択された。

(8)　実際、南極海のミンククジラと他のミンククジラは同種のものと考えられていたが、現在は、前者をとくに「クロミンククジラ」と呼んでいる。以降、とくに断りがないかぎり、クロミンククジラと言えば南極海のミンククジラのみを指し、ミンククジラはクロミンククジラを含めた一般的な名称として用いる。

(9)　A. Gillespie (2005) Whaling Diplomacy: Defining Issues in International Environmental Law. Edward Elgar.

表1－2　捕鯨形態の分類

		定　　義	捕獲対象鯨種		
			小型鯨類	大型鯨類	
			イルカ等の歯クジラ	ミンククジラ	ミンククジラ以外のひげクジラとマッコウクジラ
IWC	[a] 調査捕鯨	取締条約第8条に基づいて行う科学的調査のための捕鯨	×	○	○
	[b] 先住民生存捕鯨	取締条約附表第13項に基づくIWCの特別許可による捕鯨	×	○	○
	[c] 商業捕鯨	定義はないが、実質的には [a] と [b] 以外で、大型鯨類を捕獲する捕鯨	×	○	○
	小型沿岸捕鯨	動力船と捕鯨砲を用いて、沿岸で主にミンククジラを捕獲する捕鯨	×	○	○
日本の漁業法	[1] 母船式捕鯨	処理設備のある母船などと捕鯨砲を使用してクジラをとる漁業	○	○	○
	[2] 大型捕鯨業	動力漁船により捕鯨砲を使用してクジラをとる漁業で母船式捕鯨業以外のもの（例えば、陸上で解体する基地式）	×	×	○
	[3] 小型捕鯨業（いるか漁業はここに含まれる）	動力漁船により捕鯨砲を使用してミンククジラ又はマッコウクジラ以外のハクジラをとる漁業で母船式捕鯨業以外のもの。	○	○	×
その他*	沿岸捕鯨	沿岸で行う商業捕鯨	○	○	○

*上二つのどちらにも当てはまらないが一般的に用いられている分類。

は「小型捕鯨業」、残りの大型鯨類を対象とする商業捕鯨は「大型捕鯨業」に分類されている。これは、日本の沿岸や沖合で行われてきた大型捕鯨は基本的に鯨油をとることが目的だったため、ミンククジラは小さすぎて捕獲対象にならなかったことに起因している。

すったもんだが繰り広げられているＩＷＣだが、一九四九年に第一回の年次会合が開催されている。それ以来、ＩＷＣは年次会合を毎年一回開催しており、そこでの交渉を通して取締条約の条文を時代状況に合わせて解釈することが重要な任務の一つとなっている。ＩＷＣに参加する要件は分担金の支払いだけであり、捕鯨経験の有無に関係なくどの国でも参加できる。なお、ＩＷＣではさまざまな会合が開催されているが、加盟国が一堂に会し、公開の場で交渉を行うのは本会議である。

その取締条約の前文には条約の目的が明記されている（巻末の条文参照）。日本でもっともよく引用されるのは、「鯨族の適当な保存を図って捕鯨産業の秩序のある発展を可能にする」という箇所であろう。そして、この目的が持ち出されるストーリーは、「商業捕鯨を認めない、つまり、捕鯨産業の発展を許さない反捕鯨国はこの条約の目的にそもそも違反している」というものである。

繰り返すが、国際法の条文は額面どおりに解釈すればいいのではなく、また取締条約だけでなく、他の関連条約もあわせて解釈しなければならない。取締条約が起草された一九四六年当時、領海以外は基本的に自由に活動することが認められ、クジラが誰のものかと言えば捕りたい人たちのものであり、捕鯨産業は隆盛をきわめていた。そうした時代の「捕鯨産業の発展」であれば、産業を認めないことは取締条約に違反していると言えるかもしれない。

しかし、かつて世界中の海を闊歩していた捕鯨船団は姿を消し、現在は日本が公海上で調査捕鯨を行っている以外は捕鯨産業が衰退し、ほとんどが沿岸で細々と捕鯨を続けている。加えて、海洋法条約で規定されているように、クジラは捕鯨者だけのものでなく、公海を泳ぐ人類共有の財産であるという考え方が広く浸透している。そうしたなかでは、「捕鯨産業の発展を認めない」というだけで条約違反とすることはできない。

捕鯨の管理方法に目を向けると、具体的な捕鯨の管理規定（捕獲枠、体長制限、子クジラや親子クジラの捕獲禁止、漁期、捕獲方法など）は取締条約の附表で規定されており、そのなかでももっとも重要なのは捕獲枠の設定である。一般的に捕獲枠の設定方法はいくつかあるが、現在ＩＷＣで設定されているのは、クジラの個体群ごとに捕獲が許容される上限である。

個体群とは、一定時間内に一定空間に生活する同種の生物個体の集まりである。同じミンククジラでも、生息域がまったく混じりあわないグループや遺伝学的に性質が異なるグループがいれば、それらを別々の個体群として扱って個体群ごとに管理をしなければ生物の多様性は保全できない。したがって、捕鯨枠も個体群ごとに設定される。

仮に捕獲枠を含めた附表の規制を破った場合はどうなるかと言えば、取締条約では罰則規定は盛り込まれていない。また、後述するが、調査捕鯨のための特別許可による捕獲枠の場合は附表の規定に縛られることはなく、特別許可を発給する国が独自の判断で設定できるようになっている。では、附表にある規制内容を修正したい場合はどうすればいいのだろうか。

このためには、全ＩＷＣ加盟国の四分の三の修正賛成票が必要となる。逆に言えば、全ＩＷＣ加盟国の四分の一を超える反対票が得られれば附表修正案を否決することができるということである。また、附表修正が採択された場合でも、その後九〇日以内に異議申し立てを行えば、申し立てをした国がその附表修正を遵守しなくても国際法の違反とはならない。こうした異議申し立て制度があるおかげで、多数決ではなかなか反映されない少数派の意見もすくい取ることができる。

実際に、日本を含めて、今まで多くの国々がその恩恵にあずかっている。なお、異議を取り下げた場合、再度、異議を申し立てることは基本的にはできないが、これも絶対的なルールではなく、後述するアイスランドのケースのように、ＩＷＣ加盟国がその総意として別の判断をすれば再申し立てができないこともない。これも、国際法の解釈の曖昧さを示している例である。また、附表修正ではなく、法的拘束力をもたない決議[10]案であれば、単純過半数の支持で採択することができる。

取締条約の本体では、附表を修正する際の原則が定められている（巻末の条文参照）。この原則のなかで重要なことは、「（ｂ）科学的認定に基づくもの」と「（ｄ）鯨の生産物の消費

コラム　新管理方式（New Management Procedure）

鯨類を含む生物資源は再生産される資源であるが，その再生産量は資源水準に依存する（図参照）。鯨類資源の環境容量に対応する資源量を初期資源量（K）、最大の再生産量を最大持続生産量（Maximum Sustainable Yield、MSY）、その時の資源水準を「MSY 水準（Maximum Sustainable Yield Level、MSYL）」と呼ぶ。

新管理方式（NMP）は、これらの最良推定値をもとに、資源量が MSYL で安定するように捕獲枠を決める管理方式である。下図に示すとおり、個体群ごとに現在の資源水準を推定し、最良の推定値が MSYL の90%（0.54K）を下回る場合には捕獲禁止とされる。MSYL は、初期資源量の60%の水準（0.6K）と想定され、資源水準の推定値が0.6K 以上の資源には MSY の90%（残りの10%は不確実性に対する安全係数）に相当する捕獲枠が設定される。NMP は MSY、MSYL、初期資源量は推定可能であるとの前提に立ち、生物学的情報から資源動態を現実に近い形で再現したうえで捕獲枠を決定する、いわば実証主義に依拠していたものであった。

図：新管理方式による捕獲枠の算定

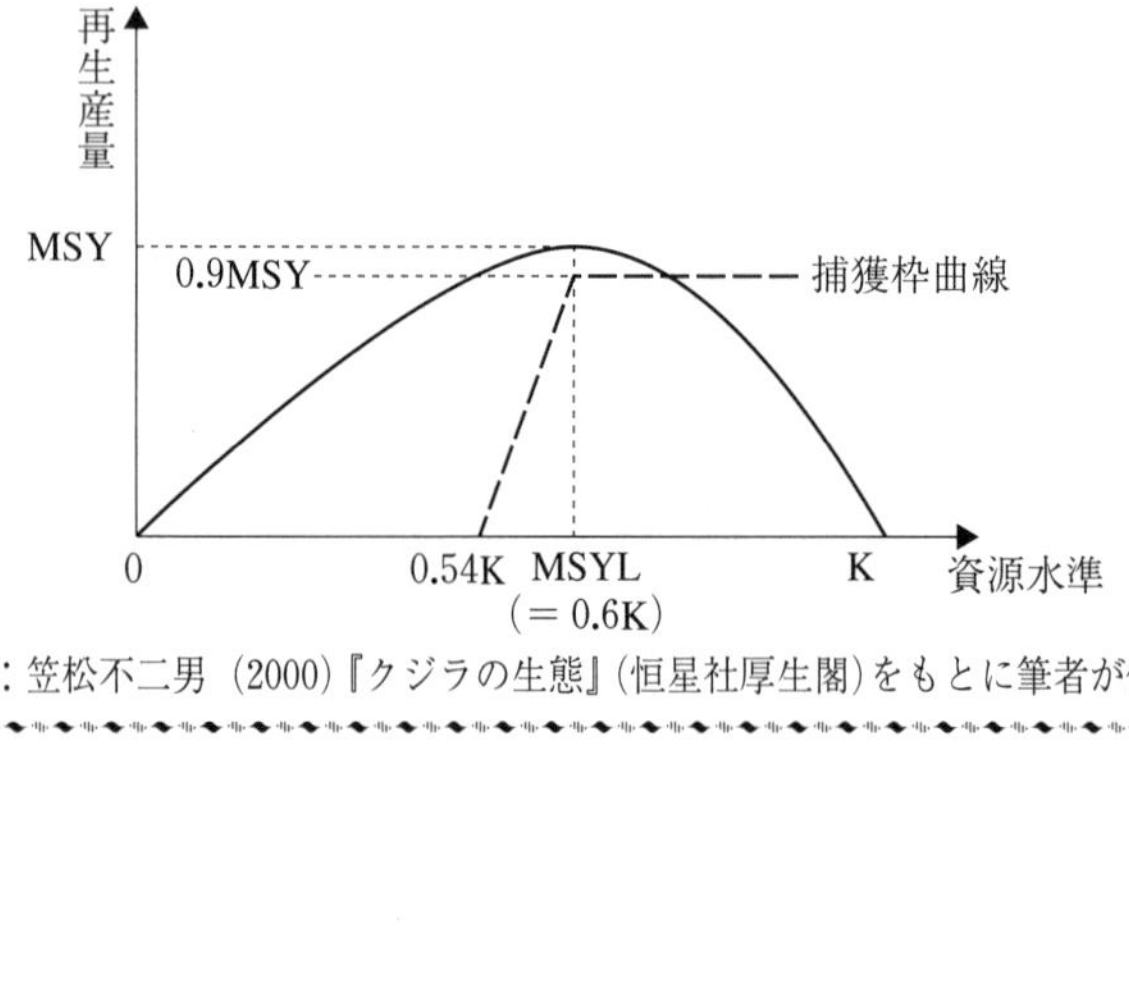

出典：笠松不二男（2000）『クジラの生態』（恒星社厚生閣）をもとに筆者が作成。

者及び捕鯨産業の利益を考慮に入れたもの」でなければならないという二つの条件である。

IWCは、この（b）の原則に即して、科学的な助言をする下部機関として「科学委員会」を設置している。IWCの参加国であれば、科学委員会に自国代表を参加させることができる権利をもつ。ただし、（b）の「科学的認定」というのは、IWCの科学委員会だけに許された特権ではない。第2章で詳述されるが、過去にIWCで用いられ、日本も積極的に推進していた「新管理方式」（前ページのコラムを参照。以下、NMP）という科学的管理方式では、国連食糧農業機関やIWCの枠外で行われたワークショップにおいて勧告された科学的知見が取り入れられたこともある。

（d）に関しては繰り返しになるが、捕鯨産業がほとんど「絶滅」してしまった今、この原則をどのように適用するのかは政治的判断による。

この二つを重要な要素として挙げたのは、それらが満たされなければ附表修正ができないというような誤解が生じやすいからである。原則はあくまでも原則であり、すべてのIWCの決定が右記の（b）と（d）を満たしたものでなければ採択できないという規定はない。

---

(10) 法的拘束力がないからといって、まったく無視していいかというと、それほど単純ではない。たとえば、法的拘束力のない決議が積み重なっていけばそれが国際慣習法になり、主権国家が無視できなくなるという考え方もあれば、法的拘束力に縛られないという権利を濫用することは法の一般原則に反するという考え方もできる。

また、再三述べているように、国際法では法文の字面《じづら》ではなく解釈が重要である。したがって、「科学的認定」とその範疇には入らない公平性などの考え方とのバランスをどのようにとるのか、取締条約の締結時には想定外であった捕鯨産業の衰退を受けて、その産業と鯨肉の消費者の利益をどのように考えるのかは、あくまでも政治的判断による解釈なのであり、単純に字面だけで違法性を論じることはできない。

商業捕鯨モラトリアム

一九六〇年代までにＩＷＣの下で行われていた鯨類資源の管理は、資源状態が悪化した種にかぎって禁漁にするという場当たり的な管理に終始し、乱獲に歯止めはかからなかった。とくに、クジラの捕獲、鯨肉の加工、保存が一体となった母船式捕鯨（**表1－2**参照）は、漁場を食いつぶしては新たな漁場に移動していくことが可能となるために資源の枯渇を招く原因の一つとなった。そうしたなか、捕獲対象となっていたクジラの資源状態は悪化の一途をたどり、鯨類資源の代替品（鯨油に代わる石油や植物油など）が普及するにつれて捕鯨産業は衰退していき、一九七〇年代には、それまでは概して無視されていた科学的な助言に沿って捕鯨を管理しようとする機運が高まった。

そうして誕生したのがＮＭＰと言われる科学的な管理方式である。科学委員会のなかには、このＮＭＰがＩＷＣで採択されたことによって捕鯨の科学的な管理が可能となるという、慎重だが楽観的な見方[11]が広がった。たしかに、ＮＭＰを実施した結果、ナガスクジラやイワシクジラなどが禁漁となったが、このＮＭＰはそもそも入手が困難あるいは不可能な科学的データを必要とする管理方式であったため、非常に不確実性の高い捕獲枠しか計算することができない。

　こうした不確実性がどれくらい大きいのか、その大きさによって捕獲枠をどのように設定すればよいのか（常識的には、不確実性が大きければ大きいほど、資源管理が失敗する危険性を抑えるために捕獲枠を小さくする）といった不確実性にかかわる解釈をめぐって科学委員会では議論が紛糾することが多くなり、ついには一九八〇年代に入って科学委員会は、ＮＭＰに基づいた捕獲枠を勧告することができなくなってしまった。

　科学者ですら当初は楽観的であったＮＭＰが機能不全に陥った事態を打開すべく、一九八二年、ＩＷＣでは当時盛り上がりを見せていた商業捕鯨反対運動の後押しを受けて、商業捕鯨の一時停止が「附表第一〇項（ｅ）」として採択された（詳細な経緯については第２章を参照）。

（11）　たとえば、R. Gambell (1974) The unendangered whale. Nature 250, pp. 454–455.

附表第一〇項（e）

〔第一〇項の他の規定にかかわらず〕沿岸における商業捕鯨は一九八六年漁期から、母船式の商業捕鯨は一九八五年／八六年漁期から、すべての鯨種（前述のように、IWC加盟国の共通理解が得られているのは一四種）にかかる捕獲枠をゼロとする。この規定は、最良の科学的助言に基づき継続して評価されるものとし、IWCはこの規定の効果に関する包括的な評価を遅くとも一九九〇年までに完了させるとともに、この規定の修正および他の捕獲枠の設定を検討するものとする。〔筆者による仮訳。括弧内は筆者の加筆〕

これが世にいう「商業捕鯨モラトリアム」[12]（以下、モラトリアム）の規定であり、一九八六年から、沿岸や排他的経済水域（EEZ）、公海を問わず、すべての海域でIWC管轄鯨種の商業捕鯨が禁止となり、科学的な知見に基づいて継続的に禁止措置の効果が評価されることとなった。先に、商業捕鯨の定義が規定されていないことに触れたが、後述する調査捕鯨と先住民生存捕鯨を除いたすべての捕鯨を商業捕鯨と見なす共通認識は採択時にすでに醸成され、それが今日まで維持されている。

モラトリアムは商業捕鯨を禁止する措置であるため、捕鯨推進国と捕鯨を禁止されても困らない捕鯨反対国との対立という構図でとらえやすいが、話はそう単純ではない。モラトリアムが採択された主な理由は、大きく分けて二つある。第一に、ＮＭＰに代わる新しい科学的な管理方式が開発されるまでの時間稼ぎをする、第二に、乱獲によって大幅に減少したクジラの個体数を回復させる、というものであった。そして、ＩＷＣの議事録や報告書から判断すれば、モラトリアムに賛成した国のなかには、捕鯨の捕獲方法が非人道的であるという原理原則から捕鯨を認めないとする国（イギリスやオーストラリアなど）があったが、それはきわめて少数派であった。

当時は捕鯨国であったスペインや、今も先住民生存捕鯨が行われているデンマークが賛成票を投じたことは、ＮＭＰに代わる管理方式開発のための時間稼ぎとクジラ個体数の回復という二つの理由が説得力をもっていたことを示している。反対票を投じたのは、主に捕鯨推進国（日本、ノルウェー、アイスランド、ロシア、ペルー、韓国）である。反対の理由は、モラトリアムが取締条約の目的と矛盾しており、モラトリアムが科学的な知見によって裏付けられていない。つまり、モラトリアムが必要なほどクジラの資源状態が悪化しているという科学的な知見は見つかっていないということであった。

---

(12)　海洋法条約が定める経済的主権が行使できる水域のことである。これを国内法（日本では一九九六年六月一四日に制定された「排他的経済水域及び大陸棚に関する法律」）を通じて設定すると、沿岸から二〇〇カイリ（約三七〇キロメートル）までの範囲内の生物資源や鉱物資源に関する権利を行使できるようになると同時に、資源保全などの義務が生じる。

これらの理由から、日本、ノルウェー、ロシア、ペルーはモラトリアムに対して異議申し立てを行ったが、その後、ノルウェーとロシアが異議申し立てを堅持する一方で、ペルーと日本はそれぞれ一九八三年と一九八六年に異議申し立てを取り下げた。また、アイスランドは異議申し立てを行わなかったが一九九二年にIWCを脱退し、その後、モラトリアムに対する異議申し立てを伴っての再加盟を目指した。こうした要求の前例はなく、明確な規定もなかったため、取締条約の解釈などをめぐって度重なる交渉が行われたが、二〇〇二年にそれが認められた。異議申し立てのおかげで、モラトリアムに拘束されていないアイスランドとノルウェーは、現在もIWCのもとでの商業捕鯨を自国のEEZ内で行っている。

日本がモラトリアムに対する異議申し立てを一九八六年に取り下げたのは、アメリカの働きかけによるところが大きい。当時、アメリカのEEZにおける日本の漁業は、商業捕鯨に比べて一〇倍の利益を日本にもたらしていた。商業捕鯨を行っていた水産会社の多くがその恩恵にもあずかっていたため、水産会社ですら商業捕鯨の継続に難色を示すところがあった。そこでアメリカは、自国のEEZでの日本の漁獲枠を維持する代わりに、モラトリアムに対する異議申し立てを取り下げるように日本政府に対して要請した。これを受けて日本は、アメリカのEEZでの漁獲枠確保を優先させてモラトリアムへの異議申し立てを取り下げたのである。その後、アメリカは規定路線であった、すべての外国漁船のEEZからの締め出しを行い、日本のアメリカEEZ内での漁業は一九八八年にその幕を閉じた。

取締条約は、他の条約とあわせて包括的に解釈しなければならないことはすでに確認した。国際法に関してもう一つ重要なことは、取締条約を脱退すればモラトリアムに縛られずに自由に（日本近海の沿岸捕鯨も含めて）捕鯨ができるというわけではないことである。すでに述べたように、海洋法条約第六五条の規定に従って日本は、捕鯨を行う前に捕鯨のための「適切な国際機関」を関係国とともに設立し、その機関を国際的に認知させなければならないのである。これに従わなくても済むように海洋法条約から脱退することも不可能ではないが、海洋法条約が認めるＥＥＺなどの権利もあわせて失うことになるため非現実的である。

改定管理方式

モラトリアム解除のためにはＮＭＰに代わる科学的な管理方式の採択が必要不可欠となったわけだが、科学委員会がモラトリアムの附表第一〇条項（ｅ）（右記）で規定した包括的評価の枠組みのなかで、一九九二年にほぼ完成にこぎつけたのが「改定管理方式」（Revised Management Procedure：以下、ＲＭＰ）と呼ばれる方式である。この方式は、室温を管理するためのサーモスタットにたとえると分かりやすい。

住宅の構造や材質、天気予報、熱の出入りがまったく分からなくても、サーモスタットを使って設定された温度より室温が上がれば冷却し、下がれば加熱するという方法で室温管理をすることができる。また、もう一つの方法として、住宅の構造や材質を調べ上げ、熱の出入りをすべて計算した結果や天気予報をもとにして計画的に加熱・冷却を行うという方法もある。

しかし、クジラの場合、海洋生態系をすべて調べ上げてから管理をしたのでは埒《らち》が明かない。そこで、ＲＭＰがサーモスタットの役割を果たすことで管理するという発想が生まれた。つまり、目標とする資源量さえ設定すれば、過去の捕獲数から判断して資源量が少なくなりそうな場合、自動的に捕獲枠が低減（ゼロになる場合もある）され、資源量が増えれば逆に捕獲枠が増大するように設計されたのである。科学委員会は、絶滅リスクの回避と捕獲枠の最大化、そして捕鯨産業の先行投資を無駄にしてしまう恐れのある捕獲枠の乱高下の回避という三つを管理目的として設定し、コンピュータシミュレーションを通じてこのＲＭＰの開発に成功したのである[13]。

一九九四年、科学委員会は全会一致でＲＭＰをＩＷＣに提案し、総会でも全会一致で正式に採択された。この採用によってＩＷＣは、その総意として捕鯨を持続可能にする科学的な管理方式が誕生したことを認めたわけであり、モラトリアムの導入理由の一つであった科学的な管理方式の不在という懸念は払拭された。

改定管理制度

しかし、科学的な管理方式が完成しただけで持続可能な捕鯨が保証されるわけではない。第2章で詳述しているように、過去には捕獲数の虚偽報告が常態化していた時期もあり、これが繰り返されればＲＭＰが正常に機能することができなくなってしまう。したがって、ＲＭＰを成功裏に運用するためには、遵守を強制する監視制度や罰則を整備しなければならない。こうした制度構築とＲＭＰを含めたパッケージは「改定管理制度」(Revised Management Scheme：以下、ＲＭＳ）と名づけられており、モラトリアムを解除するためにはＲＭＳの採択が必要不可欠であることがＩＷＣ加盟国の共通認識となっている。

ＲＭＳに関する実際の交渉は、基本的に大きく分けて二つの立場が対立している。一方は、必要最小限の規制にとどめようとする日本やノルウェー、そして鯨類資源の持続可能な利用を支持する途上国である。そしてもう一方は、鯨種を識別することで違法な鯨肉を取り締まることができるクジラのＤＮＡ登録制度や、人道的なクジラの捕殺（主に、捕獲用モリが命中してから絶命するまでの時間を最小限に抑えるという動物福祉の考え方が反映されたもの、

---

(13)　この開発過程の詳説は、大久保彩子・石井敦（二〇〇四）「国際捕鯨委員会における不確実性の管理——実証主義から管理志向の科学へ」『科学技術社会論研究』第三号、一〇四～一一五ページ。

後述）を確認できる監視制度を含めた包括的な制度にするべきだというイギリス、ニュージーランド、オーストラリアをはじめとする、より厳しいＲＭＳを要求する国々である。

これに加えて、監視制度を運用するコストの分担方法についても意見は分かれている。厳しいＲＭＳを要求する国々は商業捕鯨を行う国が全額負担するべきだとしているが、捕鯨推進国はこれに反対している。デンマークや韓国は、どちらかと言えば両者の妥協を図るという立場であるが、その努力も報われず、一九九二年から継続して交渉されてきたＲＭＳに関する議論は、二〇〇六年にセントキッツ・ネイビス（カリブ海の島しょ国）で開催されたＩＷＣで中止が宣言され、再開のめどは立っていない。

先住民生存捕鯨

モラトリアムが禁止しなかった捕鯨は二種類ある。一つは「先住民生存捕鯨」と呼ばれるもので、伝統的に生存や文化のために捕鯨に依存している地域社会に対して認められている。これは、現在、デンマーク領のグリーンランドやカリブ海の島しょ国であるセントビントおよびグレナディーン諸島、アメリカのアラスカ州やワシントン州、ロシアのチュクチ半島で実際に行われている。基本的に捕獲枠は、先住民生存捕鯨のために開発された科学的な管理方式である先住民捕鯨管理方式（ＡＷＭＰ：Aboriginal Whaling Management Procedure）によって算定されている。

この先住民生存捕鯨が認められるための原則としては、①先住民のニーズ、②商業性が排除されていること、③科学的な知見（ＡＷＭＰなど）によって持続可能であると認められるもの、という三つがあり、これを個々のケースごとに判断して決定されている。一般的な傾向としては、捕鯨推進国は基本的に先住民生存捕鯨には賛成であり、捕鯨に反対する国々はニーズや商業性に関する判断が厳しくなるといった傾向がある。最終的な捕獲枠は、ＩＷＣで科学委員会からの勧告に基づいて審議され、四分の三の賛成票が得られれば捕獲枠が許可される。決定された捕獲枠は附表の規定として掲載され、定期的に見直しがされている。

日本政府は一九八七年から二〇〇六年まで、ほぼ毎年のように「小型沿岸捕鯨」という新しいカテゴリーをＩＷＣで提案し続けてきた。具体的には、捕鯨基地のある四つの地域（北海道・網走市、宮城県・石巻市鮎川、千葉県・南房総市和田、和歌山県・太地町）にとって先住民生存捕鯨と同様に小型沿岸捕鯨が伝統的な文化として欠かせないものであるとして、沿岸でのミンククジラ五〇頭[14]を捕獲枠として設定することを提案していた。そのために、沿岸捕鯨を行ってきた四つの地域の捕鯨にかかわる文化性についての調査を文化人類学者を中心とした国際チームによって行い、その結果[15]を日本が一九八八年にＩＷＣに報告したことも

---

(14) 捕獲数を一五〇頭としたり、交渉の余地を残すために捕獲枠をあらかじめ設定しない場合もあった。

ツチクジラの解体（千葉県・南房総市和田）（写真提供：佐久間淳子）

鮎川港に停泊する捕鯨船（写真提供：佐久間淳子）

ある。

この「小型沿岸捕鯨」という提案は、捕鯨推進国や日本支持の途上国からしか賛成が得られておらず、採択される見込みはほとんどない。同提案に反対する国々が挙げている理由は、上記の三つの原則を満たすことができていないと同時に、モラトリアムが適用されない商業捕鯨の新たなカテゴリーができてしまうことへの懸念である。

調査捕鯨

モラトリアムの対象外となっているもう一つの捕鯨は、取締条約の第八条で規定されている、いわゆる調査捕鯨である。

取締条約第八条

1．この条約の規定にかかわらず、締約政府は、同政府が適当と認める数の制限及び他

(15) この成果が M.M.R. Freeman et al.(1988) Small-type Coastal Whaling in Japan. Boreal Institute for Northern Studies, The University of Alberta。第4章で批判対象となっている「捕鯨文化論」を支持する代表的な資料の一つである。

の条件に従って自国民のいずれかが科学的研究のために鯨を捕獲し、殺し、及び処理することを認可する特別許可書をこれに与えることができる。また、この条の規定による鯨の捕獲、殺害及び処理は、この条約の適用から除外する。各締約政府は、その与えたすべての前記の認可を直ちに委員会に報告しなければならない。各締約政府は、その与えた前記の特別許可書をいつでも取り消すことができる。

2．前記の特別許可書に基いて捕獲した鯨は、実行可能な限り加工し、また、取得金は、許可を与えた政府の発給した指令書に従って処分しなければならない。

この二つの条項により、科学調査を目的とする捕鯨を行う場合は、取締条約が定める捕獲枠や漁期、漁具などについてのいかなる規制にも縛られることなく、ＩＷＣ加盟国が特別許可の捕獲枠を発給することが認められている（第3章を参照）。たとえば、日本の調査捕鯨を例に挙げると、ＩＷＣ加盟国である日本は、独自の判断で特別許可の捕獲枠を発給し、それをＩＷＣに通知さえすれば調査捕鯨が可能となる。

日本は一九七〇年代にもこの第八条に基づいた捕鯨を行ったことがあるが（第2章を参照）、本書で扱う一連の調査捕鯨の発端は、すでに説明した一九八二年のモラトリアムである。実は、モラトリアムの採択後、日本政府や国会議員、水産業界ですら捕鯨産業を「安楽死」させても致し方ないとする雰囲気があった（一九八四年一一月二八日付〈朝日新聞〉）。

そのうえ、すでに説明したアメリカからの働きかけとがあいまって、モラトリアムに対する異議申し立ての取り下げは時間の問題であった。

そこで水産庁は、この異議申し立てが維持できなくなる事態を打開すべく一九八四年に「捕鯨問題検討会」という審議会を立ち上げ、そこに南氷洋商業捕鯨を調査捕鯨に切り替えることを答申させたうえで、一九八七年に（第一期）南極海鯨類捕獲調査計画（**Japanese Whale Research Program under Spesial Permit in the Antarctic**：ＪＡＲＰＡ）を開始したのである。詳しくは第3章に譲るが、ＪＡＲＰＡの調査目的として謳われていることは以下の三つに大別できる。

①南極海のミンククジラの資源管理のために、その生物学的特性値（性成熟年齢や自然死亡率など）を明らかにする。
②クジラの生息数や摂餌生態[16]の観点から南極海生態系におけるクジラの役割を明らかにする。
③地球温暖化やオゾン層破壊によるクジラへの影響を解明する。

調査方法は、クジラを捕獲する致死的調査が中心だが、一方で目視調査（目視でクジラの個体数を数える調査）などのクジラを捕獲しない非致死的調査も行われている。調査が行わ

(16) 食物連鎖や餌を食べる方法・量・速度など、餌を食べることに関する生物の生態のこと。

図1－2　南極海鯨類捕獲調査（JARPA）の捕獲海域と各国が主張している領土（作図：佐久間淳子）

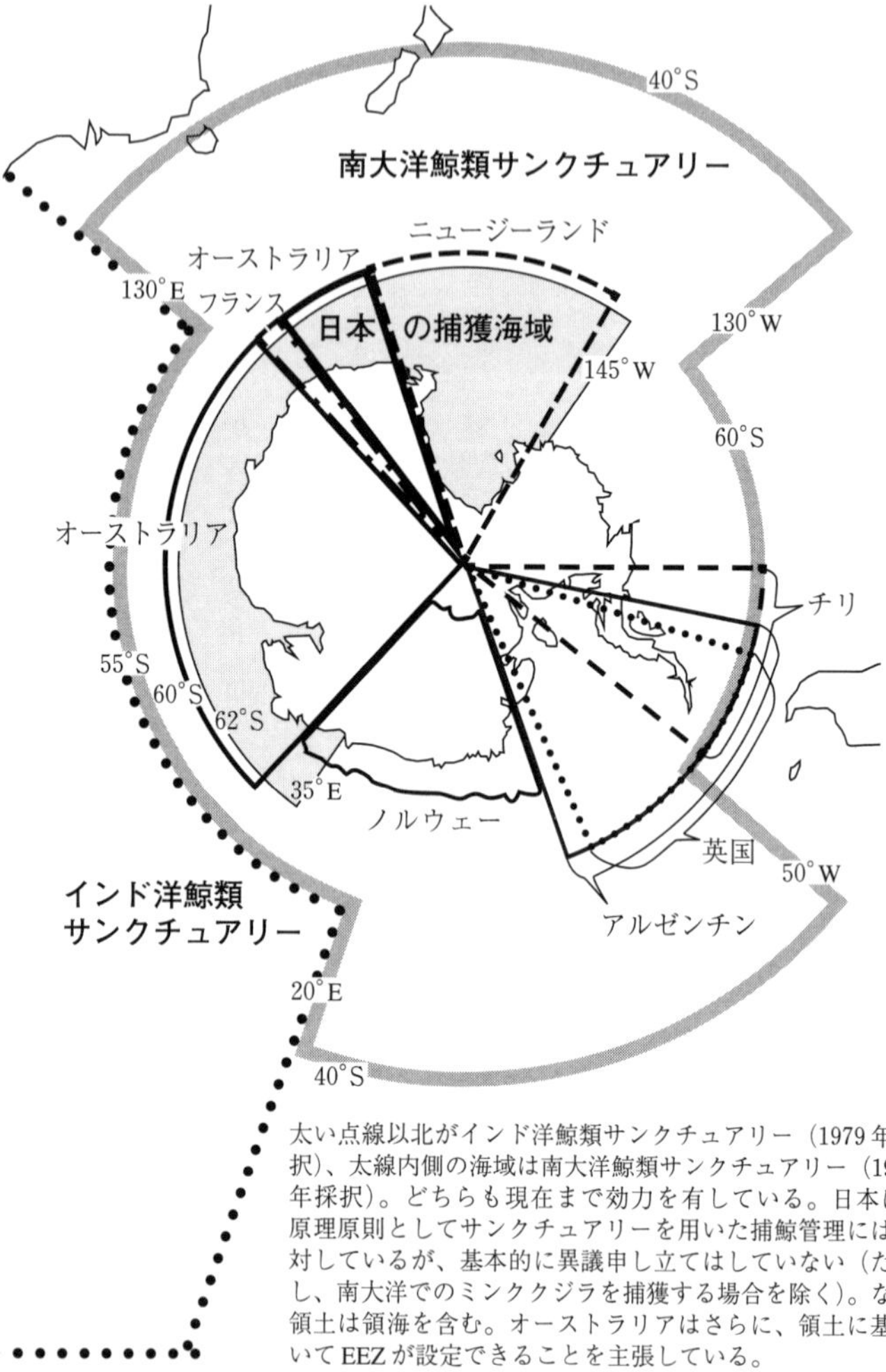

太い点線以北がインド洋鯨類サンクチュアリー（1979年採択)、太線内側の海域は南大洋鯨類サンクチュアリー（1994年採択)。どちらも現在まで効力を有している。日本は、原理原則としてサンクチュアリーを用いた捕鯨管理には反対しているが、基本的に異議申し立てはしていない（ただし、南大洋でのミンククジラを捕獲する場合を除く)。なお、領土は領海を含む。オーストラリアはさらに、領土に基づいてEEZが設定できることを主張している。

れる時期は、ミンククジラが餌を食べに来る南極の夏、すなわち例年一二月から翌年の三月くらいまでの約四か月間にわたる。南極海は広大なので、四か月の調査でも南極海全域をカバーできるわけではない。そこで、調査海域（**図1－2**参照）は南極海でも日本にもっとも近い東経七〇度から西経一七〇度、南緯六二度以南が選ばれた。そして、一九九五年からはそのエリアが東経三五度から西経一四五度に拡大されている。

実は、この海域の一部には、オーストラリアが自国のＥＥＺにあたると主張する海域が含まれている。日本はこのオーストラリアの主張を認めていないため、日本にとっては調査海域全域が公海ということになっている。日本の捕鯨論争ではあまり指摘されないことだが、オーストラリアの調査捕鯨への激しい反発の背景には、このように捕鯨にかかわることのほかに、南極の領有権（とＥＥＺ）にかかわる国際政治上の問題も尾を引いているのである。実際に、二〇〇四年からオーストラリア国内の裁判所でＪＡＲＰＡの違法性が争われたこともある（原告は国際人道協会、被告は共同船舶株式会社。ともに後述）[17]。

ＪＡＲＰＡは二〇〇五年に終了し、現在は第二期（ＪＡＲＰＡⅡ）に入っている。ＪＡＲＰＡⅡの目的は、ＪＡＲＰＡの目的に加え、クロミンククジラ、ナガスクジラ、ザトウクジ

(17) T. Stephens & D.R. Rothwell (2007) Japanese Whaling in Antarctica: Humane Society International, Inc. v. Kyodo Senpaku Kaisha Ltd. RECIEL 16(2), pp. 243-246.

ラという三種の共通の餌であるオキアミを通じた競合関係と、その三種のクジラと生息環境との相互連関を調査することによって南極海の生態系モニタリングを行うことが追加されている。

日本は、南極海だけでなく北西太平洋でも一九九五年から「(第一期) 北西太平洋鯨類捕獲調査 (Japanese Whale Research Program under Spesial Permit in the North Pacific：ＪＡＲＰＮ)」と呼ばれている調査捕鯨を実施している。調査海域は、釧路沖の沿岸と三陸沖の公海を含む海域であり、調査期間は春から夏の間である。そして、その目的は大きく分けて次の三つである。

①北西太平洋のミンククジラの個体群構造を明らかにすること。ＪＡＲＰＮを実施する直接の動機となったのは、科学委員会の席上で北西太平洋のミンククジラ個体群の境界に関するさまざまな仮説が提出されたのを受けて、その仮説を検証するためであった。

②ミンククジラの摂餌生態を解明すること。

③海洋汚染のクジラへの影響を解明すること。

「ミンククジラはたくさんいるから捕ってもいいんだ」という話をときどき耳にするが、そもそもミンククジラを一括りに論じることができないのは、前述の個体群構造のところで指摘した通りである。実は、北西太平洋ミンククジラのうち、日本海―黄海―東シナ海系群

（通称「Jストック」。第3章を参照）は個体数が著しく減少しており絶滅危惧種に転落する疑いがあるが、同系群は日本海や韓国沿岸で混獲され、その鯨肉は日本の市場で流通している。

ＪＡＲＰＮは一九九九年に終了し、二〇〇〇年からは第二期（ＪＡＲＰＮⅡ）に入っている。第二期では、新たな調査目的として、ミンククジラに加えてマッコウクジラとニタリクジラを捕獲し、主にその胃内容物を調べることでその三種の摂餌生態を解明することが加わっている。

調査捕鯨の捕獲実績

今まで、どれくらいのクジラを調査捕鯨で日本は捕獲してきたのだろうか。日本と並んで現在の主要な捕鯨国であるノルウェーとアイスランドが行っている捕鯨（商業捕鯨と調査捕鯨）と比較したのが**図1－3**である。捕獲数は、単年ではノルウェーが日本を上回っている年もあるが、累積では徐々に捕獲数を増やしてきている日本が一番多く、アイスランドは微々たるものである。また日本は、現在、主要な捕鯨国のなかにおいて公海で操業している唯一の国である。

図1－3　日本の調査捕鯨とノルウェー、アイスランドの捕鯨（調査捕鯨と商業捕鯨の両方）の捕獲実績（1986年～2007年）

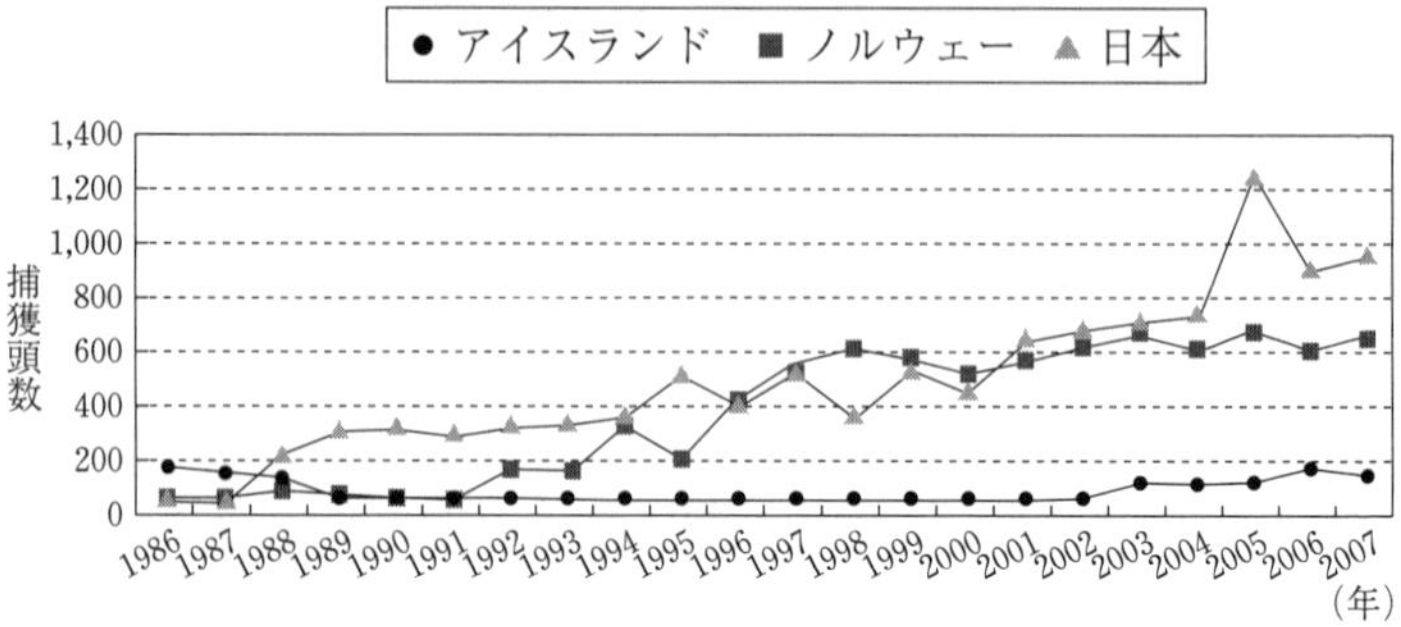

南極海における調査捕鯨の場合、年次は漁期の開始年次をさす。例えば、“1987”の表記は、1987／88年漁期を意味する。

出典：IWCホームページのデータをもとに筆者作図。

調査捕鯨の運営

調査捕鯨の運営体制としては、水産庁から研究委託を受けた鯨研と、調査捕鯨のための用船と乗員派遣、捕獲した鯨肉の卸売を担当する「共同船舶」（後述）という株式会社が中心となって実施にあたっている。調査捕鯨の船団は、基本的に、一九六〇年代ごろまで捕鯨の主流であった母船式捕鯨の船団にクジラの数を数えるための目視調査船を加えたものである。現在、世界で母船式捕鯨を行っているのは日本だけである。

単年度にかかる調査費用の総額は、概算で約四〇億円から六〇億円となっている。このうち約五億円が補助金であり、残りは捕獲した鯨肉の売上で賄われている。取締条約の第八条との関係で言えば、「取得金は、許可を与えた政府の発給した指令書に従って処分しなければならない」という規定に従って、鯨肉の売上が調査捕鯨の費用に充てられているということになる。

鯨肉の売上金は捕鯨が終わったあとでしか財布に入らないため、こうした資金繰りを可能にするためには、当然、資金を前借りしなければ捕鯨船団を出航させることはできない。捕鯨関係者の座談会での発言など[18]によれば、調査捕鯨を開始した当初、この運転資金は、共同船舶の前身である「日本共同捕鯨株式会社」（以下、共同捕鯨）が解散したときに発生した余剰金を指定寄付金という形で免税措置をした「特別基金」（約一四億円）で賄われていた。近年はこれに加え、農林水産省管轄の海外漁業協力財団[19]から三六億円の無利子融資を受けており、その原資には農水省から海外漁業協力財団に拠出されている補助金（二〇〇六年度は一二億円）も含まれている。ちなみに、用船と人員を提供している共同船舶には、二〇〇六年度で約四二億円が支払われていた（二〇〇八年二月二日付〈朝日新聞〉）。

---

(18)「日鯨研の設立と捕鯨問題をめぐる国際情勢」『日本鯨類研究所十年誌』日本鯨類研究所一九九七年一〇月発行。小島敏男（二〇〇三）『調査捕鯨母船　日新丸よみがえる——火災から生還、南極海へ』成山堂書店。

(19)一九七三年六月に設立された財団法人（本部所在地は東京港区赤坂）。同財団のホームページには、「海外の地域における水産業の開発、振興及び国際的な資源管理等に資する経済協力または技術協力を実施するとともに、我が国海外漁場及び漁船の安全操業の確保を図り、我が国漁業の安定的な発展に資すること」（http://www.ofcf.or.jp/org/index.html；二〇一〇年一二月七日閲覧）が設立目的として謳われている。

図１－４　調査捕鯨に関する資金の流れ（2006年度。黒矢印は国庫支出）

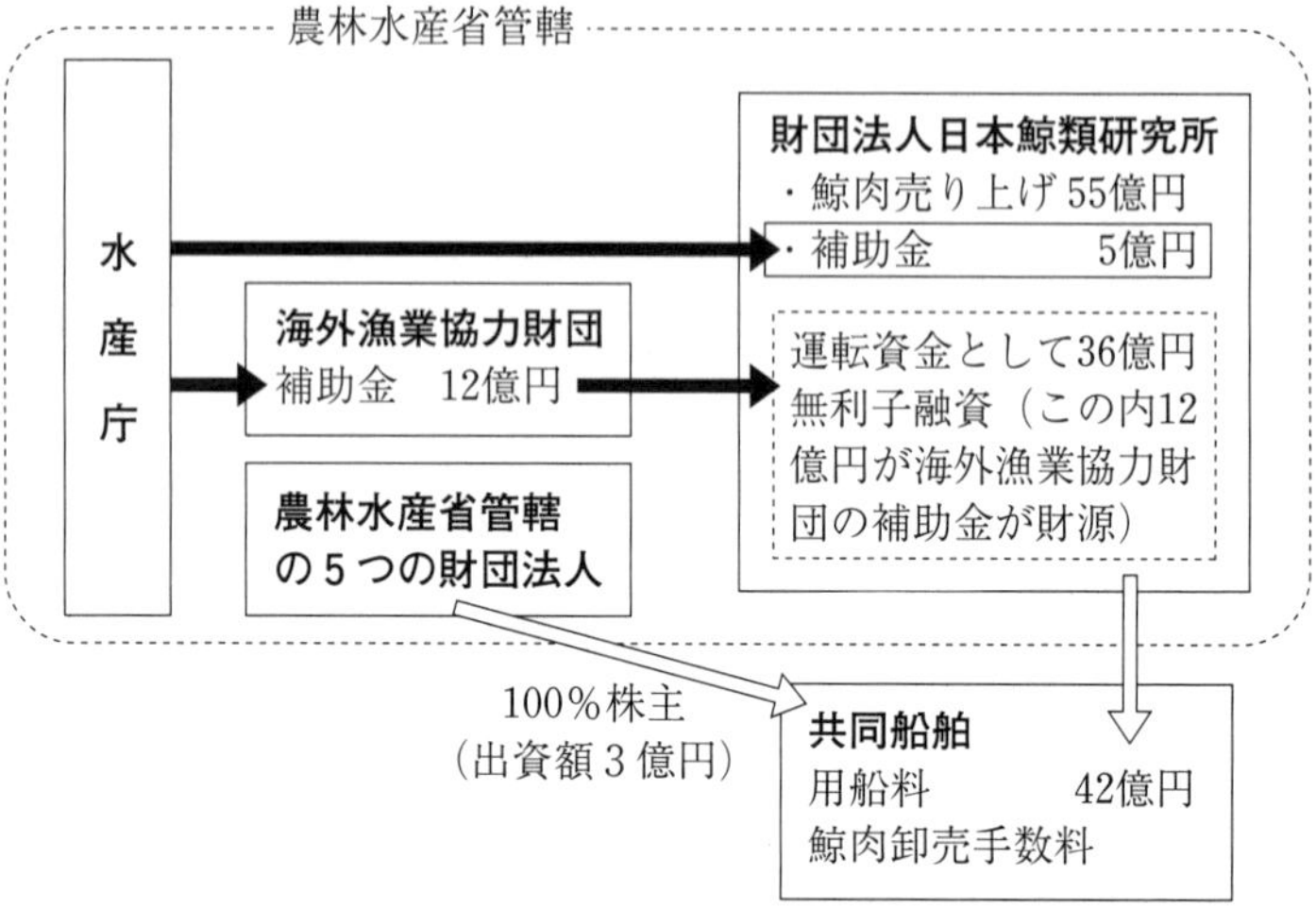

出典：〈朝日新聞〉2008年２月２日付の朝刊９面をもとに筆者作図。

調査捕鯨で得られた鯨肉の流通

では、調査捕鯨で得られた鯨肉はどのようなルートで売買されているのだろうか[20]。取締条約の第八条で言えば、「捕獲した鯨は実行可能なかぎり加工し」の箇所が、実際にどのように行われているのだろうか。鯨肉の販売方法は、冷凍と生鮮肉によって大きく異なっている。

冷凍鯨肉の場合は、鯨研が制定した「鯨類捕獲調査事業の副産物処理販売基準」という文書で販売方法が規定されている。鯨研は、水産庁の指導を受けて有識者による販売委員会の審議結果に基づいて販売を行うが、実際の業務は、同所から委託を受けた共同船舶が行っている。冷凍鯨肉は主に公益用と市販用に分けられ、公益用には学校給食、医療用需要、小型沿岸捕鯨基地の地域住民の枠などがあり、市販用としては、料理店用の需要、市場売り渡しなどの枠がある。

鯨肉の価格は、水産庁の指導のもとに販売委員会で決定されている。学校給食と医療用の場合には割引価格が適用されるが、そのほかの冷凍鯨肉は鯨種・製品別に全国統一の卸価格がつけられている。価格の算定根拠は、調査捕鯨を維持するために必要な経費を賄うことが大前提となっている。

一方、沿岸の調査捕鯨で得られる生鮮鯨肉は、同じく鯨研が制定した「鯨類捕獲調査事業の生鮮副産物の処理販売要領」という暫定的な規定で販売方法が定められている。販売は、やはり公益用と市販用に分かれており、公益用の配分割合は予定捕獲頭数の三〇パーセント以内と決められており、小型沿岸捕鯨基地の地域住民への配布を目的として販売されている。一方、市販用は鯨研が適当と認めた卸売市場に販売されているが、市販用の価格は全国統一価格ではなく、せり売りや入札というところが冷凍鯨肉とは大きく異なっている。ちなみに、公益用の価格は鯨研が決定している。

(20) この節は、次の資料に大部分を依拠しているため、その後変更されている可能性がある。遠藤愛子・山尾政博(二〇〇六)「鯨肉のフードシステム——鯨肉の市場流通構造と価格形成の特徴」『地域漁業研究』第四六巻二号、四一~六二ページ。

捕鯨サークル

今まで登場してきた調査捕鯨の実施組織（水産庁、鯨研、共同船舶）が、本書の主だった主人公たちである。彼らは、本書のすべての章にかかわってくるため、ここで紹介しておく。

水産庁（とくに、遠洋課捕鯨班）は、日本の捕鯨政策・外交を語るうえでもっとも重要な組織である。調査捕鯨の許可だけでなく、ＩＷＣの科学委員会が実施してきている南極海の鯨類生態系調査[21]や大型鯨類に関するその他の調査、捕鯨の規制や保護鯨種の指定、混獲鯨肉の流通を監視するためのＤＮＡ登録、小型鯨類を捕獲する小型沿岸捕鯨業に関する捕獲枠の決定や許認可の業務、調査などを行っている。国内のほとんどすべての捕鯨政策に関する管轄（水産基本法、漁業法、水産資源保護法）を水産庁がもっているため、外交の方針決定に際しても、外務省や内閣府と協議をするといっても水産庁が実質的に独占している状態である。ＩＷＣに派遣されている日本政府代表団の長は、例外なく水産庁や漁業関係者が占めており、水産庁が捕鯨外交に関する人事権も握っていると見ていいだろう。また、水産庁からのＯＢが、鯨研や無利子融資を行っている前出の海外漁業協力財団に天下っている事実もある（二〇一一年は鯨研から天下りがいなくなっている）。

鯨研は、一九四一年に大洋漁業（現在の株式会社マルハニチロホールディングス）がスポンサーとなって設立された「中部《なかべ》科学研究所」という民間団体が母体となっている。一九四七年に「鯨類研究所」、さらに一九五九年に財団法人日本捕鯨協会の一部として「財団法人日本捕鯨協会・鯨類研究所」となるが、一九八七年にモラトリアムが実施されたのを契機に現在の「日本鯨類研究所」に改組された。鯨類科学などの理系の研究が中心ではあるが、文化人類学や国際法などの文系も含めた捕鯨問題に関する研究や広報（一般事業費では、広報費が調査研究費をしのいでいる）も行っており、正規職員の研究者は約三〇人である[22]。クジラ研究のためだけに三〇人というのは、世界的にも非常に大規模なものである。収入は、前出のＩＷＣ科学委員会の南極海調査、調査捕鯨のための補助金と委託金、調査捕鯨で得られた鯨肉の売上金が大半を占めている（**表１－３**参照）。また、鯨肉流通を監視するためのＤＮＡ検査やＤＮＡ登録の業務も水産庁から委託されている。

共同船舶（所在地は東京都中央区豊海町）は株式を公開していないため、詳しい実態調査をするのは難しい。二〇〇八年二月二日付の〈朝日新聞〉によれば、二〇〇七年一〇月期の売上高は約六〇億円、純利益は五〇〇〇万円であり、鯨肉の卸売の手数料と鯨研からの用船料が売上の八割を占めている。社員数は、大手水産会社の出身者を中心に約三〇〇人。共同船

---

(21)　一九八六年から実施されていた国際鯨類調査一〇年計画（ＩＤＣＲ）や、それを一九九六年から引き継いだ「南大洋の鯨類と生態系調査」（ＳＯＷＥＲ）のこと。

(22)　財団法人日本鯨類研究所（二〇〇八）平成一九年度事業報告書《www.icrwhale.org/H19jigyo.pdf》二〇〇九年四月六日に閲覧。

船の前身は、すでに述べたとおり、大洋漁業、日本水産、極洋の三社の捕鯨部門を統合した共同捕鯨である。この三社は共同船舶の株式を保有していたが、反捕鯨運動の標的にされるリスクや採算性を理由に、二〇〇六年、農水省所管の五つの財団法人に全株を譲渡した。つまり、共同船舶は民間企業ではあるが、事実上の国策会社なのである。

鯨研の説明のところで触れた日本捕鯨協会は、主に捕鯨問題にかかわる広報を行っている。同協会は任意団体として活動しているため、組織の詳細を調べることは難しい。

これらの組織を理解するうえで注意しなければならないことがある。共同船舶が事実上の国策会社であることからも分かるように、たしかに水産庁、鯨研、共同船舶、日本捕鯨協会と組織上は分かれているが、実際にはそれぞれの組織が有機的に融合一体化して捕鯨政策・外交を動かしているということである。事実、日本捕鯨協会は任意団体でありながら日本政府代表団に人を送り込んでいるし、広報の内容も基本的に日本政府の公式見解に沿ったもので、捕鯨問題で日本に敵対する国を非難している。こうした融合一体化した連携は単に「捕鯨関係組織」と呼ぶだけでは表現できないため、本書では、これらの組織を一括して扱う場合は「捕鯨サークル」と呼ぶことにする。

表1－3　日本鯨類研究所による研究目的の捕鯨関係活動に係る収入と支出（予算ベース）

［単位：1000円］

年	支出		収入			収支
	政府補助金と委託金	鯨肉売り上げ収入	調査捕鯨（JARPAとJARPN）	鯨に関する国際共同研究*	沿岸における調査捕鯨**	
1988	859,680	1,318,331	2,075,143	332,560	－	－229,692
1989	909,983	1,949,489	2,408,167	348,048	－	103,257
1990	910,150	2,187,002	2,587,641	347,644	－	161,867
1991	902,488	2,127,399	2,733,201	346,985	－	－50,299
1992	902,043	2,812,202	3,191,353	346,540	－	176,352
1993	889,668	2,650,304	2,975,468	345,837	－	218,667
1994	943,835	2,726,440	3,077,180	385,207	－	207,888
1995	949,274	4,188,673	3,971,474	391,191	－	775,282
1996	942,320	3,764,000	4,129,583	384,237	－	192,500
1997	978,667	4,024,075	4,097,936	410,306	－	494,500
1998	970,414	4,184,464	4,278,185	407,633	－	469,060
1999	984,511	4,073,759	4,395,552	421,718	－	241,000
2000	976,841	4,602,046	4,602,046	414,796	－	562,045
2001	1,004,016	4,884,376	4,884,376	440,214	－	563,802
2002	997,692	5,833,290	5,110,744	433,890	158,348	1,128,000
2003	943,233	5,889,874	5,338,761	430,668	151,678	912,000

*国際鯨類調査10年計画（IDCR）と「南大洋の鯨類と生態系調査」（SOWER）。

**北西太平洋鯨類捕獲調査（JARPN）ではない。

出典：『財団法人日本鯨類研究所年報』1989年～2004年。

日本における海棲哺乳動物の管理政策

ここまで、調査捕鯨を中心に日本の捕鯨政策・外交にかかわる重要事項を説明してきた。調査捕鯨はクジラを再生可能な漁業資源としてとらえ、その資源を収入源として今まで継続している。しかし、クジラは特定の人たちにとっては天然資源であっても、海の生態系を構成する重要な海棲哺乳動物としての役割も果たしているのである。したがって、動物を天然資源として利用することと生態系の一員として保全することには密接な関係があることになる。そこで、日本の海棲哺乳動物に関連する政策の全体像からクジラを概観するということをしなければ、それこそクジラにとっては不公平となる。

日本の海棲哺乳動物の政策は、そもそも日本社会が海棲哺乳動物にどう向き合うのかという理念に沿った政策にはなっていない。基本的に海洋生物は水産庁の管轄であり、その水産庁が認めた生物種だけについて、水産庁、環境省、文部科学省がそれぞれ所管する法律（鳥獣保護法と種の保存法は環境省の管轄下、文化財保護法は文部科学省）で保全規定を設けているにすぎない。つまり、海棲哺乳動物を含めた動植物は、省庁の所管とは関係なく生息しているにもかかわらず、海棲哺乳動物に関する日本の管理政策は典型的な縦割り行政となっているのである。

それぞれの省庁ごとに見ていこう。文部科学省は、ジュゴンとスナメリを文化財保護法のもとで天然記念物に指定している。しかし、文化財保護法はその名のとおり文化財を保護するという目的であるため、天然記念物に指定されていても基本的には指定種そのものだけを保護するものであり、生息域や開発行為を含めた包括的な保全を可能にする法的な根拠にはなりづらい。

環境省は、環境庁として発足当初から海棲哺乳動物に関する一切の管轄を放棄していた。それというのも、環境庁は水産庁と覚書[23]を交わし、海棲哺乳動物を管轄としないことに合意していたためである。そうした状況は、徐々にではあるが変わってきた。鳥獣の保護繁殖などを謳った鳥獣保護法は二〇〇二年に改正され、ジュゴンやニホンアシカのほか、五種類のアザラシがその対象となった。国内外の絶滅のおそれのある野生生物の保護が謳われているいわゆる「種の保存法」でも、当初、環境省は水産庁と覚書[24]を交わして海棲哺乳動物を対象リストからはずしていたが、ジュゴンを対象リストに加えることが両者の間で合意されたようである。

水産庁は、水産資源保護法のもとで、シロナガスクジラ、ホッキョククジラ、コククジラ、

(23)　行政文書：絶滅のおそれのある野生動植物の種の保存に関する法律案に関する覚書（環自野第92号：４水漁第１０４０号）、一九九三年三月二六日。

(24)　二〇〇一年三月二三日開催の参議院の予算委員会、および、二〇〇三年三月一八日開催の参議院の予算委員会の国会議事録を参照。

図1－5　日本の海棲哺乳動物行政の概念図

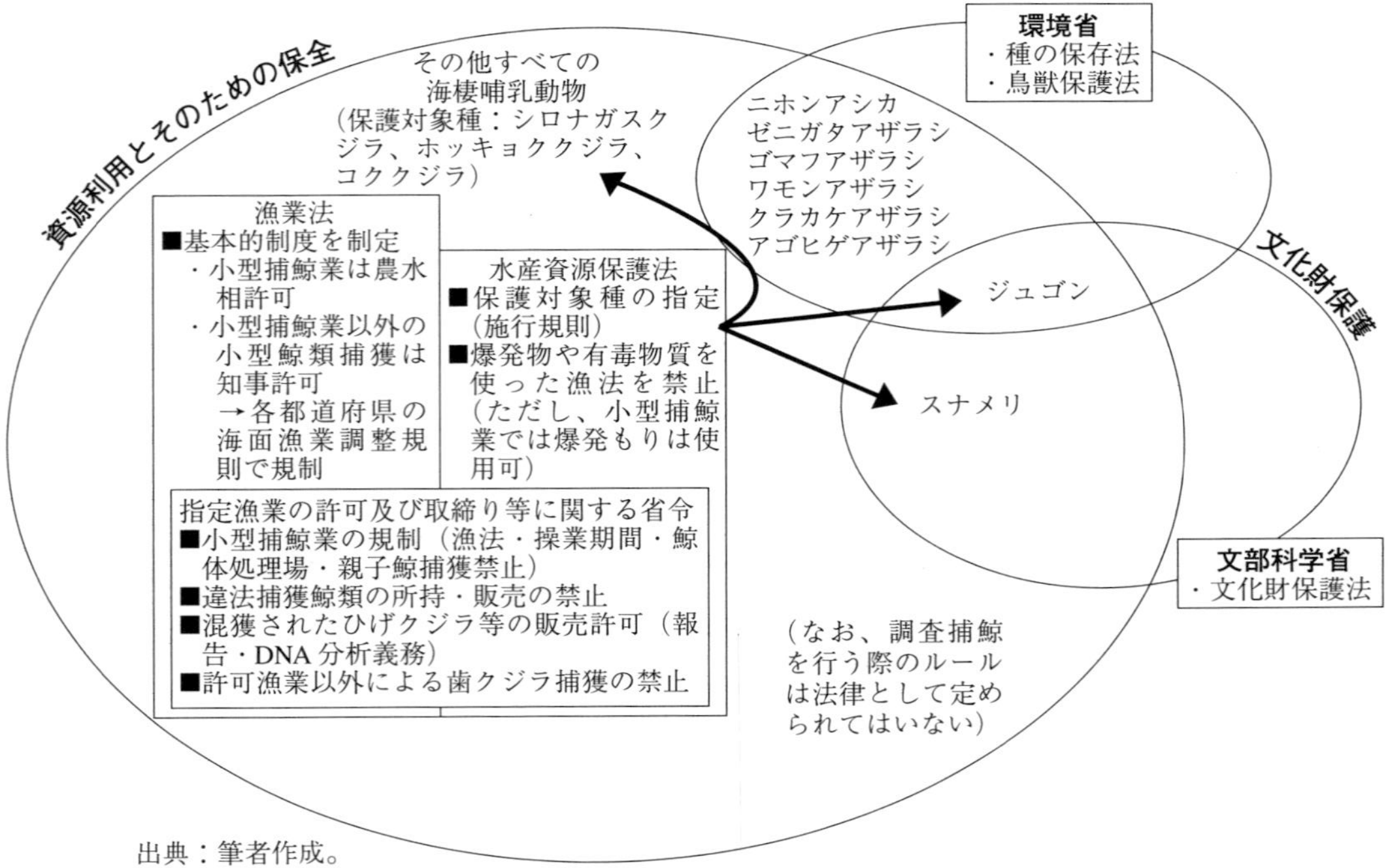
資源利用とそのための保全
その他すべての
海棲哺乳動物
(保護対象種：シロナガスクジラ、ホッキョククジラ、コククジラ)
漁業法
■基本的制度を制定
・小型捕鯨業は農水相許可
・小型捕鯨業以外の小型鯨類捕獲は知事許可
→各都道府県の海面漁業調整規則で規制
水産資源保護法
■保護対象種の指定（施行規則）
■爆発物や有毒物質を使った漁法を禁止（ただし、小型捕鯨業では爆発もりは使用可）
指定漁業の許可及び取締り等に関する省令
■小型捕鯨業の規制（漁法・操業期間・鯨体処理場・親子鯨捕獲禁止）
■違法捕獲鯨類の所持・販売の禁止
■混獲されたひげクジラ等の販売許可（報告・DNA分析義務）
■許可漁業以外による歯クジラ捕獲の禁止
環境省
・種の保存法
・鳥獣保護法
ニホンアシカ
ゼニガタアザラシ
ゴマフアザラシ
ワモンアザラシ
クラカケアザラシ
アゴヒゲアザラシ
ジュゴン
スナメリ
文化財保護
文部科学省
・文化財保護法
(なお、調査捕鯨を行う際のルールは法律として定められてはいない)

出典：筆者作成。

スナメリ、ジュゴンを捕獲禁止対象種として指定している。しかし、あくまでも水産資源保護法は、海棲哺乳動物を資源として捕獲しようとする人たちの行動規則を定めているだけであって、「種の保存法」のように、保全計画を実施することによって生息数を回復させることをそもそも目的としてはいない。

総じて見れば、日本の沿岸にはスナメリや日本近海において希少種であるJストックのミンククジラ、コククジラなどの海棲哺乳動物が絶滅の危機にさらされているにもかかわらず、縦割り行政の弊害でそうした種は「種の保存法」や鳥獣保護法の対象とはならず、積極的に保全が図られるような政策体系を日本はもちあわせていないというのが現状である。それに、Jストックのミンククジラにいたっては、混獲による捕獲とその鯨肉の売買さえ認められている。

また、捕鯨に関する基本的な規制としては、子クジラ・親子クジラの捕獲禁止[25]や、漁期、漁具、鯨体処理場に関するものがある。

---

(25) 子クジラは成長し、繁殖を通じて近い将来の資源量を増やしてくれる。したがって、この規制の目的はその捕獲が逆に資源量を悪化させる危険性を高めることを阻止することである。

日本以外の捕鯨推進国

すでに述べたように、ＩＷＣ参加国のなかで日本と並ぶ主要な捕鯨国はノルウェーとアイスランドだけである。日本以外ではこの二か国を押さえれば捕鯨推進国が網羅できるので、ここで概観しておく。

ノルウェーはモラトリアムに対して異議申し立てを一貫して続けているが、モラトリアムを受けて一九八八年から一旦商業捕鯨を中止し、小規模な調査捕鯨を行ったのち一九九三年から商業捕鯨を再開した。モラトリアム以降、捕獲対象はミンククジラだけとなり、捕獲頭数の実績は年間五〇〇から六〇〇頭の間で推移している。

ノルウェーに特徴的なのは、前に説明したＲＭＰに基づいて捕獲枠の設定を行っていることである。実際には、ＲＭＰの保全レベル（ＲＭＰを温度調節にたとえた場合の設定温度に当たるもの）を少し緩めに調節したうえで用いているが、全会一致でＩＷＣが採択したＲＭＰに基づいた捕獲枠を設定しているという事実に変わりはない。

また、ノルウェーは**表１－１**で登場した北大西洋海産哺乳動物委員会（ＮＡＭＭＣＯ）にも加盟している。このＮＡＭＭＣＯは、前述した海洋法条約のもとでの「適切な国際機関」として認められており、ノルウェーの商業捕鯨はこのＮＡＭＭＣＯのもとで構築された監視体制の対象にもなっている。この監視体制の実態や有効性を検証した研究は筆者の知るかぎり行われていないが、曲がりなりにも、こうした監視体制のもとで行っている場合とそうでない場合とでは国際的な評価が大きく違ってくることは言うまでもない。

アイスランドは、ＮＡＭＭＣＯ創設を牽引した国である。というのは、アイスランドは同国の国会投票による決定に基づき、モラトリアムに対して異議申し立てをしなかった。その代わりに、前述した国連海洋法条約の規定にある「適切な国際機関」としてＮＡＭＭＣＯを創設し、同機関のもとで商業捕鯨を再開しようとしたがノルウェーの反対にあい、その計画は頓挫した。その後、紆余曲折を経て、アイスランドはモラトリアムに対する異議申し立てを認められたうえでＩＷＣに再加盟を果たすことができた。

アイスランドは再加盟を果たすまでの間、北西太平洋のナガスクジラとイワシクジラを対象とした調査捕鯨を一九八六年に開始したが、一九九〇年にはＩＷＣの管轄鯨種に関するすべての捕鯨を中止した。その後、再加盟を果たしたあと、二〇〇三年からミンククジラだけを対象とした調査捕鯨を再開し、二〇〇六年には商業捕鯨を再開した。二〇〇七／二〇〇八年漁期（以降、二〇〇七／二〇〇八年の形で年号を表記した場合は漁期を指す）までの一漁期当たりの捕獲枠は、ミンククジラが三〇頭、ナガスクジラが九頭と設定されたが、二〇〇六年から二〇〇八年までに実際に捕獲されたのはそれよりも少ない七頭ずつであった。

ノルウェーとアイスランドの捕鯨と日本のそれとの大きな違いは、その規模、漁場、国際的な監視の有無の三点である（**表１－４**参照）。そして、そのすべてにおいて、日本は国際

表１－４　主要捕鯨国の共通点と相違点

捕鯨国	累積捕獲数（1987年から2007年まで、カッコ内は年平均）	漁　場	国際的監視の有無
日本	11,116頭（約505頭）	北西太平洋（EEZ内と公海）と南極海（公海であり、オーストラリアがEEZを主張している海域を含んでいる）	外国人の乗船を許可しているものの、基本的になし
ノルウェー	7,529頭（約342頭）	EEZ内	北大西洋海産哺乳動物委員会の下での国際的監視
アイスランド	590頭（約26頭）		

的な非難を浴びやすい捕鯨を行っている。日本は捕獲数で他の二か国を上回っており、公海を漁場としている唯一の捕鯨国である。また、日本の調査捕鯨は外国人の乗船を拒否していないものの、国際的に認知された管理機関による監視を受けているわけでもない。

一方、きわめて似ているところは、三か国とも捕鯨のために国から財政支出を行っている点である。ちなみに日本は、調査捕鯨のための補助金のほかに、ＩＷＣへの分担金、科学委員会のもとでの国際協力によるクジラ研究費(26)、そして二〇〇八年度の補正予算には、調査捕鯨への妨害対策のための「鯨類捕獲調査円滑化緊急対策事業」に三億円、二〇〇九年度予算として同様の対策のためであるとして「鯨類捕獲調査円滑化事業」に約八億円が計上された。

ノルウェーでは、その全容は分からないものの、捕獲したミンククジラのＤＮＡ検査や管理のために二〇〇一年から二〇〇三年までに合計で七七〇万ノルウェー・クローネ（約一億八五〇万円）が補助金として支出されている。また、日本に売却する可能性のあるクジラ皮脂の冷凍保存のためにも補助金が支出されているようである。そして、アイスランドでは、自国の調査捕鯨のために二〇〇三年から二〇〇六年までに、合計で約二億二六〇〇万アイスランド・クローネ（約一億円）が支出された[27]。

捕鯨に反対する考え方の多様性

捕鯨に反対するとはいっても、その反対（あるいは許容）の仕方は千差万別である。一般によく言われる「反捕鯨」というように、一くくりで呼べるグループはない。ここでは、ひとまとめにされがちな「反捕鯨」をいったん解体して、捕鯨に反対する多様な考え方を正確に把握してみたい（**表１－５**）。

---

(26)　国際鯨類調査一〇年計画（ＩＤＣＲ）や「南大洋の鯨類と生態系調査」（ＳＯＷＥＲ）に拠出されている補助金は、一九八八年からのデータでは平均して毎年約四億円である。

(27)　**Parl 133, 2006, Document 341**(アイスランド議会の資料)**quoted in P. Siglaugsson** (2007) **Iceland's cost of Whaling and Whaling-Related projects 1990-2006, p. 4** 《www.natturuverndarsamtok.is/pdf/Whaling_cost.pdf》二〇〇九年三月四日に閲覧。

表1－5　捕鯨に反対する考え方の分類

捕鯨の形態／捕鯨に反対する考え方	調査捕鯨	商業捕鯨	先住民生存捕鯨	混獲
動物福祉	原理原則として反対		即死させ得る場合に限り反対しない	原理原則として反対
動物の権利	原理原則として反対			
予防原則	取締条約と附表に規定されている規制を一切無視できるため、反対	改定管理制度が厳密に機能しない限り反対	＊商業性がある場合には反対 ＊先住民生存捕鯨管理方式や科学的知見による厳密な管理がなされなければ反対	（希少種や生息数が不明な鯨種の混獲に反対する可能性が非常に高い）

「はじめに」で触れたように、本書ではシーシェパードに関する予断は差し控えるが、ここで、二〇〇九年に『エコ・テロリズム』（洋泉社）を著した浜野喬士の指摘に言及しておきたい。同書で詳細に検討されているように、シーシェパードの活動を包括的に理解するためには、アメリカにおける奴隷解放や公民権運動、環境運動や市民的不服従の実態、その通奏低音をなした思想に至るまで分析対象を広げなければならない。それは本書の対象から大きく逸脱することになるため、シーシェパードに直接的に関係する事項は本書では扱わないこととする。

　まず、捕鯨に反対する考え方のなかで大きく分かれるのは、「何に反対するのか」である。これは、当然、これまで説明したように現在行われている捕鯨の形態である、商業捕鯨、調査捕鯨、先住民生存捕鯨、混獲のいずれかに反対している、ということになる。これらのうち、どれに反対するのか、どのような条件のもとで許容するのかということは、捕鯨やクジラに対してどのような考え方をとるかによって変わってくる。そうした考え方は大きく分けて三つあり、順に見ていくことにしよう。

動物福祉

一つめは動物福祉の考え方であり、動物福祉団体は捕鯨に反対する運動の一大勢力となっている。ＩＷＣ加盟国のなかでは、イギリス、オーストラリア、ニュージーランドが積極的に動物福祉の考え方を打ち出した外交を展開している。非政府組織のなかでの代表的な団体としては、人道協会（Humane Society）、クジラ・イルカ保全協会（Whale and Dolphin Conservation Society）、動物保護のための世界協会（World Society for the Protection of Animals）、国際動物福祉基金（International Fund for Animal Welfare）などが挙げられる。

右に挙げた団体はすべて外国の団体や国際団体で、日本の団体は皆無であることからも分かるように、日本では動物福祉の考え方が市民権を得ていないため、欧米の考え方にすぎないというようによく誤解されている。しかし、日本でもすでに三五年も前に動物福祉の考え方が国内法制に取り入れられているのだ。「動物の保護及び管理に関する法律[28]」がそれであり、動物を研究試料として用いる場合の動物福祉に配慮することを規定しており、その基本原則で動物福祉の考え方を分かりやすく定義している。

「何人も、動物をみだりに殺し、傷つけ、又は苦しめることのないようにするのみでなく、その習性を考慮して適正に取り扱うようにしなければならない」

これは一般的な定義であり、日本特有のものではない。日本でも動物福祉が動物実験に必要不可欠な要件として位置づけられている以上、動物福祉の考え方を単に欧米の考え方としてとらえることはできない。

基本的な定義としてはこのとおりだが、動物福祉の考え方に基づいた具体的な運動は、主として動物全体というよりも個体を対象としている。そして、飼い主に虐待されている動物の保護、動物を利用する必要性が本当にあるのか否かの追及、動物を殺す必要があるとしても、できるだけ苦痛を感じさせることなく、仮に感じさせたとしても短時間にとどめることを志向する。したがって、痛覚があるかないかが動物福祉を適用する境界線となり、その対象である鳥や哺乳類が回復不能な瀕死の状態にあれば、その取り扱いは治療や延命よりも安楽死の方向に向かうことになる。

日本では、たしかに野生のクジラは「動物の愛護及び管理に関する法律」の対象外であるが、動物福祉団体が捕鯨に反対している理由は、「クジラに苦痛を与えずして捕獲することは不可能である」と考えているからである。したがって、基本的にはすべての種類の捕鯨に反対している。

「基本的に」としたのは、動物福祉の考え方をとるＩＷＣ加盟国のなかには、先住民生存捕鯨を認める基準となる前述の三原則（ニーズ、非商業性、科学的知見）を受け入れており、これらを満たせば賛成している国があるからだ。たとえば、二〇〇二年に下関で開催されたＩＷＣで交渉の論点となったアメリカとロシアの先住民生存捕鯨に対しては、代表的な反捕鯨国であるイギリス、オーストラリア、ニュージーランドが賛成票を投じている。

動物福祉団体でも、右記の人道協会とクジラ・イルカ保全協会(29)などのように、前述の三原則に加え、捕獲方法がクジラに最少かつ最短の苦痛しか与えないことにあらゆる努力を払っている場合にかぎって反対しない場合もある。

(28) 同法は一九七三年に施行された。一九九九年一二月二二日に改正され、現在の正式名称は「動物の愛護及び管理に関する法律」である。

(29) The Whale and Dolphin Conservation Society & The Humane Society of the United States (2003) Hunted: Dead or Still Alive? A Report on the Cruelty of Whaling.《www.wdcs.org/submissions_bin/humanekilling.pdf》二〇〇九年四月五日に閲覧。

動物の権利

二つめは「動物の権利」思想である。具体的な団体として、進歩的動物福祉協会（Progressive Animal Welfare Society）が挙げられる。動物福祉と大差ないと見られがちだが、「動物の権利」の考え方は、大雑把に言うと、動物は誰かの所有物や無主物なのではなく、人間と対等な権利をもつ生物であるととらえる。だから、「動物の権利」運動の別名は動物解放運動であり、クジラに適用すれば、クジラは人間と対等な権利をもつ生物であり、生きる権利や自由を奪ってしまう捕獲はしてはならないということになる。もちろん、思想の強弱はあるが、「動物の権利」思想に基づいて捕鯨に反対する場合は、すべての捕鯨や混獲がその反対の対象となっている。

「動物の権利」という思想も日本ではあまりなじみがなく、政策論争としても取り上げられたことがないので、こうした考え方は奇異に感じられるかもしれない。しかし、だからといってその政治的な影響力を無視してしまうと現実から目をそらすことになりかねない。事実、スペイン議会が、大型類人猿に生きる権利や自由を認める決議を採択したということが二〇〇八年に報じられている[30]。この決議には超党派の支持が集まっているため、大型類人猿の動物実験はもとより、テレビや映画、サーカスへの起用が禁止され、動物園で飼育されている類人猿の待遇も大幅に改善される見通しとなっている。

クジラの世界では、こうした議論のときに決まって引用される論文がある。それは、アメリカの国際法研究における最高峰の雑誌の一つである、〈アメリカン・ジャーナル・オブ・インターナショナル・ロー（American Journal of International Law）〉に掲載されたダマト（Anthony D'Amato：アメリカの法学者）とチョプラ（Sudhir Chopra：アメリカの法学者）の一九九一年の論文である[31]。彼らの論旨は「クジラの生きる権利を国際法として認めるべきである」とするものであり、それがアメリカ最高峰の国際法雑誌で真剣に議論され、その後、脈々と引用され続けているという影響力は見逃せない。

予防原則

三つめは予防原則の考え方である。この考え方に基づいて活動している具体的なＩＷＣ加盟国はスウェーデン（少なくとも二〇〇七年まで[32]）やスイス、非政府組織では、国際環境Ｎ

（30）L. Glendinning（2008）Spanish parliament approves 'human rights' for apes. Guardian, Jun. 26th, 2008《www.guardian.co.uk/world/2008/jun/26/humanrights.animalwelfare?gusrc=rss&feed=networkfront》（二〇〇九年四月五日閲覧）。

（31）A. D'Amato & S.K. Chopra（1991）Whales: Their Emerging Right to Life. American Journal of International Law 21, pp. 28–29.

ＧＯのグリーンピース（第5章を参照）や世界自然保護基金がある。

この考え方は、深刻な環境影響が予想される場合、その因果関係が科学的に立証できなくとも対策を行うというものである。二〇世紀半ばまでの環境規制が、環境影響の確たる証拠がなければ対策を実施しなかったことで被害が拡大の一途を辿ったという経験に基づくもので、一九九二年の地球サミット（リオデジャネイロ）で採択された「アジェンダ21」にも登場し、日本でも一九九四年に策定された環境基本計画に「予防的方策」として登場している。

予防原則がクジラには非常に重要な考え方であると言うと、またクジラを特別視していると言われるかもしれない。アラスカ州のアンカレッジで開催された第五九回ＩＷＣ年次

2007年のアンカレッジでのIWCのオープニング（写真提供：佐久間淳子）

会合（二〇〇七年）において直接筆者が聞いたのだが、日本政府はクジラを特別視することに警鐘を鳴らすために、ＩＷＣの本会議で「クジラは自動車と同じような商品である」と主張したことがある。明らかに自動車とは異なるとしても、クジラは他の漁業資源とあまり変わらないのではないか、と思う人がいるかもしれない。しかし、それも間違いであり、資源管理において、鯨資源と魚などの一般的な漁業資源との間には決定的な違いがある。それは、資源の「弾力性」である（もちろん、これだけではない）。

サンマなどは多産性であるため、年ごとに大きく資源量が乱高下するような「弾力性」がある。一方、大部分の大型鯨類の雌一頭は数年に一頭しか出産しないため、資源量が乱高下することはあり得ない。これが資源管理を行ううえで重要となる理由は、いったん絶滅危惧種となってしまうと、資源量を回復させることが困難であることを意味しているからである。換言すれば、捕獲しすぎたためにいったんクジラの資源量が少なくなってしまうと、そこから「弾力性」を発揮してクジラの資源量を回復させることが難しいということである。したがって、捕鯨を管理する場合、他の漁業資源よりも増して、資源量が危険水準にあるかどう

(32)　二〇〇七年までとしたのは、二〇〇八年にチリで開催されたＩＷＣ以降、スウェーデンも加盟国である欧州連合が捕鯨に関する共通の交渉スタンスをもとに投票することになったため、それまでとは異なる交渉態度をとる可能性が非常に高いためである。

か分からない場合でも保全措置を予防的に発動させるというアプローチが非常に重要になってくる。

さらに捕鯨の場合、クジラが何頭いるのか、個体群構造はどうなっているのかといった捕鯨管理に必要不可欠な多くの科学的知見すら、実はいまだに分かっていないことが多々あるのだ。

これだけでも予防原則を適用する十分な理由があるが、さらに捕鯨には先行投資が嵩み、返済時には利子も重くのしかかるという現実がある。これらをクジラの売上だけで返済するためには、より高く売れるクジラをより多く捕ってこなければならなくなる。必然的に高く売れるもの、すなわち希少価値のあるクジラを深追いすることになり、規制が守られるという保証はない。それは、過去の大型鯨

2007年にアンカレッジで開催されたIWC年次総会の会議場（写真提供：佐久間淳子）

類の乱獲や、日本も行っていた違法操業の事実（第2章を参照）が示している教訓である。

予防原則の考え方に則った場合の反捕鯨運動の矛先は、科学的管理方式とその遵守強制力をもつ監視制度に縛られない場合の商業捕鯨および先住民生存捕鯨、取締条約でかけられているすべての規制を無視することができる調査捕鯨に向けられることとなる。

第2章

捕鯨問題の国際政治史

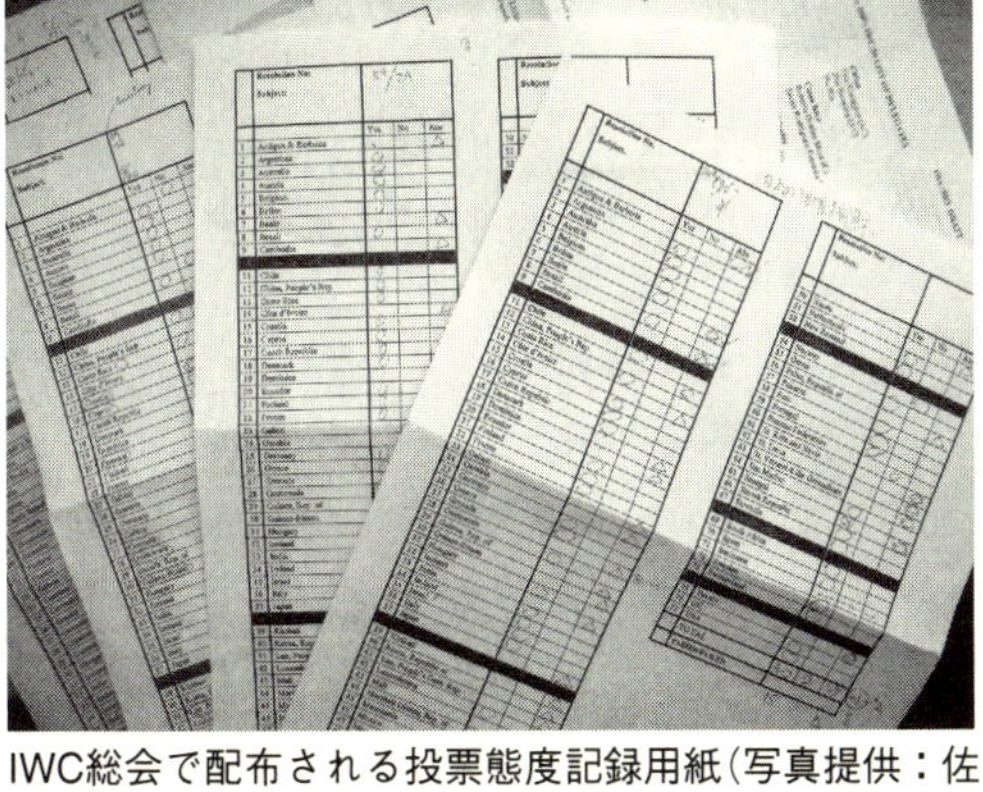

IWC総会で配布される投票態度記録用紙（写真提供：佐久間淳子）

二項対立の捕鯨史観

本章で扱うことになる捕鯨問題の国際政治史は今まで多くの文献において論じられているわけだが、それらは決まって、日本政府の代表団として国際捕鯨委員会（ＩＷＣ）の会合に出席していた政策決定者あるいはその関係者が書いたものである。[1]そして、その捕鯨史観で展開されるストーリーはおよそ以下のような概略となっている。

ＩＷＣは、取締条約に基づき、同条約に規定された「鯨族の適当な保存を図って捕鯨産業の秩序ある発展を可能にする」という目的を達成するために第二次世界大戦後に設立された。当初、ＩＷＣはクジラの乱獲を防ぐことができないほど無力であり、この目的を達成することができなかった。しかし、一九六〇年代に規制が強化されたことから、[2]クジラは絶滅の危機を脱することとなった。

ところが、各国が環境問題について話し合う初めての大規模な国際交渉会議となった一九七二年の国連人間環境会議（以下、ストックホルム会議）においてアメリカが、商業捕鯨十年モラトリアム（以下、十年モラトリアム）勧告を会議の直前になって上程し、可決させた。[3]この勧告が唐突に提案されたのは、当時のニクソン政権がベトナム戦争に対する非難を逸らそうという陰謀があったからである。[4]しかし、ＩＷＣに舞台が移ると、科学委員会はアメリカのモラトリアム提案を科学的裏づけに乏しいものとする意見を全会一致の結論として提出し、同提案は否決され続けた。科学的知見に裏打ちされた、日本の正論が勝利を収めたのである。

だが、これを不服としたアメリカなどは、科学委員会に捕鯨を何が何でも禁止させよ

（1）たとえば、以下を参照。梅崎義人（一九八六）『クジラと陰謀――食文化戦争の知られざる内幕』ABC出版。小松正之（二〇〇〇）『クジラは食べていい！』宝島社新書。梅崎義人（二〇〇一）『動物保護運動の虚像――その源流と真の狙い』（二訂版）成山堂書店。森下丈二（二〇〇二）『なぜクジラは座礁するのか――「反捕鯨」の悲劇』河出書房新社。大隅清治（二〇〇三）『クジラと日本人』岩波新書。大隅清治（二〇〇八）『クジラを追って半世紀――新捕鯨時代への提言』成山堂書店。

（2）注（1）に掲載した大隅（二〇〇三）一二七ページ。日本鯨類研究所理事長も歴任した大隅は、一九六七年からＩＷＣに連続して出席し、現在も鯨類学において日本で指導的な立場にある。

（3）注（1）に掲載した小松（二〇〇〇）七六ページ。水産官僚だった小松は、一九九五年から二〇〇四年まで日本政府首席代表代理を務め、日本の捕鯨政策の決定に中心的役割を果たした。

（4）注（1）に掲載した森下（二〇〇二）一五九～一六五ページ。水産官僚の森下は、小松に代わって二〇〇五年より日本政府首席代表代理を務めている。捕鯨問題をストックホルム会議で取り上げたのはベトナム戦争隠しのためだという風説は、注（1）に掲載した梅崎の著作二冊で広く流布され、その後きわめて多くの著作物で既成事実であるかのように言及されている。梅崎は『国際ＰＲ』という広報会社で捕鯨問題のＰＲ活動を担当した経歴をもち（第4章も参照のこと）、以降現在に至るまで、捕鯨業界や水産庁が主催・後援する講演会などで、水産ジャーナリストとしてこの問題に積極的に発言し関与している。

うと考える科学者を多数送り込み、「鯨類資源調査の方法を徹底的に批判するとともに、資源評価の作業を妨害し、……捕獲禁止に持ち込むように」画策した（大隅清治『クジラを追って半世紀——新捕鯨時代への提言』一二一ページ）。彼らは、クジラや捕鯨の実態を知らないにもかかわらず保護主義的な議論を展開し、科学委員会を混乱させた。[5]しかし、日本は科学的知見に基づいて逐次反論を行って対抗し、穏健な立場をとる科学者たちは日本側の見解を支持した。

どうやっても「健全なクジラ資源が存在するので捕鯨を潰せないと悟った反捕鯨勢力は、七〇年代後半からは反捕鯨の加盟国を増やす多数派工作を強力に展開」するようになる（大隅清治『クジラと日本人』一二九ページ）。反捕鯨団体は、ＩＷＣの日本政府代表に赤い染料を振り掛け、会議場外では日の丸を燃やすなどの行為にも及んだ。[6]

このように、反捕鯨勢力は非科学的な感情論を訴えるばかりだったが、一九八二年、彼らは多数決による「数の暴力」に訴え、ついにモラトリアムをＩＷＣで採択させることに成功した。こうして、科学的議論に常に忠実だった日本は理不尽な敗北を喫することになったのである。

この捕鯨史観は、捕鯨問題に直接の利害関係を有さない人たちからも一定の支持を得ている。私が捕鯨史を振り返ろうと思ったのは、このような日本の捕鯨史観を目の当たりにして、

「捕鯨を支持するわれわれ＝善」対「捕鯨に反対する彼ら＝悪」という二項対立に基づいた単純な考え方に当惑したからである。歴史は、このように善悪二元論で簡単に一刀両断できるものではない。より単純明快なストーリーで語れば語ろうとするほど解釈と実態が乖離《かいり》してしまい、ストーリーにうまくはまらない重要な歴史的な事実が抜け落ちたドラマと化す危険性が常にある。

取締条約は、そもそも「捕鯨産業の秩序ある発展」のための条約なのだから、捕鯨産業を潰そうとする反捕鯨勢力は悪であり、それに対抗している日本が善であるという二項対立の考え方は日本において支配的であり、だからこそこの考え方と親和性の高い右記の捕鯨史観は広く共有され、日本の捕鯨政策を批判する人はきわめて少ない。しかし、第1章でも指摘されているように、取締条約の文言は、捕鯨産業の衰退という事実、条約締結後に新しく生まれた予防原則などの考え方や他の条約との関連も含めてとらえなければならない。したがって、取締条約だけを善悪の基準に据えることはできないのである。

歴史文書をひもといてゆくと、この二項対立を根本から揺るがすきわめて重要な出来事が登場してくるにもかかわらず、日本語文献ではそうした事実が抜け落ちているという実態が

(5)　注（1）に掲載した梅崎（一九八六）五〇〜八四ページ。
(6)　注（1）に掲載した梅崎（一九八六）一〇二〜一〇六ページ。

垣間見えてきた。たとえば、かつて旧ソ連や日本の商業捕鯨では、効果的な捕鯨規制の妨げとなる捕獲実績の過少報告が常態化していた時期があったが、これに言及している日本語文献はきわめて少ない。捕鯨の歴史を振り返るにつれて、私の当惑は、是が非でも上記の捕鯨史観を再検証しなければならないという確信へと変わっていった。

本章では、外交史料や公文書などの一次資料をもとに、ＩＷＣの設立から一九八二年のモラトリアム採択までの捕鯨政治史を振り返ることで右記の捕鯨史観を検証する。紙幅の関係から本章では、基本的かつ重要な出来事とその歴史的文脈を押さえつつ、史料から明らかとなった新事実に焦点を当てることで、これまで日本の捕鯨史観では語られてこなかった「影」の部分を浮き彫りにしていく。また、検証結果から浮き彫りとなった新たな捕鯨史観の青写真と、私たちが直面している現在進行形の捕鯨問題にその青写真がどのような社会的含意をもつのかを展望してみたい。

ＩＷＣの設立と「捕鯨オリンピック」

ＩＷＣは、一九四六年に締結された取締条約によって設立された国際機関である。日本の加盟は一九五一年の四月、サンフランシスコ平和条約が結ばれる数か月前のことだった。ＩＷＣ設立当初の最大の操業海域は南極海であり、ノルウェー、旧ソ連、日本などが捕鯨を行

図2－1　シロナガスクジラ換算（Bulue Whale Unit）

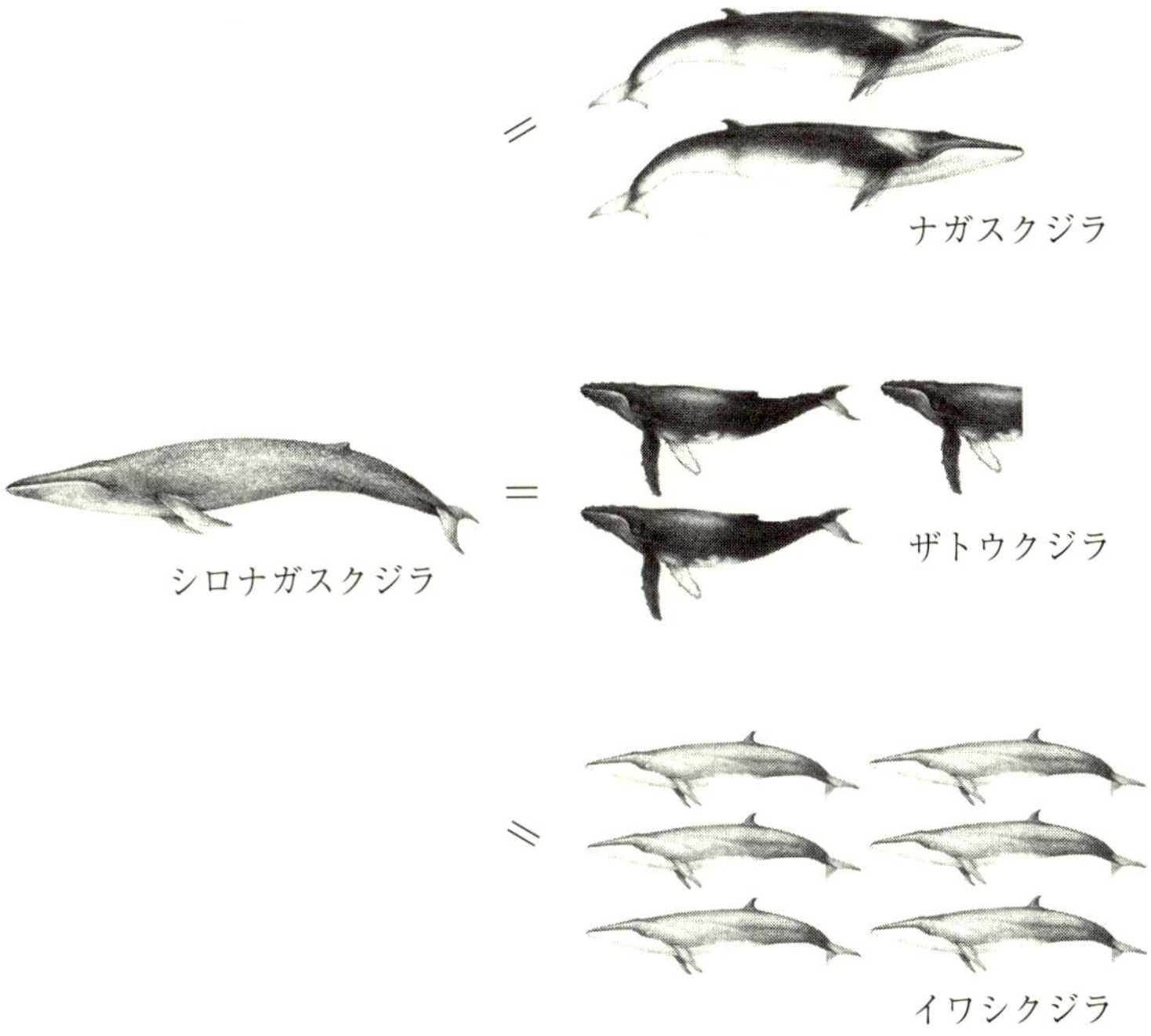

参考情報：「シロナガスクジラ換算」とは、捕鯨の主たる目的が鯨油採取であった時代に確立されたもので、1946年締結の国際捕鯨取締条約での捕獲制限に用いられた換算方法。

シロナガスクジラ１頭分と等価な鯨種毎の頭数として、ナガスクジラは２頭、ザトウクジラは2.5頭、イワシクジラは６頭とされていた。これらの鯨種から搾油される油脂は「ナガス油」とも呼び、食用にも用いた。ハクジラ類であるマッコウクジラから採れる油は「マッコウ油」として区別していた。

（イラスト提供：倉澤七生）

っていた。南極海で捕獲の対象となっていたのは、世界最大の哺乳類であるシロナガスクジラと、ナガスクジラ、ザトウクジラ、イワシクジラ、マッコウクジラであった。

一九七二年の初めまで、ＩＷＣは「シロナガスクジラ換算（Blue Whale Unit：ＢＷＵ）という単位で南極海での捕獲枠を定めていた。これは、シロナガスクジラ一頭を一ＢＷＵとし、その鯨油の生産量を基準に、ナガスクジラは二頭、ザトウクジラは二・五頭、イワシクジラは六頭をそれぞれ一ＢＷＵとするものであった。

この時代、捕獲枠は各国ごとに割り当てられるのではなく南極海全域で設定されていたため各国の競争となり、少ない捕獲で多くの鯨油が得られる大型の鯨類が優先的に狙い撃ちされた。このいわゆる「捕鯨オリンピック」が原因となって、大きいクジラから順番に資源が枯渇していったのである。

当初、ＩＷＣによる規制で設定された南極海の捕獲枠は一万六〇〇〇ＢＷＵであった。しかし、この数字自体、第二次世界大戦前の捕獲量のおよそ三分の二というきわめて大雑把なもので、科学的根拠に基づくものではなく、捕獲枠が過大だったとのちに批判されることとなった。

一九五〇年代を通じてＩＷＣは、一万六〇〇〇ＢＷＵという当初の捕獲枠を、最小時でも一万四五〇〇ＢＷＵにしか削減することができなかった。その理由としては、資源状況についての科学的知見が乏しかったことに加えて、科学委員会の有力メンバーである捕鯨国の科

学者たちが自国にとって不利益な勧告を自粛したことなどが挙げられる。(7)

こうした科学委員会の足かせを外すべく、IWCでは南極海で捕鯨を行っていない国の科学者で構成される特別委員会が一九六〇年に設置された。任命されたのは、アメリカのワシントン大学(University of Washington)のダグラス・チャップマン(Douglas G. Chapman)、ニュージーランド水産局のケイ・R・アレン(Kay R. Allen)、国連食糧農業機関(FAO)のシドニー・ホルト(Sidney J. Holt)であり、この時期に捕鯨から撤退したイギリスからもジョン・ガランド(Jahn A. Gulland)がのちにメンバーに加わった。

この特別委員会は一九六三年と一九六四年に報告書を発表し、そのなかで、シロナガスクジラの捕獲禁止や捕獲枠の大幅な削減を提案した。当初、捕鯨国は受け入れを渋っていたが、アメリカからの強い圧力などにより、南極海の捕獲枠を四五〇〇BWUとする案が一九六五年のIWC特別会合で採択された。(8)

これ以降も、同捕獲枠は漸次削減され、乱獲されていたシロナガスクジラとザトウクジラも一九六〇年代に捕獲が禁止された。

(7) 真田康弘(二〇〇七)「国際捕鯨レジームの設立と規制の失敗――一九五〇年代迄における国際捕鯨規制を事例として」『六甲台論集・国際協力研究編』第八号、九一~九九ページ。

(8) 真田康弘(二〇〇五)「国際捕鯨委員会における日米の対応――一九六〇年から一九六五年までの規制措置を事例にして」『国際政治経済学研究』第一五、五七~六九ページ。

山積する捕鯨規制の課題

このようにIWCによる規制が順次強化されていったことから、日本の捕鯨関係者は、捕鯨規制の問題はこの時期に決着したものととらえてきた。しかし、本当に捕鯨規制の課題は解決されたのだろうか。

このことを考えるうえで、一九七〇年に出されたIWCアメリカ政府首席代表による内部報告書が手がかりとなる。そこでは、「いくつかの根本的な課題への効果的な対処がなされていない」として強い懸念が表明されている(9)ように、強化されてきた捕鯨規制でさえも十分なものではなかったのである。当時の規制が抱えていた問題点は、以下の三点に集約することができる(10)。

①当時、IWCのもとで捕獲枠制限がかけられていなかった北太平洋での捕獲数を、日本と旧ソ連が大幅に増加させたことである。急拡大を遂げた北太平洋での捕鯨は、当時のIWCの日本政府首席代表であった藤田巌(11)の目から見ても「確かに獲り過ぎ(12)」と認めざるを得ないものだった。

②IWCの規制が及ばない非加盟国での捕鯨操業の拡大が挙げられる。日本の捕鯨会社は、一九六三年に当時はIWC非加盟だったチリ（その後、一九七九年に加盟）で、一九六八年にもやはり非加盟だったペルー（チリと同じく一九七九年に加盟）で現地企業と提携し

て捕鯨操業を行っていた。ペルーではＩＷＣで禁漁種に指定されていたザトウクジラさえも捕獲するなど、規制の実効性を阻害し、個体数の危機的減少を招きかねない重大な問題が起きていた。

③捕獲枠の不遵守と、それを覆い隠すための捕獲数の過少申告の問題。とくに、旧ソ連が一九四七年から一九七二年にかけて実際に捕獲した頭数は公式申告の一七倍に達するほど悪質なもので（**図２－１**を参照）、違法操業の主たる捕獲対象となったザトウクジラはこれによって壊滅的な打撃を受けたことがのちに判明している。[13] 旧ソ連による過少申告は関係

（9） J. L. McHugh（1970）"Report of the United States Delegation to the 22nd Meeting of the International Whaling Commission, Aug. 4, 1970," file INCO WHALES 3, box 1337, Subject-Numeric Files [SNF], Record Group 59 [RG59], National Archives II, College Park, Maryland [NA].

（10） 真田康弘（二〇〇七）「米国捕鯨政策の転換――国際捕鯨委員会での規制状況及び米国内における鯨類等保護政策の展開を絡めて」『国際協力論集』第一四巻三号、一〇三〜一三四ページ。

（11） 藤田は、農林官僚として水産庁長官等を歴任した。捕鯨問題とのかかわりについては、日本政府首席代表として一九五七年から一九七五年までＩＷＣに出席した（一九六〇年を除く）。

（12） 藤田巌（一九六九）「北洋漁業の問題」『水産振興』第一八号（藤田巌追悼録刊行会幹事会（一九八〇）『藤田巌』藤田巌追悼録刊行会、六三五〜六五六ページ載録）。

（13） A.V. Yablokov, V.A. Zemsky, A.A. Berzinm（1998）Data on Soviet Whaling in the Antarctic in 1947–1972（Population Aspects）. Russian Journal of Ecology 29(1), pp. 38-42.

図２－１　旧ソ連によるクジラ捕獲頭数の公式統計と実際の捕獲数（1947～1972年）

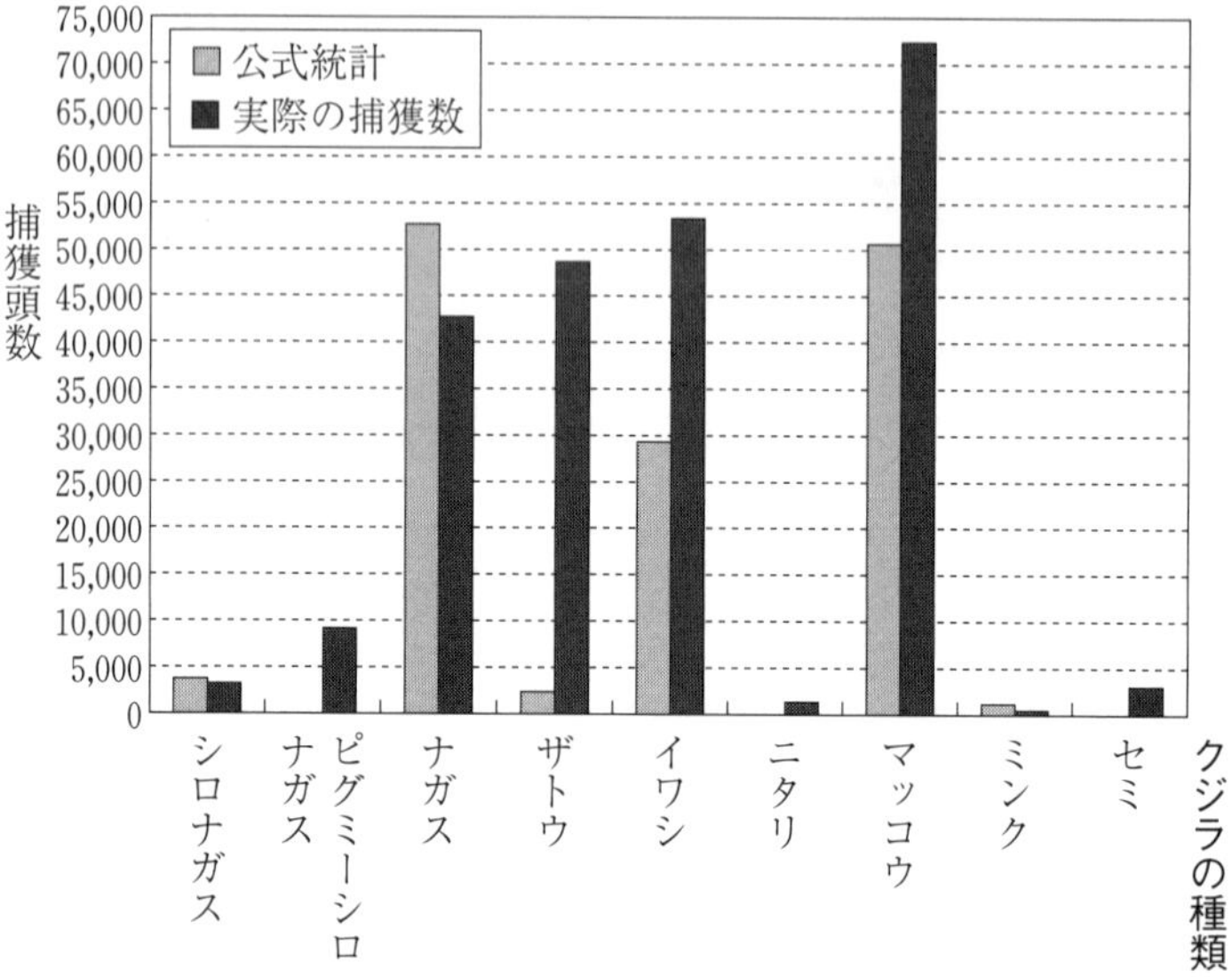

出典：A.V. Yablokov, V.A. Zemsky A.A. Berzinm (1998) Data on Soviet Whaling in the Antarctic in 1947-1972 (Population Aspects). Russian Journal of Ecology 29(1), pp. 38-42.

西インド諸島の海域でブリーチングをするザトウクジラ（写真提供：アメリカ国立海洋大気局／国立海洋哺乳類研究所）

図2－2　捕鯨会社「日本捕鯨」によるマッコウクジラ捕獲頭数

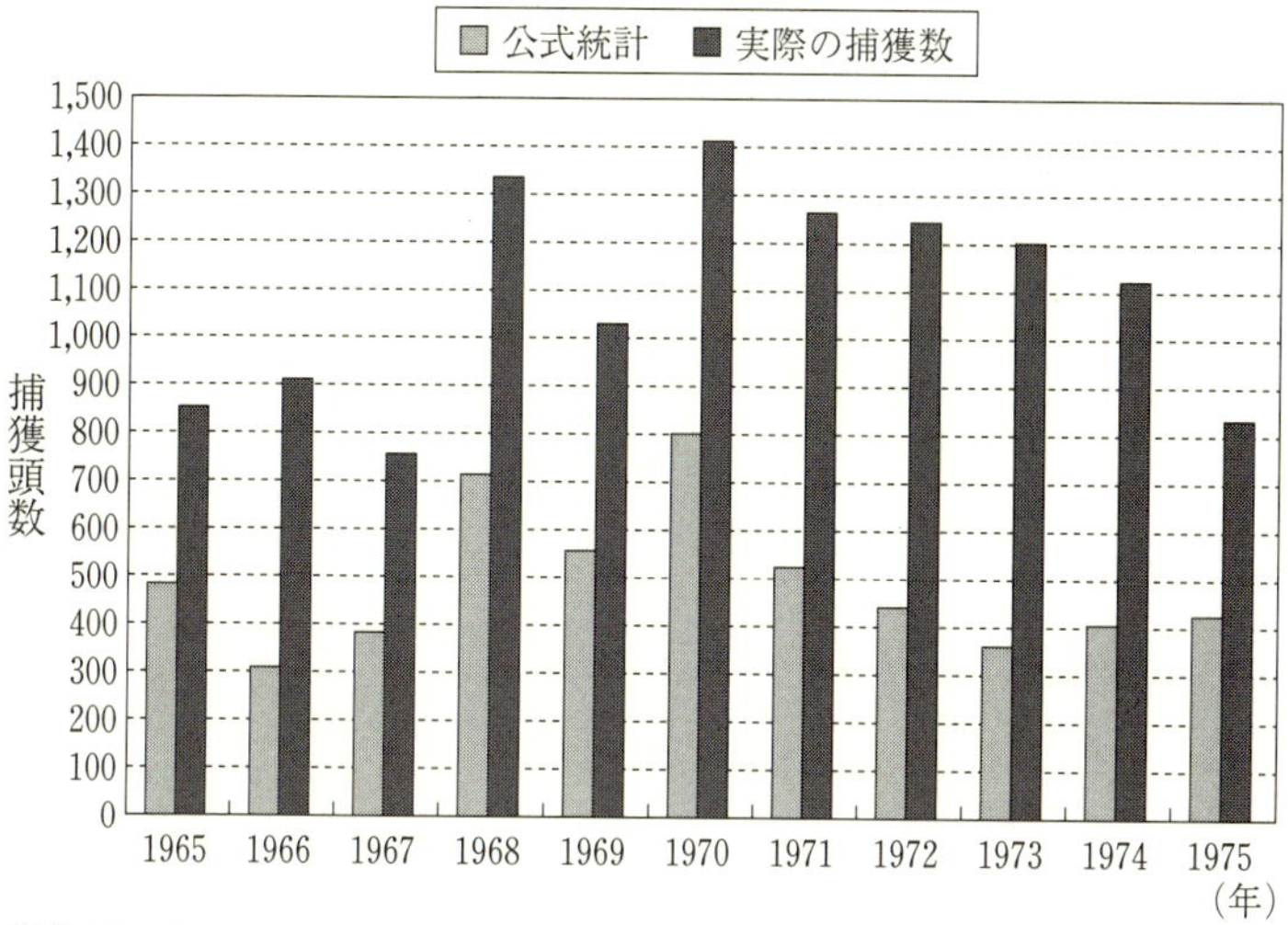

出典：I. Kondo & T. Kasuya (2002) True Catch Statistics for a Japanese Coastal Whaling Company in 1965-1978. Document presented to the 54th Scientific Committee Meeting of the International Whaling Commission, Shimonoseki, 公式文書 IWC/SC/54/O13.

者の間では周知の事実で、たとえば一九五五年のＩＷＣ年次会合でも、ノルウェーなどから操業解禁日以前に旧ソ連が操業していると指摘されたことがある。しかし、旧ソ連は、解禁日前の操業は取締条約の第八条に基づいた調査捕鯨であるためＩＷＣの規制を受けるものではないと言い張り、各国もそれ以上は追及しきれなかった。また、日本の沿岸捕鯨でも、マッコウクジラの捕獲頭数などに関する大幅な過少申告が常態化していた（**図2－2**を参照）[14]。違法操業の事実を規制当局である水産庁などは察知していたが[15]、是正措置が取られることはなかった。

こうした違法操業をやめさせるべく、ＩＷＣでは国際監視員制度を創設し、監視を強化しようとする交渉が行われていた。しかし旧ソ連は、監視員の数や開始時期など瑣末な事項を取り上げては国際監視員制度の交渉を引き延ばし続けた。

当時、日本沿岸では小型捕鯨業のほか、日本水産、大洋漁業、日東捕鯨、日本捕鯨（一九六九年に「日本近海捕鯨」に社名変更）、三洋捕鯨が操業を行っていた。**図2－2**は、このうち、日本捕鯨の北海道厚岸（一九六五年）および宮城県鮎川（一九六五～一九七五年）でのマッコウクジラの捕獲頭数である。

十年モラトリアムへの序章

ストックホルム会議が開催された一九七二年は、まさにこうした捕鯨規制の課題が山積みとなっていた時期と重なっており、この会議の成果の一つとして、クジラの個体数を回復させるための「十年モラトリアム」が勧告されたことは当然の措置であるという見方ができる。しかし、冒頭で紹介した捕鯨史観では、この勧告を強力に推進したアメリカの真の狙いは、それを提案することでアメリカを「正義のヒーロー」としてアピールし、ベトナム戦争の枯薬剤使用に対する国際的非難を逸らすことであった、というのが「定説」である。

本節では、この「定説」を検証するべく、アメリカ国内の捕鯨政治史とストックホルム会議をめぐる国際交渉、そしてその舞台裏を詳しく見ていくことにする。[16]

一九六〇年代半ば以降は、アメリカ国内で環境ＮＧＯや動物福祉団体を中心として、今まで説明してきたクジラの乱獲に対する関心が少しずつ高まっていった時期でもある。これに同調するように、アメリカ政府は一九七〇年、内務省が「絶滅の危機にある種の保全法」に基づいてシロナガスクジラなど八種類のクジラを「絶滅危機種リスト」に掲載し、翌一九七一年末までに、これらの鯨種から生産される製品の輸入禁止措置をとった。

内務省はさらに、科学的知見の集積を図るために、各国専門家を招聘した国際会議を一九七一年のＩＷＣ年次会合に先立って開催した。同会合では、ＢＷＵによる規制方式が大型鯨

---

(14) 近藤勲（二〇〇一）『日本沿岸捕鯨の興亡』山洋社、三二六～三五三ページ。

(15) 一九六五年に捕鯨各社、水産庁、外務省の代表が集まりＩＷＣへの対処方針を検討していた際、水産庁側は、マッコウクジラについては「めすのみをとり、且つ体長制限以下のものをとっている」という話もあり、国際監視員制度を「完全にやられると日本側がボロを出す惧れがある」と説明していた。欧亜局英連邦課（一九六五）「捕鯨委員会特別会合の対策会議について」、一九六五年二月二六日、外務省外交史料館所蔵マイクロフィルムB'-174、六三二～六三九コマ目。

(16) 詳しくは、注（10）に掲載した真田康弘（二〇〇七）を参照。

類の乱獲を招いた反省から、それぞれの鯨種の資源状態にあった規制手法に移行すること、そして資源が適正水準を下回っているものについては捕獲枠を減らすことで資源量の回復を図ること、そして国際監視員制度を直ちに実施することなどが勧告された(17)。

一九七一年のＩＷＣ年次会合は、アメリカで開催されたこともあって全米のマスメディアの関心を呼び、報道されたことで大きな注目を集めた。アメリカ政府の代表団も環境ＮＧＯが加わったかつてないほどの大規模なものとなり、国際監視員制度や鯨種別規制の導入、捕獲枠の削減などを強力に推進する外交方針をとった。

しかし、これらの外交方針に反してＩＷＣでの交渉では、鯨種別規制への移行と国際監視員制度は是正措置として必要だとする原則的な合意にとどまり、即時実施には至らなかった。また、南極海の捕獲枠をめぐって科学委員会では、日本と旧ソ連以外の科学者たちが二〇〇〇ＢＷＵを超えるべきではないと主張したが、ＩＷＣではそうした主張は無視され、二三〇〇ＢＷＵが正式な捕獲枠として採択された。

一九七一年七月六日付の〈ニューヨーク・タイムズ〉紙の「惨憺たる大失敗（dismal fiasco）」という見出しに象徴されるように、アメリカ国内におけるＩＷＣでの交渉結果の評価はさんざんなものであった。ＩＷＣを改革すべきとの声はさらに高まり、ＩＷＣ終了直後に連邦議会上院は十年モラトリアムを求める決議案を全会一致で採択し、下院でも同種の決議案が上程されて公聴会が開催された。

下院公聴会では、ＩＷＣに関する事項を所掌するＩＷＣアメリカ政府首席代表や国務省（日本の外務省にあたる）、商務省が、鯨種別規制と国際監視員制度は近いうちに実施される可能性の高いこと、そしてナガスクジラ以外については適正水準の範囲内で操業が行われていることなどを指摘し、決議案に消極的な姿勢を示した。

一方、環境ＮＧＯや動物福祉団体の代表は、一様にＩＷＣの無力さとアメリカ政府の対応を厳しく批判した。具体的には、捕獲枠の削減措置が不十分であることに加えて違法操業が頻繁に行われていることや、前述の日本とペルーの提携による絶滅危惧種（ザトウクジラ）の捕獲実態にまで批判が及んだ。また、内務省の政策担当者も、もし翌年の年次会合で鯨種別の捕獲規制、あるいは国際監視員制度が実施されないようであれば捕鯨モラトリアムを求めるしかないだろう、と証言した[18]。

一九七〇年に大統領府に新設された環境問題諮問委員会（Council on Environmental Quality：ＣＥＱ）の上席科学者を務めていたリー・タルボット（Lee M. Talbot）も、内務省と同様、

（17）W.E. Schevill(ed.)(1974) The Whale Problem: A Status Report. Harvard University Press, pp. 3–20.

（18）United States Congress(1971) International Moratorium of Ten Years on the Killing of All Species of Whales: Hearing before the Subcommittee on International Organizations and Movements of the Committee on Foreign Affairs. House of Representatives, Ninety–Second Congress, First Session, July 26, 1971, Government Printing Office, pp. 22–23.

ＩＷＣに対してきわめて批判的であり、現行の規制は「鯨類やその環境ではなく、捕鯨産業の福利を重視したもの」で、効果的ではないという立場を表明していた。(19)

アメリカの方針転換

ＩＷＣにきわめて批判的な内務省とＣＥＱの見解と、モラトリアムは行きすぎとする商務省と国務省の見解がアメリカ政府の内部で並立するなか、モラトリアムに反対する側に痛手となったのが実は日本側の外交姿勢だった。ＩＷＣは一九七一年の年次会合で南半球の一部海域に関するマッコウクジラの捕獲制限措置を採択していたが、日本はこれに対して十分な科学的根拠がないとして異議の申し立てを行い、ＩＷＣの捕獲制限に従わない意向を表明したのである。

日本の異議申し立てを受け、国務省の担当官は在米日本大使館の佐野宏哉一等書記官に対して、こうした行為はモラトリアムを不要としてきたアメリカ政府の立場を著しく困難にするものできわめて遺憾であり、「世界の非難は日本に向けられよう」という強い言葉で日本の態度を批判した。(20)さらに、「もしアメリカがモラトリアムを本当に追求することとなれば、適切な国際フォーラムに提起することになるだろう」と述べ、ストックホルム会議でこの問題を提起する可能性があることを示唆した。(21)

本章の冒頭で説明したように、十年モラトリアムが突然降ってわいた提案だったとする説が正しければ、のちに水産庁長官にもなった佐野宏哉がこうしたアメリカによる立場表明を聞いているはずはない。事実、日本の外交文書が示しているのは、「国連人間環境会議の場にも（捕鯨問題に関する）働きかけが及ぶ可能性がある」[22]ことが、同会議開催（一九七二年六月）の八か月前の段階で外務省や水産庁内でも認識されていたということである。

アメリカ政府が商業捕鯨モラトリアム支持へと政策転換を行ううえでさらに決定的だった

---

(19) United States Congress (1971) Marine Mammals: Hearing before the Subcommittee on Fisheries and Wildlife Conservation of the Committee on Merchant Marine and Fisheries. House of Representatives, Ninety-Second Congress, First Session, September 9, 13, 17, 23, 1971, Government Printing Office, p. 147.

(20) 牛場在米大使発外務大臣宛電信第三三七六号、一九七一年一〇月一四日、外務省所蔵文書（情報公開請求により開示。以下「外務省」と略記）、ファイル名「全米熱帯まぐろ類委員会年次会議（第〇二三回）・一九七一年一月一日作成」（以下、ファイル名のみ略記）。

(21) Memorandum of Conversation, "Japan's Objection to Amendment of Schedule to Whaling Convention," Oct. 20, 1972, file INCO WHALES WHALING 4 1-1-70, box 1337, SNF, RG59, NA; 牛場在米大使発外務大臣宛電信第三二八一号、一九七一年一〇月一四日、外務省、「全米熱帯まぐろ類委員会／監視員制度・一九七一年一月一日作成」。

(22) 外務省、「北鯨（基地式）監視員制度に対する水産庁「案」へのコメント（一次案）」、一九七一年一〇月二五日、外務省、「全米熱帯まぐろ類委員会／監視員制度・一九七一年一月一日作成」。括弧内は筆者による挿入である。なお、この文書は水産庁にも回覧されている。

のが、原則合意されていた国際監視員制度の実施が延期になったことであった。南極海についての国際監視員制度は、関係国によって仮署名が行われたものの、一〇月四日、旧ソ連船団は時間切れとして南極海に向けて出航してしまったのである。またしても、旧ソ連の遅延

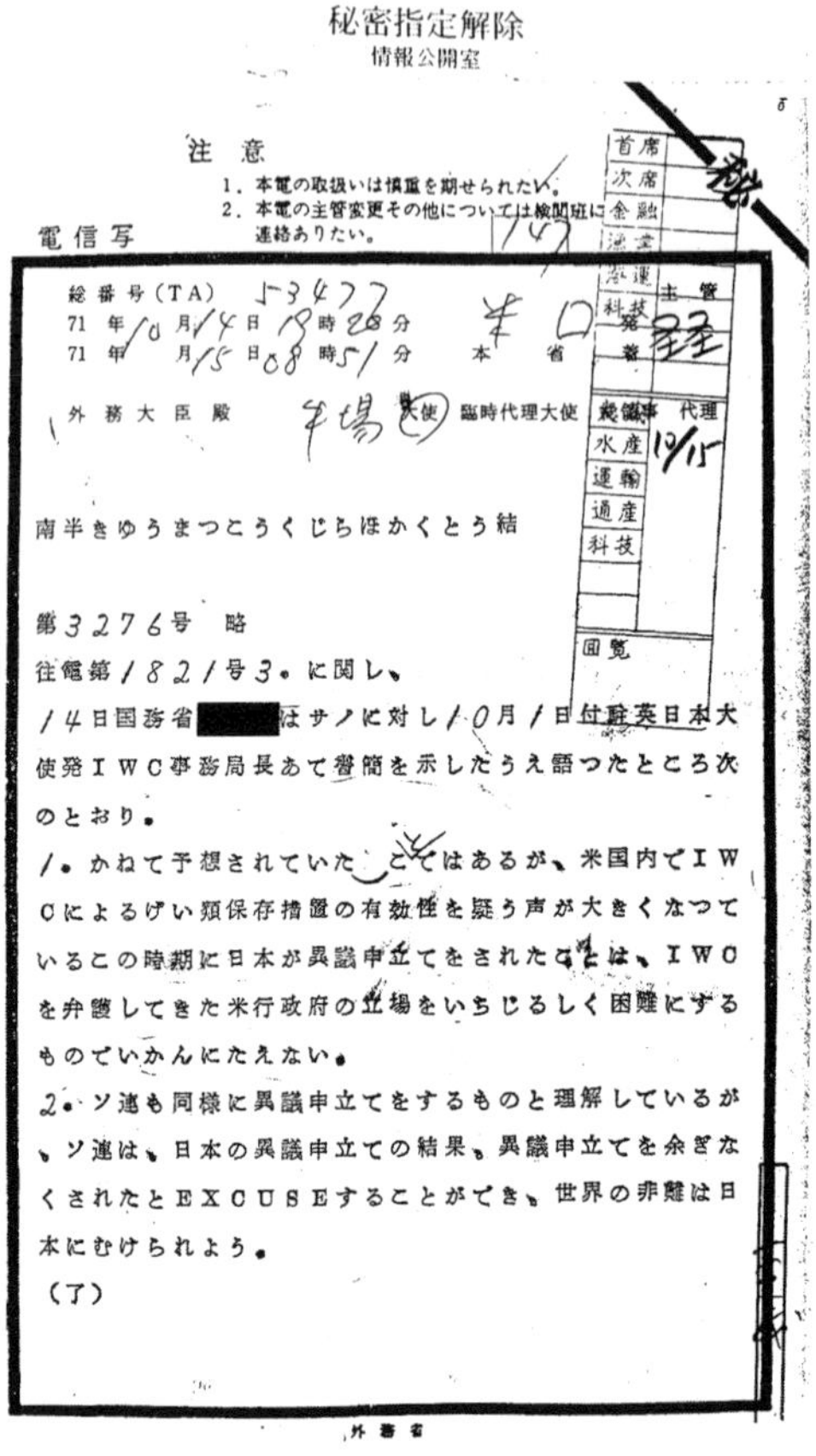

秘密指定解除
情報公開室

注 意
1. 本電の取扱いは慎重を期せられたい。
2. 本電の主管変更その他については検閲班に連絡ありたい。

電信写

総番号(TA) 53477
71年10月14日18時28分
71年10月15日08時51分 本省

外務大臣殿 牛場大使 臨時代理大使

首席	
次席	
金融	
主管	
水産	12/15
運輸	
通産	
科技	
回覧	

南半きゆうまつこうくじらほかくとう結

第3276号 略

往電第1821号3。に関し、

14日国務省[redacted]はサノに対し10月1日付駐英日本大使発IWC事務局長あて書簡を示したうえ語つたところ次のとおり。

1。かねて予想されていたことではあるが、米国内でIWCによるげい類保存措置の有効性を疑う声が大きくなつているこの時期に日本が異議申立てをされたことは、IWCを弁護してきた米行政府の立場をいちじるしく困難にするものでいかんにたえない。

2。ソ連も同様に異議申立てをするものと理解しているが、ソ連は、日本の異議申立ての結果、異議申立てを余ぎなくされたとEXCUSEすることができ、世界の非難は日本にむけられよう。

(了)

外務省

1971年10月14日付の在アメリカ日本大使館発外交電報。国務省担当者が佐野1等書記官に対し「日本が異議申立てをされたことは、IWCを弁護してきた米行政府の立場をいちじるしく困難にするものでいかんにたえない」、「世界の非難は日本にむけられよう」と強い調子で批判したことが記録されている。

策だった。

　このように、ＩＷＣによる規制強化が進むはずだとするアメリカのモラトリアム反対派の主張が説得力を失ったことを受けて、ＩＷＣによる捕鯨規制にきわめて批判的だったＣＥＱが政策転換を強く主張するようになった。一九七一年一〇月末、監視員制度の再延期を知ったＣＥＱのタルボットは、ラッセル・トレイン（Russell E. Train）ＣＥＱ委員長に対して、政府が「断固たる努力」を行ってＩＷＣの改革を進め、クジラを絶滅の危機から救うとともにストックホルム会議で捕鯨問題を提起することを提案した[23]。

　ＣＥＱからもちあがった捕鯨政策転換の要求に内務省も同調した。そして、一九七一年一二月、ロジャーズ・モートン（Rogers C.B.Morton）内務長官は十年モラトリアムの支持を公言したのである[24]。さらに、一二月の佐藤栄作総理の訪米に際し、捕鯨の中止を求めていた環境ＮＧＯの「地球の友」や「シエラ・クラブ」などが首脳会談で捕鯨問題を提起すべきだと

---

(23) Memorandum for Train from W. A. Hayne / Lee Talbot, "U.S. Participation in the International Whaling Commission," Oct. 28, file Ocean Mammal Protection Act [1 of 2], box 141, Staff Member and Office Files: John C. Whitaker [SMOF: Whitaker], White House Central Files [WHCF], Nixon Presidential Materials Project [Nixon], NA.

(24) Department of the Interior (1971) "Secretary Morton Calls for Moratorium on Whaling," News Release, Dec. 12, 1971.

訴えたことに関してもＣＥＱは強い支持を表明した[25]。首脳会談で捕鯨問題が提起されることはなかったが、こうした動きを受け、翌一九七二年一月、ついにモーリス・スタンズ（Maurice H. Stans）商務長官は、六月に開催されるストックホルム会議で十年モラトリアムを支持するとの決定を下したのである[26]。

ストックホルム会議での攻防とアメリカの真意

十年モラトリアムは、アメリカの提案としてではなくストックホルム会議事務局による提案という形で会議に上程された。これは、タルボットが個人的に親交のあったモーリス・ストロング（Maurice Strong）事務局長に依頼して実現したものである[27]。この提案に対して日本政府は、モラトリアムの対象となる鯨種を絶滅危惧種だけに限定するという修正案の提出を決定し、外務省は会議開催前に、ＩＷＣの加盟国と非加盟の捕鯨国を中心にこの修正案への支持を働きかけた。

実は、この修正案は、資源管理を強化するどころか実質的には現状維持を確保するためのいわば「骨抜き」提案であった。それというのも、絶滅の危機に瀕していたシロナガスクジラなどはＩＷＣの規制のもとですでに捕獲禁止となっており、それを再度、捕獲禁止にしたところで資源管理の強化にはつながらないことは明らかであった。アメリカは、この修正提案が支持を集めることがないよう、ストックホルム会議のほぼすべての参加国に対して一層強い働きかけを行うことで対抗した。

こうしてアメリカ側の支持要請が活発化するなか、会議開催中の六月七日夜、ストックホルム会議のモーリス・ストロング事務局長は会議開催地の近郊で開催されたクジラの保護を訴える環境ＮＧＯ主催の集会に現れ、十年モラトリアム勧告の成否はストックホルム会議の成否をも左右するものであると十年モラトリアムに対して強い支持を表明し、翌八日には環境ＮＧＯが組織したモラトリアム支持を訴えるデモ隊が会議場周辺を練り歩き、アメリカによる働きかけも相まって各国が雪崩を打って提案支持に傾いていった。その結果、六月九日に行われた票決では、十年モラトリアムが圧倒的多数の支持を受けて採択されたのである。[28]

アメリカがストックホルム会議の全参加国に支持を呼び掛けたのに対して、日本は主とし

（25）Memorandum for John Whitaker from William A. Hayne (CEQ), "Presidential Discussion of Whaling during Summit Talks with Prime Minister Sato," Dec. 22, 1971, file CEQ 1971 [3 of 3], box 42, SMOF: Whitaker, WHCF, Nixon, NA.

（26）Letter from Stans to Rogers, Jan. 24, 1972, file INCO WHALES WHALING 4 1-1-70, box 1337, SNF, RG59, NA.

（27）M. L. Weber (2002) From Abundance to Scarcity: A History of U.S. Marine Fisheries Policy. Island Press, p. 107.

てＩＷＣの加盟国やそれ以外の捕鯨国にしか働きかけなかった。これから見ても、この問題への日本の対処が後手に回ったことは明らかである。当時、外務官僚としてこの会議の対応を一手に引き受けた金子熊夫がいみじくも語っているように、「まさか鯨が環境問題なんてとタカを括っているうちに外堀を埋められた」のであった（金子熊夫「日本の環境外交の三〇年：ストックホルムからヨハネスブルグへ」二〇〇二年七月一七日付〈読売新聞〉）。

水産庁の担当者は、いくら金子が対応の必要性を訴えても、「『水俣病のような公害や汚染問題を主に議論するストックホルム会議で、捕鯨問題が議論されるはずがない。ＩＷＣという立派な国際機関があるのだから、そこで議論すれば十分だ』として、真剣に考えようとはしなかった」のである（金子熊夫「さらば『捕鯨』エゴイズム」『論座』第六七号、二〇〇〇年、二八四～二九一ページ）。

以上の検討から明らかになったのは、アメリカ政府は旧ソ連の遅延策による国際監視員制度の再延期を受けて捕鯨政策の方針を転換し、鯨類資源の減少やＩＷＣによる規制の不十分さを懸念したＮＧＯの主張を採用した結果、アメリカが十年モラトリアムを推進するようになったということである。冒頭で紹介した、捕鯨史観の重要論点の一つであるアメリカ陰謀説を裏付けるものは何ら存在しなかったのである。

ここで、検討した公文書から浮かび上がってくる事実とこのアメリカ陰謀説を比較してみると、後者が日本の反モラトリアム外交の失敗を覆い隠すように機能していることが分かる。

つまり、アメリカがベトナム戦争から目を逸らすために、唐突に十年モラトリアムを提案したのだとすれば、日本や旧ソ連の一連の行動がアメリカの十年モラトリアム推進を可能にしたことや、日本がストックホルム会議への対応を誤ったことなどは不問となる。そして、十年モラトリアムは、ひとえに「大国アメリカの横暴」で、その延長線上にある現在のモラトリアムも同様であるという歴史的な文脈を構築することが可能となるのである。

舞台はIWCへ

ストックホルム会議での十年モラトリアムの採択によって勢いを得たアメリカは、引き続き一九七二年のIWC年次会合でも十年モラトリアム提案を強く推進した。しかし、同提案に対する各国の反応は否定的なものが多かった。この提案を検討した科学委員会は、個々の鯨種の資源状態に関係なく規制を行うという点でモラトリアムという手法はBWU規制と何

(28) 会議の模様については、以下を参照。真田康弘（二〇〇六）「一九七二年捕鯨モラトリアム提案とその帰結――米国のイニシアティヴと各国の対応を事例として」『環境情報科学論文集20』二八三～二八八ページ。信夫隆司（二〇〇五）「国連人間環境会議における商業捕鯨モラトリアム問題」『総合政策』第六巻二号、一七一～二〇二ページ。原剛（一九九三）『ザ・クジラ――海に映った日本人（第五版）』文眞堂、三八～六二ページ。

ら変わらず、科学的に正当化できないため同提案を支持できないとする意見勧告を行った。

また、環境問題担当の官僚が多く参加したストックホルム会議とは異なり、この当時IWC年次会合に出席していたのは漁業問題を担当する官僚が中心であったため、ストックホルム会議の勧告がIWCでの票に直結しなかった。こうした理由から、同提案は、賛成四（アルゼンチン、メキシコ、アメリカ、イギリス）、反対六（アイスランド、日本、ノルウェー、パナマ、南アフリカ、ソ連）、棄権四（カナダ、デンマーク、フランス、オーストラリア）で否決されたのである。

ただ、十年モラトリアムを求めるアメリカなどの動きに対して、日本などの捕鯨国も一定の規制強化を受け入れざるを得なくなっていた。具体的には、両者の妥結として、今まで原則合意にとどまっていた国際監視員制度と鯨種別規制の即時実施、さらに各鯨種の捕獲枠を大幅に削減することが可決されたのである。また、乱獲された大型鯨類に代わって一九七一年から捕獲されるようになったミンククジラについても捕獲枠が設定されることとなった。

上記の投票結果にある通り、十年モラトリアム提案に対する支持国が四か国しかなかったことはアメリカにとっては予想外であった。そこでアメリカは、各国の外務省や環境担当官庁の高官などに同提案への支持を再度働きかけた。このアプローチは相当の成果を挙げ、翌一九七三年のIWC年次会合では、「南極海のナガスクジラを三年後に捕獲禁止とする」提案と、南半球のマッコウクジラを三つの海域に区分して捕獲枠を設定する提案の可決に成功し、十年モラトリアム提案への賛成は八か国（オーストラリア、カナダ、フランス、アルゼンチン、メキシコ、パナマ）へと倍増したが、四分の三の賛成票を得るまでには至らなかった。一方、同提案に対する反対は五か国（アイスランド、日本、ノルウェー、南アフリカ、ソ連）、そして棄権は一か国（デンマーク）であった。

上記の規制強化が採択されたことなどを受け、日本と旧ソ連は異議を申し立てた[29]が、実はこれをきっかけとしてアメリカでは、「地球の友」などの環境NGOが捕鯨国製品の不買運動を展開し始めることとなった。不買運動には、自然保護運動でもっとも古い歴史を有する団体の一つである「全米オーデュボン協会[30]」も加わり、夥しい数の抗議文書がアメリカ政府や在米日本大使館に寄せられた。日本と旧ソ連が異議の申し立てをしていなければ、アメリカ国内の反捕鯨運動がこれほどまでに一気に拡がることはなかったであろう。

アメリカは国内の反捕鯨運動の高まりを背景に、一九七四年のIWC年次会合でも引き続きモラトリアム提案への支持を強く働きかけていた。一方、モラトリアムを支持していたオーストラリアがこの方針を変え、新たな提案を行う意向を示していた。その内容は、「資源

(29)　ソ連はマッコウクジラの海域別捕獲制限に対して異議申し立てを行い、ナガスクジラの三年後捕獲禁止は受け入れた。
(30)　ニューヨークに本部を置く、アメリカの環境NGO。一九〇五年発足。

を初期状態のもの、適正レベルのもの、適正レベルを下回ったものと三分類し、適正レベルを下回ったと分類された資源については捕獲禁止とする」というものだった。

この提案が画期的だったのは、資源を減らすことなく最大の捕獲ができる量（「最大持続生産量（Maximum Sustainable Yield：ＭＳＹ）」と呼ばれる）に基づいて、従来よりもより資源保護に資するよう適正レベルを設定しているところである。

モラトリアム提案の採択される見込みがないことをすでに想定していたアメリカがオーストラリア提案を支持する側に回るなかで同提案が票決に付され、日本と旧ソ連以外のすべての国の賛成票を得て採択された。この三分類方式は「新管理方式」（ＮＭＰ、一八ページのコラム参照）と呼ばれ、翌年の一九七五年からこの方式に基づいて鯨種別の捕獲枠が設定された[31]。これによって、一九七五年のＩＷＣ年次会合では、南半球のナガスクジラ捕獲枠は前年の一〇〇〇頭から二二〇頭へ、イワシクジラは四〇〇〇頭から二二三〇頭へと大幅に削減された。

現在の調査捕鯨のルーツを探る

ＮＭＰの採択は、日本の捕鯨産業にも一大転機をもたらした。捕獲枠の削減に伴い、これまでのように三つの水産会社がそれぞれ南極海に船団を派遣していては共倒れになってしまう恐れが出てきたのである。そこで第1章で述べたように、水産会社の捕鯨部門を分離統合する形で「共同捕鯨」が一九七六年二月に発足した。

こうして新たな捕獲枠規制方式への対応を整えた日本の捕鯨業界は、満を持して一九七六年のIWC年次会合にのぞんだ。前年の年次会合ですでに捕獲枠は大きく削られており、これ以上の削減はないだろう、ゆえに捕獲枠に関して「昨年並みの水準は確保できそうだ」と、日本の捕鯨関係者は会合直前まで楽観視していたのである（一九七六年六月一一日付〈朝日新聞〉朝刊）。

ところが、開催された一九七六年のIWC年次会合の科学委員会では、アメリカの科学者が南極海のナガスクジラについて禁漁が必要という論文[32]を提出するとともに、南半球のマッコウクジラについても、アメリカ、カナダ、南アフリカ、オーストラリアの科学者が大幅な捕獲枠の削減が必要だと主張した。

こうした見解に対して日本と旧ソ連の科学者は反論を試みたが、結局、大幅削減が科学委員会の勧告となり、それがそのままIWCで採択されてしまった。その結果、最大の操業海

（31）NMPの詳細については、以下を参照。笠松不二男（二〇〇〇）『クジラの生態』恒星社厚生閣、一八五～一八八ページ。

（32）J.M. Breiwick (1977) "Analysis of the Antarctic fin whale stock in Area I," in International Whaling Commission (ed.) Report of the International Whaling Commission 27. p. 60.

域である南極海でのナガスクジラの捕獲は禁止され、マッコウクジラについても一万七四〇頭から四七九一頭へと半減を余儀なくされた。

こうした削減により、共同捕鯨は設立後わずか一年で赤字経営への転落が必至となり、同社に融資するはずだった日本開発銀行も融資に難色を示し始めた。共同捕鯨は、このままでは経営が成り立たないとして、「政府は、異議申し立てを含めて必要な措置を取ってもらいたい」と訴えた（一九七六年六月二七日付〈朝日新聞〉朝刊）。

しかし、今まで見てきたように、異議申し立てはアメリカでの反捕鯨運動を激化させてしまうなど、日本の捕鯨に対する批判がさらに厳しくなることを覚悟する必要がある。そこで、のちに水産庁長官になる松浦昭海洋漁業部長（当時）は、外務省の賀陽治憲経済局次長（当時）に対して、「共同捕鯨に最小限の補償をするつもりだ」と伝達するとともに、「厳に部外秘として欲しい」と前置きしつつ、救済策の一つとして「取締条約第八条に基づく調査捕鯨を考えている」旨を伝えた[33]。これにより、少しでも捕獲枠の削減を埋め合わせようとしたのである。

調査捕鯨の対象として選ばれたのはニタリクジラだった。一九七六年の科学委員会では、このクジラの南半球での資源量が不明なので十分な調査が行われるまで捕獲すべきではないと勧告し、ＩＷＣでもこの勧告が採択されていた。したがって、これに対応した調査捕鯨であれば正当化できると水産庁は考えたのである。こうして水産庁は、調査捕鯨で一九七六／

一九七七年漁期に二四〇頭のニタリクジラを捕獲することを許可し、うち二二五頭が捕獲された。その後も、一九七七／一九七八年漁期に一一四頭、一九七八／一九七九年漁期に一二〇頭が捕獲されている。[34]

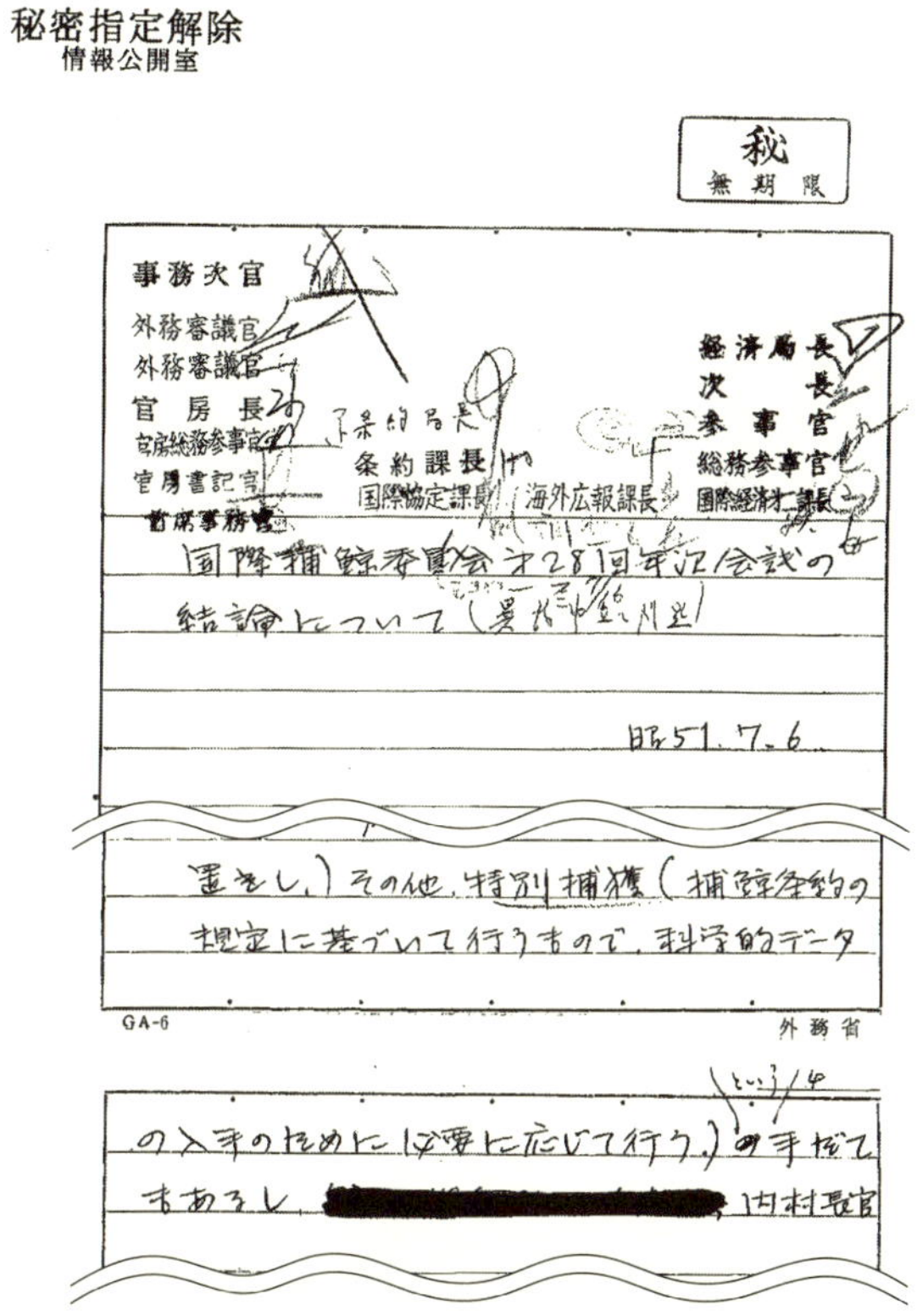
秘密指定解除
情報公開室

秘
無期限

事務次官
外務審議官
外務審議官
官房長
官房総務参事官
官房書記官
官房事務官

条約局長
条約課長
国際協定課長
海外広報課長

経済局長
次長
参事官
総務参事官
国際経済第一課長

国際捕鯨委員会第28回年次会議の
結論について

昭51.7.6.

置きし、）その他、特別捕獲（捕鯨条約の
規定に基づいて行うもので、科学的データ

GA-6　外務省

の入手のために必要に応じて行う。）の手だて
もあるし、[redacted]（内村長官

1976年７月６日付の外務省作成内部文書。松浦水産庁海洋漁業部長と賀陽外務省経済局次長との会話の内容を記録したもの。松浦部長が賀陽次長に対し、「新聞関係にも明らかにしておらず、厳に部外秘として戴きたい」と前置きし、「特別捕獲（筆者注：調査捕鯨のこと）の手だて」を検討していると語っている。

「シエラ号」事件

一九七六年に南極海でのナガスクジラが禁漁とされたことはすでに述べたが、この結果、同海域で捕獲可能なクジラは、ナガスクジラより小さいイワシクジラと、ひげクジラのなかでもっとも小さいクロミンククジラ、そして食肉には適さないマッコウクジラだけとなった。一九七八年の科学委員会で問題となったのは、日本のイワシクジラの捕獲枠が大幅に余ったことであった。余らせたくない捕獲枠が余るくらい捕獲しにくくなっているということは、それだけクジラの個体数が減少していると解釈することができ、イワシクジラを禁漁にすべきだという見解が提示されたのである。

当時、水産庁遠洋水産研究所で鯨類研究室長の任にあった大隅清治などの日本の科学者はこれに抵抗したが、この見解が日本の科学者を除く科学委員会の多数意見として勧告され[35]、ＩＷＣ年次会合では南半球全域でのイワシクジラの禁漁が可決された。日本の捕鯨は、ますます追い込まれていったわけである。

それにさらに追い打ちをかけたのが、一九七九年の「シエラ号」事件である。作業員としてノルウェー人と日本人が乗船していたこの船は、ＩＷＣの規制で指定されている禁漁種を含む年間約五〇〇頭のクジラを捕獲し、その鯨肉は日本の水産会社を通じて日本にも輸出されていた。この顛末を初めて映像に収めることに成功したイギリスの放送局は、これを全国ネットで放送するほか、イギリスの〈オブザーバー（Observer）〉紙なども大々的に報道し、アメリカ議会もこの問題を集中的に検討する公聴会を開催するなど、欧米とくにイギリスとアメリカで大きな反響を呼んだ。そして、一九七三年に起こった不買運動以降、沈静化の兆しを見せていた欧米の反捕鯨世論を一気に再燃させる結果となってしまった。

この事件は一九七九年のＩＷＣ年次会合に先立って報道されたため、同会合での日本に対する風当たりはきわめて強く、日本は不利な状況での対応を迫られた。同年の年次会合ではアメリカがモラトリアムを提案し、これに関して科学委員会では、一九七四年のＩＷＣで採択された「新管理方式（ＮＭＰ）」に必要なデータの多くが実際には入手できず、この方法は破綻したとしてモラトリアムを支持する意見が出される一方、たしかに不確実性は存在するが、資源管理を行うために十分な科学的知見はあるという意見も提示された。この結果、科学委員会の報告では全会一致の見解を打ち出すことはできず、科学委員会の報告書では双方の主張が両論併記されることとなった。

---

(33) 外務省「国際捕鯨委員会第二八回年次会議の結論について（異議申立て問題）」一九七六年七月六日、外務省「国際捕鯨委員会・一九七六年二月一三日作成」。

(34) 本節について詳しくは拙稿を参照。真田康弘（二〇〇八）「科学的調査捕鯨の系譜——国際捕鯨取締条約第八条の起源と運用を巡って」『環境情報科学論文集22』三六三〜三六八ページ。

(35) International Whaling Commission (1978) Report of the Scientific Committee. IWC/30/4.

こうしたなか、本会議では、クジラの保護を求めるフランス人運動家が政府代表を務めていたパナマが、母船式捕鯨に対象を限定したモラトリアムを提案した。当時、母船式捕鯨を行っていたのは日本と旧ソ連だけであり、明らかに両国を狙い打ちにした内容である。これに対して日本側は激しく抵抗したが、ミンククジラをパナマ提案の対象から外させるのが精いっぱいだった。この結果、ミンククジラを除く母船式の商業捕鯨の禁止が賛成多数で可決され、反対票を投じた日本も異議申し立てを断念し、これを受け入れたのである。

以上のように、ＮＭＰが採用されるなか、禁漁などの規制措置が強化された要因の一つは、科学論争において日本が旧ソ連とともに少数派となることが非常に多く、そのほかの大多数の科学者を説得することができなかったことを挙げなければならない。モラトリアム提案に科学的な正当性はないとする日本政府の主張は、たしかに一九七二年に科学委員会で全面的に支持されるものの、それ以降の科学論争では日本政府の推薦を得ている科学者は往々にして孤立し、科学委員会は日本政府の意に反する捕獲枠の削減措置などを勧告した。

鯨類の保護を重視する側は、こうした科学委員会の勧告や多数意見によって自らの立場が科学的に妥当なものであると主張し、捕獲枠の削減をＩＷＣでも採択させることに成功したのである。加えて、「シエラ号」事件に捕鯨国（日本とノルウェー）が関与していたことは、とりわけイギリス、アメリカの反捕鯨世論を一気に激化させる結果となってしまったことも指摘されるべきであろう。

モラトリアムをめぐる票取り合戦

一九八〇年代に入るとＩＷＣへの新規加盟が相次ぎ、これらの国の多くはモラトリアムに賛成票を投ずるようになった。その理由として各国政府が挙げた主要なものとしては、以下の二つに大別できる。

①ＮＭＰの破綻や科学的知見の不足である。これはモラトリアムを主張するほとんどすべての国が挙げた最大の理由であり、鯨類資源に対する管理法や十分な資源管理に必要な科学的データが得られるまで商業捕鯨は一時的に停止すべきだとする、現在で言うところの「予防原則」（第1章を参照）を踏まえた考え方。

②クジラに著しい苦痛を与えずに捕殺することは不可能であり、人道に反する捕鯨はやめるべきだとする動物福祉の考え方。

これら二つの理由のほかに、環境保護団体や動物愛護団体は、クジラが大きな脳をもっていることから高い知能を有しているはずで、こうした動物を捕殺すべきではないという考えから反捕鯨の立場をとる場合が非常に多かった。ただ、実際のところは、脳が大きいからといって知能が高いとはかぎらない。さらに、欧米諸国、とりわけアメリカとイギリスでは、国会議員が捕鯨に反対する世論にこたえるべく、モラトリアムをＩＷＣで訴えるよう求めたという政治的な背景も指摘されるべきであろう。

こうしたなか、アメリカは一九八〇年以降もモラトリアムを提案し続けたが、アメリカに加えてクジラ保護重視を訴える急先鋒に立ったのが一九七九年にＩＷＣに加盟したアフリカ大陸沖のインド洋に浮かぶ島国、セーシェルだった。アメリカや環境保護団体は、ＩＷＣでの数的優位を確立するために新たな加盟国の勧誘を積極的に行い、実は新規加盟国のなかには環境ＮＧＯのメンバーが代表を務める国もあった。

捕鯨問題に関する利害関心をもたない新規加盟国を勧誘する手段としては、直接的な金銭供与に頼ることも多かった。たとえば、アメリカがトンガに対して行ったのは、ＩＷＣの加盟に必要な分担金を肩代わりする見返りとして加盟して欲しいともちかけたというものである。[36] また、環境ＮＧＯも例外ではなく、積極的にこのような手段を使って新規加盟国を増やしていった。[37] こうした働きかけの結果、モラトリアムを支持する国が確実に増えていったのである。

日本も、モラトリアムへの反対を政府開発援助の供与条件の一つとする戦略で援助対象国への働きかけを行っていた。たとえば、一九八〇年当時、セーシェルは日本に水産関係の援助を要請していたが、日本政府はＩＷＣで日本の立場に同調しないかぎり支援は困難だとセーシェル側に伝達したのである。

これに対してセーシェル政府は、以前からセーシェル沖で日本の漁船が違法操業を繰り返している一方で、居丈高な態度でモラトリアム反対への方針転換を迫るとはきわめて遺憾だとして激しく反発し[38]、セーシェル沖で実際に違法操業を行っていた日本漁船を拿捕するという事件に発展した。このほか一九八二年には、鈴木善幸首相（当時）がブラジルを歴訪した際に捕鯨問題での協力を要請し、農業開発事業に約五〇〇〇万ドルの円借款供与を約束している（一九八二年七月七日付〈朝日新聞〉朝刊や一九八二年六月一五日付〈日本経済新聞〉夕刊）。

一九七〇年代末以降、既存のＩＷＣ加盟国のなかにも、従来の投票態度を変化させる国が現れた。それまできわめて小規模な沿岸捕鯨を行っていたオーストラリアは、国内での反捕鯨運動の高まりを受け、一九七九年に捕鯨の全面禁止を支持する政策に転じた。また、カナダは商業捕鯨を行っていないながらも、一九八〇年のＩＷＣ年次会合ではモラトリアム提案

---

(36) トンガ外務次官代理の大鷹トンガ大使（フィジー大使兼任：当時）への内話。大鷹在フィジー大使発外務大臣宛電信第六九七号、一九八〇年一二月八日、外務省「国際捕鯨委員会（第三二回）・一九八〇年九月一日作成」。

(37) 当時の反捕鯨運動を主導した一人であり、一九七九年にはパナマ政府代表として母船式捕鯨モラトリアムを採択に導いたフランス人、ジャン・ポール・フォートム・グーアンの発言。C. Pash (2008) The Last Whale. Fremantle Press, p. 210.

(38) 斉木在ケニア大使発外務大臣宛電信第七三四号、一九八〇年一二月一九日、外務省「国際捕鯨委員会（第三二回）・一九八〇年九月一日作成」。

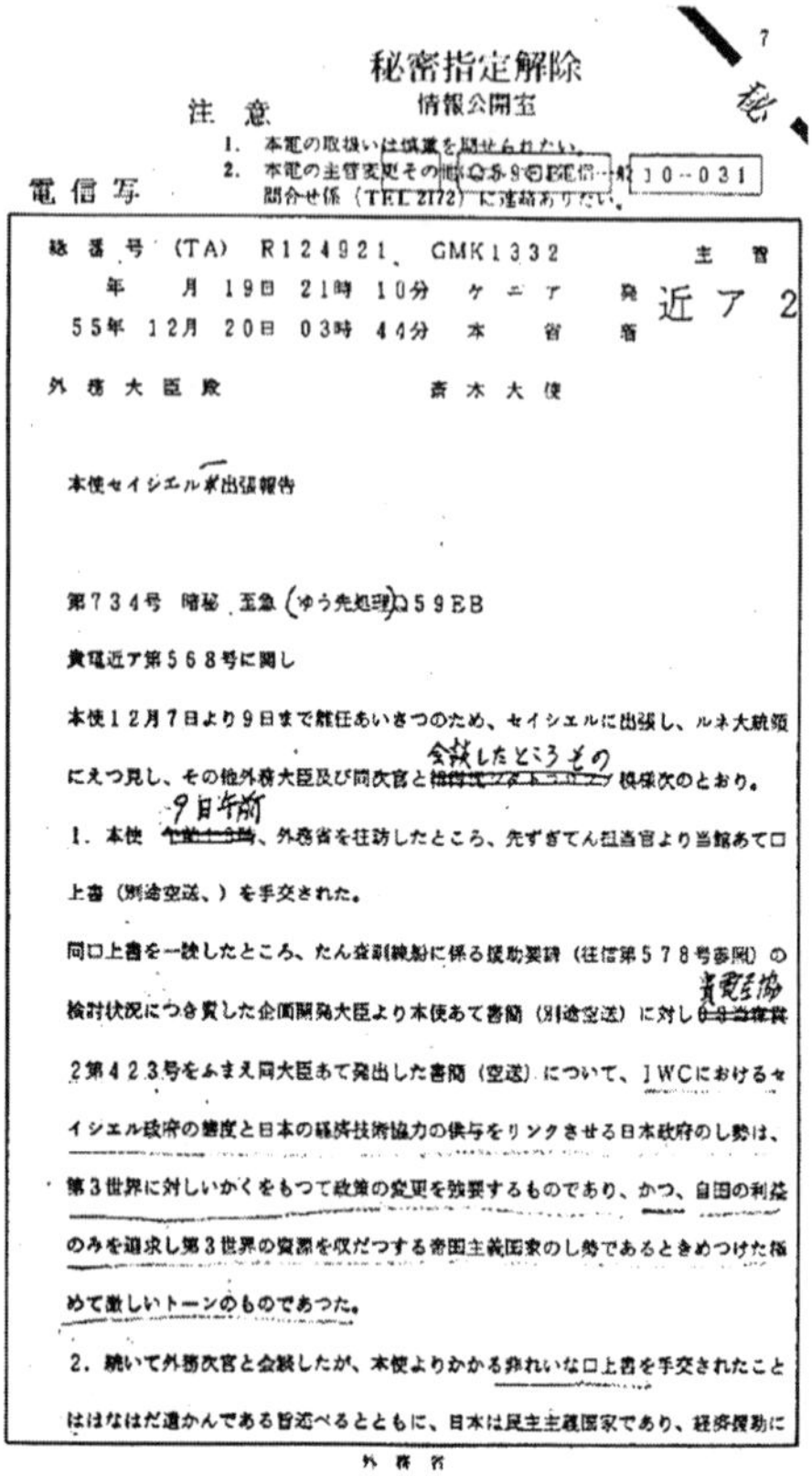

秘密指定解除
情報公開室

電信写

注意
1. 本電の取扱いは慎重を期せられたい。
2. 本電の主管変更その他… 10－031
問合せ係（TEL 2172）に連絡ありたい。

秘

総番号（TA） R124921、GMK1332　主管
年　月 19日 21時 10分 ケニア 発　近ア2
55年 12月 20日 03時 44分 本省 着

外務大臣殿　青木大使

本使セイシエル出張報告

第734号 暗秘 至急（ゆう先処理）Q59EB

貴電近ア第568号に関し

本使12月7日より9日まで離任あいさつのため、セイシエルに出張し、ルネ大統領にえつ見し、その他外務大臣及び同次官と会談したところその模様次のとおり。

1. 本使9日午前、外務省を往訪したところ、先ずぎてん担当官より当館あて口上書（別途空送、）を手交された。

同口上書を一読したところ、たん査訓練船に係る援助要請（往信第578号参照）の検討状況につき質した企画開発大臣より本使あて書簡（別途空送）に対し貴電経協2第423号をふまえ同大臣あて発出した書簡（空送）について、IWCにおけるセイシエル政府の態度と日本の経済技術協力の供与をリンクさせる日本政府のし勢は、第3世界に対しいかくをもつて政策の変更を強要するものであり、かつ、自国の利益のみを追求し第3世界の資源を収だつする帝国主義国家のし勢であるときめつけた極めて激しいトーンのものであつた。

2. 続いて外務次官と会談したが、本使よりかかる非れいな口上書を手交されたことははなはだ遺かんである旨述べるとともに、日本は民主主義国家であり、経済援助に

外務省

1980年12月19日付の在ケニア大使（セーシェル大使兼轄）発外交電報。セーシェル側から「IWCにおけるセイシエル政府の態度と日本の経済技術協力の供与をリンクさせる日本政府のし勢は、第3世界に対しいかくをもつて政策の変更を強要するものであり、かつ、自国のみを追求し第3世界の資源を収だつする帝国主義国家のし勢であるときめつけた極めてて激しいトーンの」書簡を手交されたとの記述がある。

に反対票を投じるなど、しばしば捕鯨国寄りの投票行動を取ってきたが、一九八二年にＩＷＣを脱退した(39)。これは、環境保護団体のグリーンピースがカナダ国内で政策転換を求めるキャンペーンを行った成果であった。

カナダと同様に、一九八〇年のモラトリアム提案に反対票を投じた南アフリカも方針を転

換し、翌年には棄権票を投じた。この方針転換の理由の一つとして、当時アパルトヘイトを行っていた南アフリカは、自らが経済的な利害関係をもたない捕鯨問題で、国際的なイメージをさらに損なうのを嫌ったということが考えられる。

モラトリアムの採択

アメリカは、ＩＷＣに加盟していない捕鯨国に対してもＩＷＣの捕鯨規制の対象国を拡げるために、しばしば経済制裁という「ムチ」をちらつかせて加盟を求めた。これが一つのきっかけとなり、一九七八年には韓国が、一九七九年にはチリ、ペルー、スペインが捕鯨国として新たに加盟したことから、ＩＷＣに加盟している捕鯨国は、ブラジル、アイスランド、日本、ノルウェー、旧ソ連に加えて計九か国と増加した。

捕鯨国の増加は日本にとっても望むところであったため、日本もＩＷＣに加盟していない捕鯨国を積極的に勧誘し、ＩＷＣでの捕鯨国の結束を強めてモラトリアムをブロックしようとした。しかし、前述の南アフリカやカナダの方針転換、商業捕鯨モラトリアムを支持する国の新規加盟がとりわけ一九八〇年代に相次いだことから、捕鯨国のＩＷＣに占める割合は

（39）　The Associated Press, June 27, 1981.

年を追うごとに低くなり、ついに一九八二年のIWC年次会合でモラトリアムが採択されることになった（第1章を参照）。

一九八二年のIWC年次会合における科学委員会では、モラトリアム提案に関して、一九七九年のときと同様に科学者の意見が割れた。一九六〇年代の特別委員会から科学委員会に

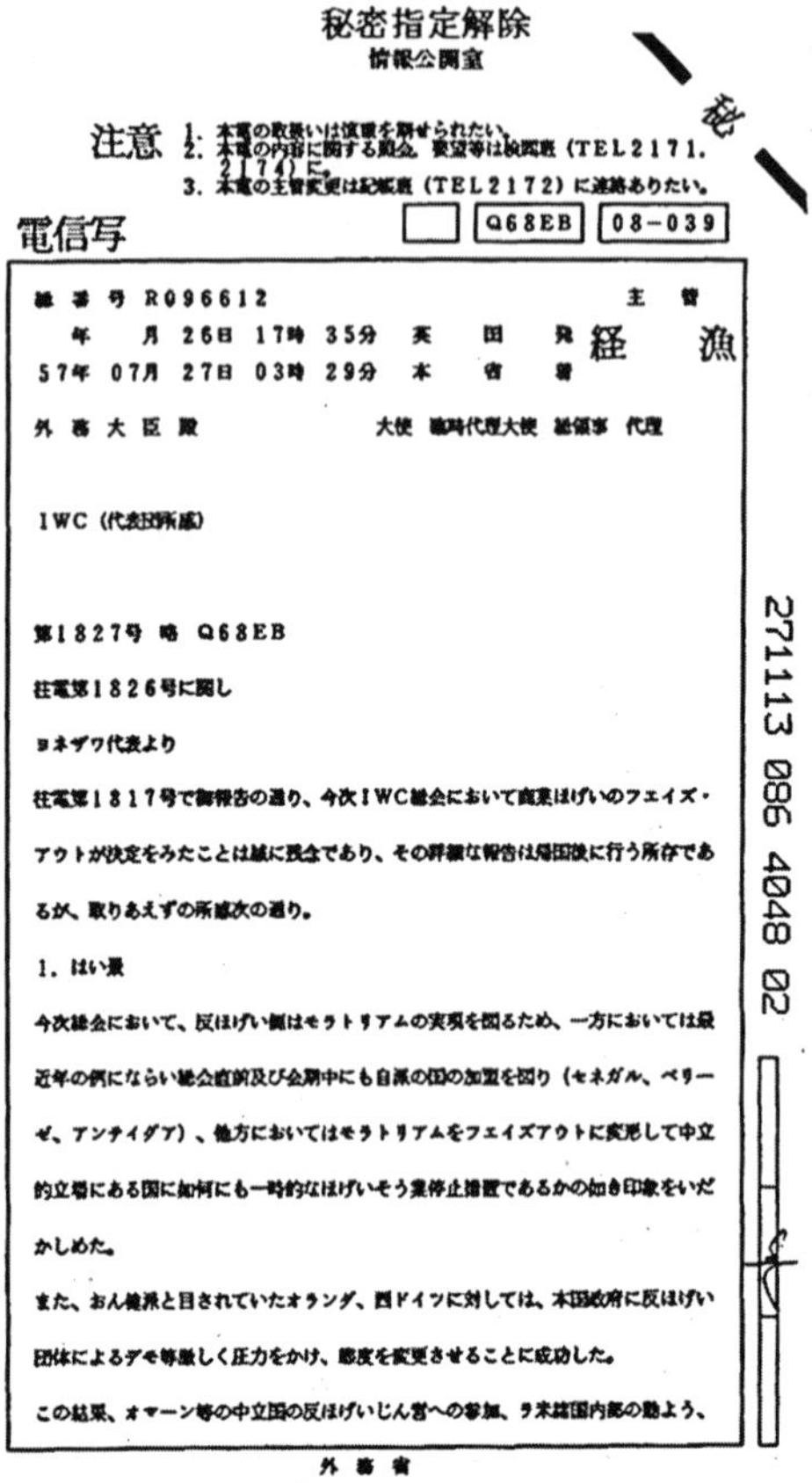

秘密指定解除
情報公開室

秘

注意 1. 本電の取扱いは慎重を期せられたい。
2. 本電の内容に関する照会、要望等は検閲課（TEL2171.2174）に。
3. 本電の主管変更は記録課（TEL2172）に連絡ありたい。

電信写 Q68EB 08-039

総番号 R096612 主管
年 月 26日 17時 35分 英国発 経 漁
57年 07月 27日 03時 29分 本省着

外務大臣殿 大使 臨時代理大使 総領事 代理

IWC（代表団所感）

第1827号 略 Q68EB

往電第1826号に関し

ヨネザワ代表より

往電第1817号で御報告の通り、今次IWC総会において商業ほげいのフエイズ・アウトが決定をみたことは誠に残念であり、その詳細な報告は帰国後に行う所存であるが、取りあえずの所感次の通り。

1. はい景

今次総会において、反ほげい側はモラトリアムの実現を図るため、一方においては最近年の例にならい総会直前及び会期中にも自派の国の加盟を図り（セネガル、ベリーゼ、アンティグア）、他方においてはモラトリアムをフエイズアウトに変形して中立的立場にある国に如何にも一時的なほげいそう業停止措置であるかの如き印象をいだかしめた。

また、おん健派と目されていたオランダ、西ドイツに対しては、本国政府に反ほげい団体によるデモ等激しく圧力をかけ、態度を変更させることに成功した。

この結果、オマーン等の中立国の反ほげいじん営への参加、ラ米諸国内部の動よう、

外務省

271113 086 4048 02

1982年７月26日付のＩＷＣ日本政府代表団からの外交電報。モラトリアム提案が「中立的な国に訴えるところが大きかった」との記述がある。

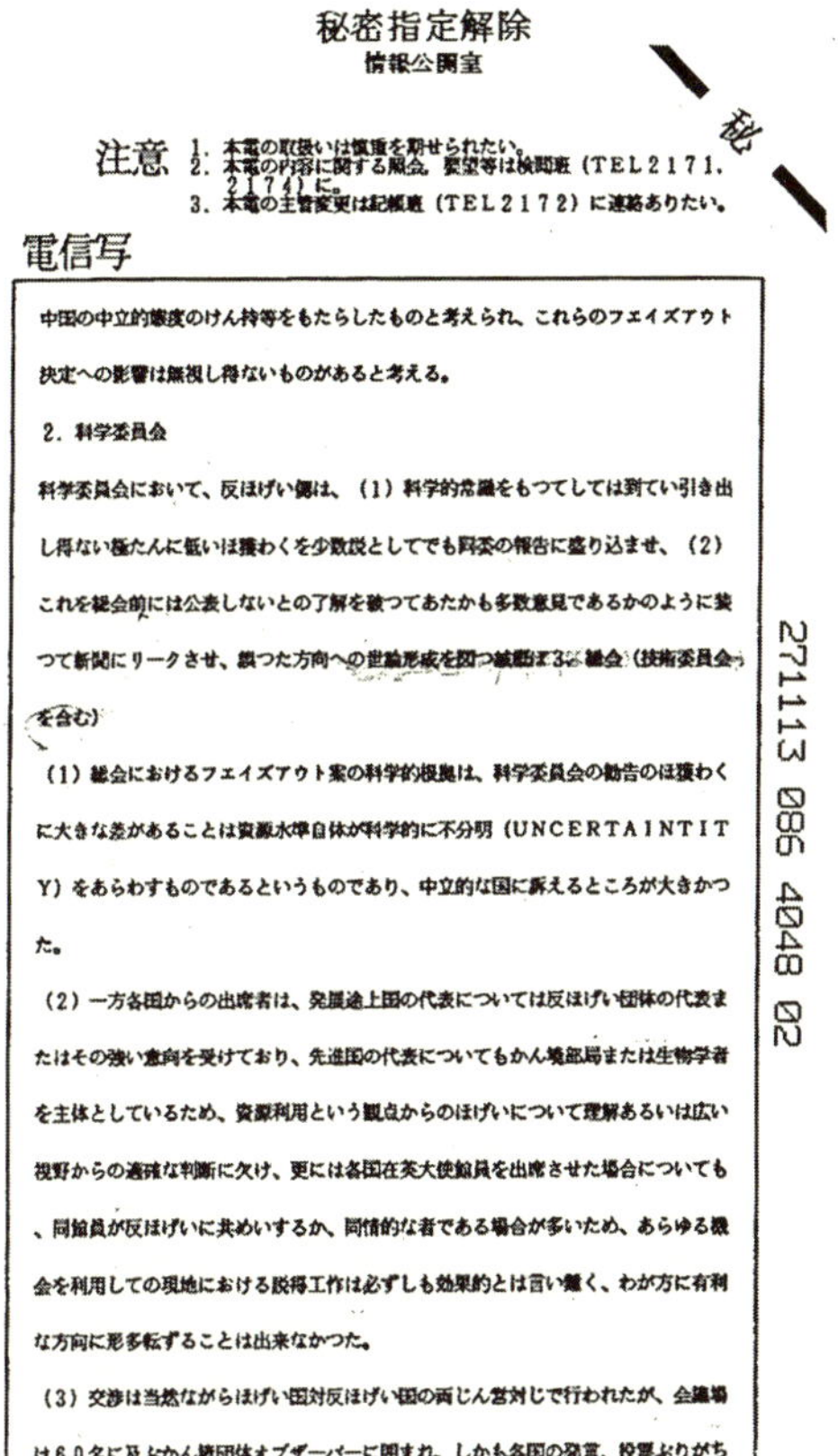
秘密指定解除
情報公開室

秘

注意　1．本電の取扱いは慎重を期せられたい。
2．本電の内容に関する照会、要望等は検閲班（TEL２１７１．２１７４）に。
3．本電の主管変更は記帳班（TEL２１７２）に連絡ありたい。

電信写

中国の中立的態度のけん持等をもたらしたものと考えられ、これらのフエイズアウト決定への影響は無視し得ないものがあると考える。

２．科学委員会

科学委員会において、反ほげい側は、（１）科学的常識をもつてしては到てい引き出し得ない極たんに低いほ獲わくを少数説としてでも同委の報告に盛り込ませ、（２）これを総会前には公表しないとの了解を破つてあたかも多数意見であるかのように装つて新聞にリークさせ、誤つた方向への世論形成を図つ[illegible]３．総会（技術委員会を含む）

（１）総会におけるフエイズアウト案の科学的根拠は、科学委員会の勧告のほ獲わくに大きな差があることは資源水準自体が科学的に不分明（UNCERTAINTITY）をあらわすものであるというものであり、中立的な国に訴えるところが大きかつた。

（２）一方各国からの出席者は、発展途上国の代表については反ほげい団体の代表またはその強い意向を受けており、先進国の代表についてもかん境部局または生物学者を主体としているため、資源利用という観点からのほげいについて理解あるいは広い視野からの適確な判断に欠け、更には各国在英大使館員を出席させた場合についても、同館員が反ほげいに共めいするか、同情的な者である場合が多いため、あらゆる機会を利用しての現地における説得工作は必ずしも効果的とは言い難く、わが方に有利な方向に形勢転ずることは出来なかつた。

（３）交渉は当然ながらほげい国対反ほげい国の両じん営対じで行われたが、会議場は６０名に及ぶかん境団体オブザーバーに囲まれ、しかも各国の発言、投票ぶりがち

外務省

R096612-02

271113 086 4048 02

参加してきたダグラス・チャップマンやシドニー・ホルトらは、当時の捕獲枠算定法であるNMPの破綻などを理由にモラトリアムを支持した。一方、チャップマンやホルトとともに特別委員会のメンバーだったケイ・R・アレンやジョン・ガランド、そして日本の科学者は、捕獲を禁止するかしないかは個々の資源状態によって判断すべきでモラトリアムは必要ない

表２―１　モラトリアム提案票決結果

賛成　25（3/4以上の賛成票（32票のうち24票以上）を獲得）	アンティグア・バーブーダ、アルゼンチン、オーストラリア、ベリーズ、コスタリカ、デンマーク、エジプト、フランス、西ドイツ、インド、ケニア、メキシコ、モナコ、オランダ、ニュージーランド、オマーン、セントルシア、セントビンセント、セネガル、セーシェル、スペイン、スウェーデン、イギリス、アメリカ、ウルグアイ
反対　7	ブラジル、アイスランド、日本、韓国、ノルウェー、ペルー、ソ連
棄権　5	チリ、中国、フィリピン、南アフリカ、スイス

と反論し、同調する科学者も多かった。[40]

モラトリアムの採択のためには、中立国を味方につけるということが非常に重要な戦略となっていた。そこで、モラトリアムを支持する側は、科学委員会の勧告として出された捕獲枠には大きな幅があり、こうした幅があること自体が科学的な不確実性が大きいことを示すものだと主張し、これが「中立的な国に訴えるところが大きかった」とされている。[41] さらにセーシェルは、商業捕鯨の即時禁止ではなく、捕獲枠を段階的に削減してゼロにし、一九九〇年までに包括的な資源評価を行ったうえでモラトリアムを見直すとの修正提案を行い、中立的な立場にある国にも受け入れやすいものとした。

こうしてモラトリアム支持派は、中立な立場をとっていたオランダ、旧西ドイツ、捕鯨国のチリからの支持を取り付けることに成功した。さらに年次会合の開催中に商業捕鯨モラトリアムを支持するベリーズ、セネガル、アンティグア・バーブーダが駆け込みでＩＷＣに加盟し、捕鯨推進国の劣勢はいよいよ決定的なものとなった。こうしたなかＩＷＣで票決が行われ、一九八六年から商業捕鯨を禁止する、いわゆるモラトリアムが可決されたのである。

歴史検証がわれわれに語りかけてくるもの

本章では、新たな史料に基づき、日本で支配的な捕鯨史観を検証してきた。この検証作業を通して分かったことは、日本の捕鯨関係者によって繰り返し主張されている二項対立史観はあまりにも現実と乖離《かいり》している、ということである。

すでに見てきた通り、一九七二年の十年モラトリアム勧告は、突然提案されたわけでもなく、また何の合理的な理由もないわけでもなかった。それまでの規制は必ずしも十分ではなく、違法操業も阻止することができなかった。ならば、いっそうのこと捕鯨を一時的に停止すべきだという声が最終的にアメリカ政府内で勝利を収めた結果、十年モラトリアムがアメリカによって推進されたのである。

---

(40) International Whaling Commission (1983) Report of the International Whaling Commission 33, pp. 183–184.

(41) 米澤邦男ＩＷＣ首席代表（当時）による報告電報。平原在英大使発外務大臣宛電信第一八二七号、一九八二年七月二六日、外務省「国際捕鯨委員会（第三四回年次会合［5］）・一九八二年六月一〇日作成」。

科学委員会が一致して十年モラトリアムには科学的な正当性がないとして拒否したという点は、日本の捕鯨関係者から繰り返し語られている。しかし、その後、新たな科学的知見によって科学委員会の科学者の多くが捕獲枠の削減や一部のクジラの捕獲禁止に傾いたため日本は少数派に追い込まれ、ＩＷＣでも、こうした提案が採択されていったという点については今までほとんど言及されてこなかった。

一九八〇年代に入ると、科学的議論の動向にかかわりなく捕鯨には原則として反対との立場をとる加盟国が増加したことは事実である。だが、その一方で、日本政府は「シエラ号」事件への日本企業の関与を防ぐことができず、結果として反捕鯨運動の高揚を招くなど自分で自分の首を絞めていったことや、捕鯨国（そのなかでもチリは、モラトリアムに反対しない立場をとった）や自分たちに一定程度の理解を示していた中立的な立場をとる国を説得し切れなかったことも、また事実だった。

このように、既存の捕鯨史観を検証することは、新しい捕鯨史観をより現実に近い歴史的な事実のうえに築くことを可能にするというだけではなく、現在進行形の捕鯨問題に対する視座にも否応なく含意をもち、ときには、その問題枠組みや解決のための選択肢をも根本から変えてしまう場合もある。では、本章が示した新たな捕鯨史観の青写真を踏まえると、私たちが解決しなければならない捕鯨問題に対する視座はどのように変わりうるのだろうかということを本章の最後に考えてみたい。

第一に、アメリカの捕鯨政策に対する視座である。日本の捕鯨史観では、アメリカが現在まで君臨し続けている反捕鯨のリーダーとして位置づけられているが、本章で見てきたように、アメリカは終始一貫して反捕鯨の立場だったわけではなく、政府官僚の間でも意見の相違があったのである。つまり、アメリカの捕鯨外交は、どの政府部局が政策決定に大きく関与しているのか（漁業問題担当の商務省か、外交問題担当の国務省か、環境問題担当の環境問題諮問委員会か）、議会、メディア、環境ＮＧＯ、あるいは国内世論一般はこの問題に大きな関心をもっているのかによって大きく変わってきたのである。

現にアメリカは、日本政府に対して南極海での調査捕鯨を打ち切る見返りとして沿岸での調査捕鯨を認める提案を行ったことがあり、またアメリカ政府首席代表で、二〇〇七年から二〇〇九年までＩＷＣの議長を務めたウィリアム・ホガース（William Hogarth）（後任はチリのクリスティアン・マキエイラ［Cristian Maquieira］）は、反捕鯨派が反対するモラトリアム解除を見据えた妥結交渉を推進したという実績がある。

第二に、日本が現在行っている取締条約の第八条に基づく調査捕鯨に関する視座である。本章で触れたように、調査捕鯨という名目は旧ソ連の違法操業の隠れ蓑として用いられ、また一九七〇年代に日本が実施した調査捕鯨も、捕獲枠の削減に対応するためという政治的な動機が背景にあったことは一次史料に裏付けられた明白な事実である。したがって、調査捕鯨が「抜け穴」としてたびたび利用されてきたという歴史的文脈を踏まえるならば、「科学研究のために捕獲を行なうことが条約締約国の権利として認められている以上、ＩＷＣはそれに異議を唱える根拠はない[42]」と単純に主張するのは説得力に欠けるだけでなく、そうした歴史的な反省を意に介さない態度として受け取られかねないのである。調査捕鯨を容認する取締条約の第八条は、かつてそうだったように、現在でも権利濫用の可能性を有しているのだ。

第三は、鯨規制の監視制度に関する視座である。第１章でも言及されているとおり、現在ＩＷＣでは「ＲＭＳ」と呼ばれる監視制度などの方策について合意が得られておらず、商業捕鯨再開の目処が立たないという状況にある。日本の交渉担当者は、しばしば「過大な数の監視員の配置や……鯨肉市場の取締など常識を超えた要求」を行う「反捕鯨派の遅延策により完成が遅れている[43]」と主張しているが、本章でも示したように、今までＩＷＣによる規制は捕獲数の過少報告や非加盟国からのクジラ製品の流入に悩まされ、それがＩＷＣによる規制効果を減殺してきたという過去がある。

そして、こうした過去の過ちを繰り返さないためにも、歴史から学び、捕獲枠の厳格な遵守強制メカニズムを確保しなければならないと主張するのは、「常識を超えた要求」ではなく、適正な鯨類資源管理を行い、持続可能な捕鯨を実施するためにも必要不可欠なことである。したがって、ＲＭＳがいまだに完成していない責任を反捕鯨派に一方的に押し付ける主張は妥当ではない。

第四として、捕鯨推進側と反捕鯨側との「票取り合戦」に関する視座がある。反捕鯨側はしばしば、日本政府が途上国を水産援助によって「買収」し、日本に味方する国の増派を理不尽な形で行っていると非難している。たしかに、筆者も実際に援助を通じてＩＷＣでの日本側支持への働きかけを行っていた旨を日本の在外公館の関係者から仄聞《そくぶん》したことがあり、日本が援助を梃子に支持拡大を図っていたのは事実と考えられる。しかし、その一方で、金銭による支持票の拡大は、まさに反捕鯨側がモラトリアムを採択させるために用いた手段そのものであるという事実を指摘しなければならない。

　そもそも国際政治の世界では、経済援助などの金銭供与を見返りに支持拡大を図るというのは珍しいことではなく、日本の「票買い」の事実だけを狙い撃ちであげつらうというのは的を失していると言わざるを得ない。もちろん、「票買い」は何ら問題がなく、どんどんすべきだということを意味するわけではない。むしろ、こうした金銭供与による支持拡大が、いくら法に抵触せず国際政治の常道だからといっても日本の道義的な正当性を損なっただけでなく、環境ＮＧＯからの批判を招くことで、環境や漁業資源の外交における日本の国際的な評判を貶めているというのもまた事実であることを指摘しておかなければならない。

---

(42)　小松正之『クジラは食べていい！』宝島社新書、二〇〇〇年、八三ページ。

(43)　森下丈二「捕鯨問題の歴史的変容と将来の展望」『国際漁業研究』第四巻一号、二〇〇一年、四ページ。

第五は、日本側の交渉態度全般に関する視座である。反捕鯨派は日本に対して、少なくとも南極海での調査捕鯨から撤退しなければ、商業捕鯨の再開などは到底認められないということを一貫して主張してきているが、日本はこれを条約違反だとして徹頭徹尾受け入れない方針を貫いている。この理由の一つとして捕鯨サークルが挙げているのは、「正論を経済的な損得勘定で……放棄するということは、国際社会で責任ある国としてなすべきことではない」[44]ということである。つまり、経済的な損得勘定は度外視しても、モラトリアムを解除して商業捕鯨の再開を主張することと調査捕鯨を維持することが「正義」であり、それを国家として貫くべきであるという理由が挙げられているのである。

たしかに、「正義」であるはずの日本が理不尽な形でモラトリアムを飲まされたとする冒頭の捕鯨史観に立てば、条約違反まがいの要求をまたしても飲まされるわけにはいかない。こうした「悪」は正さないわけにはいかないということになり、「正義」論に基づいて商業捕鯨の再開を主張し、調査捕鯨を続けるのも正当化され得るかもしれない。しかし、本章で明らかにしたのは、過去に日本が捕鯨推進という立場から見ても「正義」とは呼べない行動をとり、逆にそうした行動によって反捕鯨派の主張に正当性を付与してしまい、勢いづかせたこともあったという事実である。

一九七〇年代から続く反捕鯨派の陰謀に屈することなく「正義」を貫くという捕鯨サークルの主張は、説得力に乏しいと言わざるを得ないであろう。

(44) 中島圭一（二〇〇九）「雑誌『WEDGE』「メディアが伝えぬ日本捕鯨の内幕」に反論――正義を曲げてまで、調査捕鯨を止めることが国益につながるのか」日刊水産経済新聞ホームページ《www.suikei.co.jp/topics/2009/20090309.htm》（二〇一〇年三月八日閲覧）。中島は元農水官僚で、水産庁海外漁業部長などを歴任し、同省退任後は蚕糸砂糖類価格安定事業団、国立国会図書館、（社）配合飼料供給安定機構を経た後、日本捕鯨協会の会長を二〇一〇年九月まで務めた。

第3章

「調査捕鯨」は本当に科学か？

アラスカで潜水するクジラ（写真提供：アメリカ国立海洋大気局／国立海洋哺乳類研究所）

調査捕鯨の淵源

クジラの研究には長い歴史があり、その起源は、ギリシャの哲学者アリストテレス（BC三八四～BC三二二）がクジラの観察を行った二四〇〇年前までさかのぼることができる。とはいえ、大規模で詳細な科学的分析の対象とクジラがなるのには、二〇世紀まで待たなければならなかった。それは、近代捕鯨が、文字どおり何十万という標本を研究者に提供した時期でもある。

今日、商業その他の目的でクジラが資源として利用されようとされまいと、クジラを管理するためには科学的な研究が必要不可欠である。われわれは、クジラを適切に管理するためにさまざまなことを知っておかなければならない。たとえば、クジラは何頭いるのか、クジラの個体群（同じ生物種であっても、生息域や遺伝学的に区別される生物種のまとまりのこと。第1章を参照のこと）の境界線はどこで、それぞれの個体群の混じり具合はどうか、頭数の増減はどうなのか、繁殖率はどうなのか、そしてどのくらいのクジラが性的に成熟するまで生き残るのかなどである。もちろん、ほかにも重要な疑問があるが、そうしたものを含めたすべての疑問が現代のクジラ研究にとって重要な研究課題を提示している。

研究は必要不可欠であるわけだが、同時にそうした研究の科学的な信頼性は確保されなければならない。また、クジラの管理に科学的な助言をするために行われる場合は、その目的に密接に関連する情報を提供しなければならない。

国際捕鯨委員会（ＩＷＣ）では、日本政府の強い反対（第2章にあるように、反対した国はほかにもあった）を押し切って一九八二年にモラトリアムが採択された。採択当時、日本は捕鯨への大規模な資本投資を維持していた。モラトリアムによって、沿岸捕鯨は一九八六年に、南極海での商業捕鯨は一九八五／一九八六年の漁期から禁止となった。一九八七年から日本は、より良いクジラの管理のためのデータ収集が重要であるとして、南極で大規模な「調査捕鯨」を開始した。第1章で説明されているように、「調査捕鯨」は、科学研究のためにクジラを捕殺する許可書を締約国が発行することを許可している取締条約の第八条に基づいて行われている。

日本政府は、この第八条のもとでなら、どんな形の調査捕鯨も実施できる権利が与えられていると主張している。しかし、調査捕鯨に関する重大な疑問の一つは、この第八条を規定したもともとの意図は何だったのかということである。具体的には、科学研究のためにクジラを捕殺することを許可したこの条項に関して起草者たちはどのような想定をしていたのだろうか、という問いである。

捕鯨推進者として有名なノルウェー人科学者のラーシュ・ワロー（Lars Walløe）は、二〇〇七年、世界をリードする科学雑誌である〈サイエンス〉誌の記事（“Killing whales for science?” 第三一六巻）のなかでこのことを議論している。

彼によれば、ＩＷＣの初代議長であり、第八条を起草したビルガー・ベルゲルセン（Birger Bergersten）は、「加盟国が科学研究のために捕殺する可能性のあるクジラの数は、せいぜい一〇頭以下と考えていた。科学のために、何百頭も捕殺されることは意図していなかった。……たとえば、彼の念頭にあったのは、新種を見つけ、その科学的分析のために捕殺する必要が出てくる」と言ったことだった。したがって、第八条が日本政府の実施しているような捕殺を想定していなかったことだけは確かだろう。

また、条約が署名された一九四六年当時、商業捕鯨の禁止を回避する手段として調査捕鯨が用いられるとは誰も想像だにしていなかった。しかし、日本政府が行っている二つの「調査捕鯨」は、まさにこのことを地で行っている。これらの「調査捕鯨」は、今までに、ほかのすべての国が第八条に基づいて捕殺した数の五倍以上のクジラを捕殺している。さらに、これから説明するように、「調査捕鯨」で行われている研究の多くは質が低く、科学論文として発表されている数も少ない。また、「調査捕鯨」が標榜している目的も、クジラを捕殺しない非致死的調査を用いたほうがより効率的に達成できるだけでなく、「調査捕鯨」によるほとんどの研究はＩＷＣによるクジラの管理とは無関係である。

「調査捕鯨」の歴史と概観

第1章で説明されているように、一九八六年にモラトリアムが実施されたすぐあとに、日本政府は南極海鯨類捕獲調査計画（ＪＡＲＰＡ）を開始した[1]。ＪＡＲＰＡが開始されたのは一九八七／一九八八年からであり、その後ＪＡＲＰＡは一八年にわたって実施され、その間に捕殺されたクジラは約六八〇〇頭に上っている。

ＪＡＲＰＡは二〇〇四年に終了したが、日本政府は即座に、ＪＡＲＰＡをさらに拡張した新しい第二期南極海鯨類捕獲調査計画（ＪＡＲＰＡⅡ）を公表した[2]。そして、二年間の「実施可能性調査」を経て、二〇〇七／二〇〇八年から本格調査[3]が開始された。

二〇〇七／二〇〇八年までに、一九一五頭のミンククジラと一三頭のナガスクジラが捕殺

（1） Government of Japan (1987) The program for research on the Southern Hemisphere minke whale and for preliminary research on the marine ecosystem in the Antarctic. Paper SC/39/O 4 presented to the IWC Scientific Committee. Available from International Whaling Commission, Cambridge, UK.

（2） Government of Japan (2005) Plan for the second phase of the Japanese whale research program under special permit in the Antarctic (JARPA II). Paper SC/57/O1 presented to the IWC Scientific Committee. Available from International Whaling Commission, Cambridge, UK. N.J. Gales, T. Kasuya, P.J. Clapham. R.L. Brownell, Jr. (2005) Japan's whaling plan under scrutiny: useful science or unregulated commercial whaling? Nature 435, pp. 883–884.

されている。したがって、一九八七年からの累計では、八七二八頭のクジラが南極海での調査のために捕殺されたことになる。

もう一つの「調査捕鯨」である北西太平洋鯨類捕獲調査（ＪＡＲＰＮ）は、一九九四年に始まった。同調査は一九九九年まで続けられ、累計で四九八頭のミンククジラと一頭のニタリクジラが捕殺された。この継続調査として日本政府は第二期北西太平洋鯨類捕獲調査（ＪＡＲＰＮⅡ）を公表し、それを二〇〇〇年から実施した。ＪＡＲＰＡと同様、ＪＡＲＰＮでも年を追うごとに捕殺は増えていった。そして、ＪＡＲＰＮⅡでは、合計で二一五九頭のクジラが捕殺されている。

以上を合計すると、モラトリアムが実施された一九八六年から二〇〇八年半ばまでに、日本の「調査捕鯨」によって捕殺されたクジ

「日新丸」の出港（写真提供：佐久間淳子）

ラの数は一万一三八六頭（年平均で五一七頭）にも上っている（第1章を参照）。この数字を、過去の調査捕鯨での捕殺数と比較して考えてみよう。モラトリアム実施以前の一九五二年から一九八六年まで、日本を含めたすべてのＩＷＣ加盟国による調査捕鯨の捕殺数は約二一〇〇頭であり(4)、年平均では約六〇頭が捕殺されたにすぎなかった。つまり、日本政府が毎年捕殺している五一七頭はその八倍以上の数字であり、総合計でも五倍以上の捕殺数になるのである。

調査捕鯨の目的

日本政府の「調査捕鯨」の目的は、多様で頻繁に変わってきている。ＪＡＲＰＡの最初の目的はミンククジラの生物学的指標（自然死亡率など）を明らかにすることであったが、そ

（3） 補殺する計画は九三五頭のミンククジラ、五〇頭のナガスクジラ、五〇頭のザトウクジラであるが、ザトウクジラの捕殺は一時的に中止となっている［編注：二〇〇七／〇八年に実際に捕殺されたのはミンククジラの五五一頭のみであり、ナガスクジラもザトウクジラも捕殺されなかった。日本鯨類研究所（二〇〇八）「第二期南極海鯨類捕獲調査（JARPAII）――二〇〇七／〇八年（第三次）調査航海の調査結果について」二〇〇八年四月一四日付プレスリリース］。

（4） 一一九ページの注（2）で挙げたGales et al.(2005) を参照。

の後、南極海の生態系におけるクジラの役割を明らかにするべく目的が拡大された。さらに、環境の変化がクジラに及ぼす影響やミンククジラの個体群構造（第1章を参照）を明らかにするといった目的が付け加えられた。

日本政府はＪＡＲＰＡⅡの研究提案をＩＷＣの科学委員会に発表した[5]が、その研究提案は重大な論争を巻き起こした。加盟国の半数以上を代表する科学委員会の委員が、ＪＡＲＰＮⅡの科学的基盤を批判する論文[6]を提出したのである。その論文はさらに、ＪＡＲＰＡの結果を評価する機会もなしにＪＡＲＰＡⅡの新規提案を議論することは不適切であると主張している。

後述するように、ＪＡＲＰＡを評価するための会合は二〇〇六年一二月に東京で開催されたわけであるが、その結論は、ＪＡＲＰＡには「南極海のミンククジラの管理を改善するポテンシャル」はあるものの、その実現には至っていないというものであった[7]。大規模で潤沢な資金がある日本鯨類研究所（以下、鯨研）が二〇年もの歳月をかけているにもかかわらず、である。

こうした批判と評価を通じて明らかとなった欠陥、またその欠陥をもつＪＡＲＰＡとほとんど同じ調査手法をＪＡＲＰＡⅡの研究計画が踏襲していたにもかかわらず、日本政府は、二〇〇七年、当初の計画どおりの目的と調査手法で、ＪＡＲＰＡⅡの本格調査を実施することを公表した。総じて言えば、ＪＡＲＰＡⅡの目的は、三種のクジラ（ミンククジラ、ナガスクジラ、ザトウクジラ）間の競合関係[8]と、その三種のクジラと生息環境との相互連関を調査することによって南極海の生態系のモニタリングを行うというものである[9]。

具体的に言うと、調査捕鯨で行われている主要な分析は、捕殺したクジラ標本から年齢、胃の内容物（捕食した生物種とその量）、皮下脂肪の厚さ、生殖状態のデータを採取あるいは計算し、それらを三種のクジラが捕殺される物理的・生物学的環境の非常にかぎられた計測データと比較するという方法で行われている。これらのデータは、仮定されている三種のクジラの競合度合を分析するコンピュータモデルへの入力データされるだけでなく、新しい複数種の管理方法を開発するためにも用いられる。

ＪＡＲＰＡⅡの究極の目的は、ミンククジラやザトウクジラといった相対的に経済的価値

（5） 一一九ページの注（2）で挙げた Government of Japan (2005) を参照。

（6） Childerhouse, S.J. et al. (2006) Comments on the Government of Japan's proposal for a second phase of special permit whaling in Antarctica (JARPA II). Journal of Cetacean Research and Management 8 (suppl.), pp. 260–261.

（7） IWC (2008). Report of the intersessional workshop to review data and results from Special Permit research on minke whales in the Antarctic, Tokyo 4–8 December 2006. Paper SC/59/Rep 1. Journal of Cetacean Research and Management.

（8） 編者注：オキアミという共通の餌を通じた競合関係ということである。

（9） 一一九ページの注（2）で挙げた Government of Japan (2005) を参照。

は低いが生息数の多い生物種を間引きすることによって、高い経済的価値が付与されている大型クジラ（シロナガスクジラやナガスクジラ）の個体数を加速度的に回復させることの可能性を評価することにある。しかし、ＪＡＲＰＡⅡが対象とする鯨種が南極海で餌をめぐって競合している証拠はほとんどない。管理手法としての間引きは粗雑で効果があまりないうえに、下記で説明するように、ＪＡＲＰＡⅡの多種間モデルは複雑な生態系に含まれる重要な変数を単純化しているか、もしくは完全に無視している。これらの事実にもかかわらず、こうした研究が続けられているのである。

北太平洋で実施されているＪＡＲＰＮとＪＡＲＰＮⅡに対しては、ＪＡＲＰＡと同様の批判がＩＷＣの内外においてなされている[10]。もともとの目的は北西太平洋におけるミンククジラの個体群構造を明らかにすることであったが、一五年を経た二〇一〇年時点でもそれは達成されていない。ＪＡＲＰＮⅡもまた当初の目的とは違う生態系研究に重点を移しているが、これもＪＡＲＰＡとＪＡＲＰＡⅡと同様の問題や限界を抱えている。

生態系研究・クジラ害獣論・クジラ競合論

右で述べたように、日本政府の「調査捕鯨」の現在における主要目的は、生態系における鯨類の役割を明らかにすることである。日本政府は、クジラが魚を食べすぎていることを頻繁に公式の場で主張している[11]（第4章を参照）が、この過度に単純化された主張は、生態系におけるクジラの役割がもつ複雑性を覆い隠し、下記に挙げるような重要な生態系に関する事実を無視している。

・多くのクジラは、まったく魚を食べない。実際に、南極海には地球上でもっとも多くのクジラが生息しているが、そこでは主としてオキアミが餌として捕食されている[12]。

・商業捕鯨以前のほうが現在よりも豊富にクジラが生息していたにもかかわらず、商業捕獲対象の漁業資源は現在よりもはるかに豊富で健全であった[13]。

・魚を捕食する主要な生物種はクジラではなく、他の魚である[14]。

・食物連鎖の最上位にいるクジラを間引くことは、生態系に対して重大な悪影響を及ぼ

（10） P.J. Clapham et al.（2003） Whaling as science. Bioscience 53, pp. 210–212.

（11） J. Morishita（2006） Multiple analysis of the whaling issue: understanding the dispute by a matrix. Marine Policy 30, pp. 802–808.

（12） T. Nemoto（1970） Feeding patterns of baleen whales in the ocean. In: J. Steele（ed.） Marine food chains. University of California Press, pp. 241–252. 日本政府のクジラ害獣論を（日本からの海外援助目当てか、誇大な話を真に受けてか）支持している途上国の多くはEEZを指定し、クジラが回遊する水域がそこに一部含まれているが、皮肉なことに、クジラはそこで交尾し出産することはあっても餌を食べることはない。

（13） 注（12）で挙げたNemoto（1970） および、 D. Pauly & M-L. Palomares（2005） Fishing down marine food web: It is far more pervasive than we thought. Bulletin of Marine Science 76, pp. 197–211.

す可能性があり、ひいてはそれがさらに漁業に悪影響を及ぼす可能性がある。[15]
・世界の海で商業捕獲対象の漁業資源が急速に減少しているのは人間による過剰漁獲が原因なのであって、クジラによる捕食ではない。[16]

これらの事実はさまざまな機会に何度も指摘されているにもかかわらず、[17]日本政府はクジラと漁業、鯨種間の競合を「調査捕鯨」の正当化のために援用している。ＩＷＣの会合に参加している人々の多くは、データを得る前から、日本政府が「研究成果」の内容をすでに決定していると思っている。その決め付けられている「研究成果」とは、第一にクジラは豊富で増加しているということ、第二にクジラの胃の内容物から魚やオキアミが見つかるということは調査を行わなくても分かることなのだが、これを根拠に、クジラ同士、もしくはクジラと人間が競合しているということである。

こうした「研究成果」は単純すぎるものであり、生態系に関する知見からしても誤っているが、日本政府は生態系モデルを使うことでその「研究成果」が正しいことを一般社会に対して信じ込ませることに成功している場合が多い。そうしたモデルは非常に複雑な数式モデルとなっているため、専門家でなければ理解することはできない。さらに、いくつもの生態系の変数にかかわるデータ（たとえば、生物種間の相互連関に関するもの）が不足しているため、こうしたモデルを使う科学者は、モデルへの入力パラメータを大幅に単純化するか、無視するかのどちらかを選択せざるをえない。

結果としてこうしたモデルができることは、最大限に見積もっても、非常に複雑でダイナミックな海洋生態系を大幅に単純化して再現することだけである。そして、クジラはその海洋生態系のごく一部の要素にすぎない。その証拠にＩＷＣでは、「クジラの漁業に対する、あるいはその逆の影響に関して、クジラ管理のための信頼できる定量的な助言を与えるだけの適切なデータやモデル開発のための手法をわれわれは持ち合わせていない(18)」ということが合意されている。

（14） A.W. Trites, V. Christensen, D. Pauly（1997） Competition between fisheries and marine mammals for prey and primary production in the Pacific Ocean. Journal of Northwest Atlantic Fisheries Science 22, pp. 173-187.

（15） P.J. Clapham & J. Link（2006） Whales, whaling and ecosystems in the North Atlantic. In: J. Estes, D.P. Demaster, D.F. Doak, T.M. Williams, R.L. Brownell Jr.（eds）Whales, whaling and ecosystems. University of California Press, pp. 241-250.

（16） D. Pauly, J. Alder, E. Bennett, V. Christensen, P. Tyedmers, R. Watson（2003） The future for fisheries. Science 302, pp. 1359-1361.

（17） たとえば、P.J. Clapham, S. Childerhouse, N. Gales, L. Rojas, M. Tillman, R.L. Brownell Jr.（2007）The whaling issue: Conservation, confusion and casuistry. Marine Policy 31, pp. 314-319.

（18） IWC（2004）Report of the Scientific Committee. Journal of Cetacean Research and Management 6（supplement）, p. 30 [編者注：これは公式の訳ではなく、編者による暫定訳である。以下、同様。]

ここ数年、南極海におけるミンククジラが減少している証拠[19]を受けて日本政府は、豊富なザトウクジラがミンククジラとの餌の競合で勝っているため、ミンククジラの摂餌能力に影響を与えているという考えを事あるたびに強調してきた。皮肉なことに、この考えを強調する数年前、絶滅危惧種のシロナガスクジラとの餌の競合で勝り、その回復を妨げている非常に豊富な鯨種としてミンククジラを挙げていたのは、ほかでもない日本政府であった[20]。

南極海におけるザトウクジラとミンククジラの競合に関する洗練された研究としては、アリ・フリードレンダー（Ari Friedlaender）らによる標識回収を用いた海洋学的な調査[21]が挙げられる。彼らの研究では、南極海のザトウクジラとミンククジラは「ニッチ分化」の関係にあるという有力な証拠が示された。ここでいう「ニッチ分化」とは、ザトウクジラとミンククジラは、種類や生息海域、水深の異なるオキアミを捕食することで競合を避けている状態のことを指している。

しかし、ＪＡＲＰＡⅡのもとでミンククジラに加えてザトウクジラも捕殺された場合、日本政府はまちがいなく同クジラの胃の内容物写真を見せることで、その二つの鯨種が競合していると結論づけるだろう。換言すれば、レストランの客が魚をめぐって競合していることを、その客が魚を食べている写真だけを根拠に無理に主張することと同義である。

こうした研究と同様の専門分野において、きわめて豊富な経験をもつ既存のプロジェクトや組織が「密接な協力をしながら生態系研究を行うべし」と再三にわたって勧告してきたが、日本政府はこれまで拒否をしてきた。たとえば、南極海におけるどんな大規模な生態系研究でも、「南極の海洋生物資源の保存に関する委員会」（ＣＣＡＭＬＲ[22]、第1章の**表1－1**も参照）のもとで実施されてきた研究と協力すれば多大な恩恵が得られるはずである。

しかし、日本政府はそうした協力をこれまで拒んできた。その理由はおそらく、生態系研究に対する日本政府の「科学的」アプローチが、ＣＣＡＭＬＲに参加してきている経験豊富な研究者たちによって非常に厳しく批判されることを避けたかったからであろうと思われる。この一匹狼ぶりは、日本政府による「調査捕鯨」の特徴でもある。また、「調査捕鯨」に参加している科学者たちが、海棲哺乳類学会[23]の国際会議において自らの研究成果を発表したことはいまだかつてない（二〇〇八年時点）。

（19） T.A. Branch & D.S. Butterworth（2001） Southern Hemisphere minke whales: standardized abundance estimates from the 1978/79 to 1997/98 IDCR-SOWER surveys. Journal of Cetacean Research and Management 3, pp. 143–174.

（20） IWC（1994） Review of food and feeding habits of Southern Hemisphere baleen whales. Report of the International Whaling Commission 44, p. 102.

（21） A.S. Friedlaender, G.L. Lawson, P.N. Halpin（2009） Evidence of resource partitioning and niche separation between humpback and minke whales in Antarctica. Marine Mammal Science 25, pp. 402–415.

（22） 編者注：南極の海洋生物資源の保存に関する条約のもとで設立され、二三か国と一機関（欧州共同体）が参加する委員会。

「調査捕鯨」の成果は有用か

二〇年以上にわたる南極海と北西太平洋の「調査捕鯨」で、日本政府は一万一〇〇〇頭以上のクジラを捕殺してきた。科学的見地から見ても、このサンプル数は羨まれるほど十分なものである。すぐれた研究計画のもとで実施された研究であれば、重要となる多くの疑問に対して信頼性のある回答を提供しなければならない[24]。しかし、日本政府は再三の主張とは逆に、「調査捕鯨」において多くのサンプル数を得ながら、南極海におけるクジラの管理に貢献するだけの研究成果をいまだにもたらしたことがないのだ。

科学研究の質と成功度合を計るための重要な指標の一つとして発表論文数がある。注目すべきことに、二〇年以上も「調査捕鯨」が続けられてきているにもかかわらず、その発表論文数は驚くほど少ない。日本政府は、頻繁に多くの論文が発表されていると反論しているが、そうした論文のほとんどが知名度の低い雑誌に掲載された関連性の薄いものでしかない。その一つの例が、福井豊（帯広畜産大学の教授。専門は家畜繁殖学）の研究である。彼が発表した多くの論文は、ウシあるいは他の哺乳動物の精子をミンククジラの卵子に授精させようとする試みに関連したものである。

おそらく、こうした研究は科学的には妥当なものなのだろうが、クジラの管理とはまったく関係がない。このようなクジラの管理とは無関係な研究、科学的に疑問符がつくような研究、日本語の雑誌に掲載されたりＩＷＣ会合に提出されたりした査読[25]のつかない論文、さらに「調査捕鯨」を擁護するエッセイなどを日本政府が示している成果論文のリストから除けば、「調査捕鯨」の成果が査読つきの国際的な学術雑誌に掲載された例はごく少数となってしまう。これはまさに、日本政府が投じている税金やクジラが捕殺されたサンプル数に見合う利益回収としては、悲劇的とも言えるほどみすぼらしいものである。

実は、日本政府がＪＡＲＰＡを開始したとき、「調査捕鯨」に参加していない独立の立場にある研究者が、ＪＡＲＰＡで設定された目的が達成されることはないだろうとすでに指摘

---

(23) 海棲哺乳類に関する世界最大の国際学会。会員数は一〇〇〇人を超える。研究大会は二年に一回開催され、参加者は二〇〇〇人を超えるときもある。

(24) これと同様の数の写真や生体組織のサンプルを用いて行われた北太平洋のザトウクジラを対象とした大規模な非致死的調査は、この海域に生息するザトウクジラの個体数や個体群構造に関する重要な疑問点に答えることに成功したが、これは注目に値する（**J. Calambokidis et al.(2008) SPLASH: Structure of Populations, Levels of Abundance and Status of Humpback Whales in the North Pacific. Final Report for contract AB133F-03-RP-00078. 57 pp.)**。

(25) 編者注：掲載論文の質を確保するために学術雑誌が取り入れている評価方法。通常、論文執筆者も査読者もお互いのことが特定できないような形で行われ、一人または複数の査読者が「修正なしで掲載」、「少しの修正で掲載可」、「大幅な修正の後で、再審査」、「掲載拒否」といった評価を行う。当然、査読のない雑誌よりも査読付きの雑誌に掲載されたほうが科学論文として高い評価を受ける。

していたのである。また、ＩＷＣ科学委員会のメンバーであるウィリアム・デラメア（William de la Mare）は、ＪＡＲＰＡの目的である南極海のミンククジラの自然死亡率を推定しようとしても不確実性があまりにも大きすぎる値しか求められないだろうから、無駄な努力に終わることを予測していた(26)。

この予測や、「調査捕鯨」による研究の質が極度に低いという捕鯨国には属していない科学者による再三の指摘は、一八年間にわたるＪＡＲＰＡの成果を評価するために行われるＩＷＣ主催のワークショップ（二〇〇六年に東京で開催）で裏付けられた。このワークショップでの評価の結果(27)、ＪＡＲＰＡが掲げた目的のなかで達成されたものは何一つなかったと結論づけられた。たとえば、南極海のミンククジラの個体数の増減傾向を推定するというＪＡＲＰＡの目的に関して言えば、ワークショップの報告書は以下のようになっている。

「（ＪＡＲＰＡが）個体数やその増減傾向の合意された推定値を得ることは依然としてできていない。（中略）ワークショップでは、ＪＡＲＰＡによる増減傾向の推定値の信頼区間(28)が相対的に広いことが注視された。したがって、これらの推定値が示しているのは、ＪＡＲＰＡの調査期間における南極海のミンククジラの個体数は、大幅な減少、もしくは大幅な増加、または安定化しているということである」（ＩＷＣ公式文書 SC/59/Rep 1）

最後の一文は特筆すべきである。換言すれば、ＪＡＲＰＡの結果では、南極海のミンククジラは大幅に増加しているのか、逆に大幅に減少しているのか、それとも一定に保たれているのかすら分からないということである。二〇年以上の「調査」にもかかわらず、クジラの個体数が実際どうなっているのかを明らかにすることができていないのである。

そして、自然死亡率の推定についても、ワークショップの報告書に記されているとおり、ＪＡＲＰＡの努力もむなしくデラメアが予測したとおりの評価となった。すなわち、ＪＡＲＰＡによる自然死亡率の推定は非常に精度が低く、「実践的に捕鯨管理に用いるという観点から推定できなかったと評価される。とくに、自然死亡率がゼロとなる可能性すら排除できなかった」（前掲の公式文書）。

注目すべきは最後の文章である。なぜならば、これは日本政府のあらゆる努力もむなしく、ミンククジラが「不老不死」である可能性すら除外することができなかったということを意味しているからである。また、ワークショップの報告書には、南極海の生態系におけるクジラの役割を解明するというＪＡＲＰＡの目的に関しても、「この課題の複雑性を考慮に入れ

(26) W.K. de la Mare (1990) A Further Note on the Simultaneous Estimation of Natural Mortality Rate and Population Trend from Catch-at-age Data. Report of the International Whaling Commission 40, pp. 489–492.

(27) 一二三ページの注（7）で挙げたIWC（2008）を参照。

(28) 推定値の正確さを表す指標である。信頼区間が狭ければ狭いほど、個体数や増減傾向の推定値の正確性が高くなることを意味する。逆に、広ければ広いほど正確性は低くなる。

たとしても、相対的にほとんど進歩がなかった」(前掲の公式文書)と記されている。

総じてみれば、一八年間にもわたって巨額の税金が投じられ、六八〇〇頭ものクジラが捕殺された揚げ句、ＪＡＲＰＡの科学的な貢献は驚くほど貧弱で、しかもＪＡＲＰＡⅡは同様の目的と調査手法で現在も継続されているということである。

ちなみに、鯨研の元研究員で遠洋水産研究所室長であった粕谷俊雄は、ＩＷＣの科学委員会に出席する日本代表団の科学者が発表するすべての科学論文は、ＩＷＣの日本首席代表と水産庁捕鯨班による承認が必要であり、「その承認を得るために、往々にして捕鯨産業の利益のために科学的な信頼性を損なう妥協をしなければならなかった[29]」と述懐している。

「隠れ蓑」としての「調査捕鯨」

今まで見てきたような正規の「調査捕鯨」に関する論争に加えて、「調査捕鯨」で得られた鯨肉の商業販売は、国際法上保護されているはずの鯨種の食用肉を記録せずに、あるいは違法に販売するための「隠れ蓑」にもなっている[30]。一九八六年から実施されているモラトリアム以降、日本の鯨肉市場には「調査捕鯨」で正規に捕殺されたミンククジラ、イワシクジラ、ニタリクジラ、ナガスクジラ、マッコウクジラの鯨肉しか売られていないはずである。

しかし、日本(と韓国)の鯨肉市場の実態を分子遺伝学の手法を用いて調査した結果、他のひげクジラやシャチ、イルカ、さらに羊肉や馬肉までが「鯨肉」として販売されていたことが判明した。

日本の鯨肉市場で見つかったひげクジラのうち五つの鯨種（ナガスクジラ、イワシクジラ、ニタリクジラ、ザトウクジラ、コククジラ[31]）は、一九三五年から一九八九年までさまざまな国際条約（一九三一年締結のジュネーブ捕鯨条約、一九三七年締結の国際捕鯨取締協定、一九四六年締結の取締条約を含む）によって保護されてきた。これらは、小型鯨類（第1章を参照）を含めた日本の鯨肉市場の約一〇パーセントのシェアを占めている。

また、コククジラ（国際捕鯨取締協定により一九三七年から保護）とザトウクジラ（取締条約により一九六六年から保護）の鯨肉が市場に出回っていることはとくに懸念されることである。なぜなら、北西太平洋のコククジラはわずか一〇〇頭から一四〇頭しか生息してい

（29） T. Kasuya（2008）Cetacean biology and conservation: a Japanese scientist's perspective spanning 46 years. *Marine Mammal Science* 24, pp. 749–773.

（30） C.S. Baker, J.C. Cooke, S. Lavery et al.（2007）Estimating the number of whales entering trade using DNA profiling and capture–recapture analysis of market products. Molecular Ecology 16(13), pp. 2617–2626. C.S. Baker & S.R. Palumbi（1994）Which whales are hunted? A molecular genetic approach to monitoring whaling. Science 265, pp. 1538 - 1539.

（31） 編者注：コククジラに関しては、「水産資源保護法施行規則の一部を改正する省令」により、二〇〇八年一月一日から日本の保護対象種となった。

ない絶滅危惧種であり、北西太平洋を含むアジア海域のザトウクジラの回復は北太平洋のザトウクジラよりも確実に遅れているからである[32]。

「調査捕鯨」は、国際法で捕獲禁止に指定されていなくても保護対象あるいは絶滅危惧種となっている個体群を捕殺するための隠れ蓑になっている可能性もある。市場で売られていた北太平洋のミンククジラの鯨肉を、分子遺伝学の調査手法を用いて調査した（一九九三〜一九九九年）結果が発表されている。それによれば、最大で四二パーセントまでが「調査捕鯨」による遠洋で捕殺された鯨肉ではなく、ＩＷＣでは保護対象種と目されている日本海のＪストック（第１章を参照）のミンククジラを無規制な捕殺によって入手した可能性が高いと推定された[33]。また、現在観測されている速さでＪストックが減少していけば、数十年後には絶滅すると推定されている。

致死的調査の代替手法としての非致死的調査法

取締条約が一九四六年に起草されたとき、第八条のように、科学目的のために捕殺を許すという規定を設けることは論理に適っていた。なぜなら、その当時、クジラを研究しようと思えばクジラを捕殺する以外になかったからである。それに第八条では、子クジラ、授乳している母クジラ、体長規制（捕殺対象のクジラは、一定以上の体長でなければならないとする規制）を満たさないクジラなど、通常であれば附表の規定違反となるクジラの捕殺も認められているのだ。

しかし、調査方法をめぐる現在の状況は昔とは比べ物にならないほど変わってきている。クジラを管理するという側面から見れば、非致死的調査において明らかにできない知見で重要なものはほとんどないのである。以下で述べる手法を含め、新しく開発されてきた非致死的調査のほうが致死的調査よりもはるかに安上がりで効率的である。これは非常に重要である。なぜなら、調査捕鯨を評価するためのＩＷＣのガイドライン(34)には、「非致死的な代替手段が存在しないときにのみ致死的調査を行うべし」という規定が入っているからである。

致死的調査の主要な利点を一つ挙げるとすれば、それは致死的調査から得られた鯨肉の売り上げを調査費用に充てることができるという点である。言うまでもなく、これは非致死的調査では不可能である。

（32）注（23）で挙げたCalambokidis et al.(2008) を参照。

（33）C.S. Baker, G.M. Lento, F. Cipriano, S.R. Palumbi (2000) Predicted decline of protected whales based on molecular genetic monitoring of Japanese and Korean markets. Proceedings of the Royal Society of London B, 267, pp. 1191–1199.

（34）IWC (2001) Annex Y. Guidelines for the review of scientific permit proposals. Journal of Cetacean Research and Management 3 (supplement), pp. 371–372.

生体組織調査

クジラを研究する世界中の生物学者たちは、二〇年以上にわたって、弓やライフル銃で打ち込む小さな矢によって採取された皮膚の生体組織を用いて詳細な研究を実施してきた。その小さな矢は、皮膚と皮脂を含んだ小片を削り取ったあとに回収される。たしかに、皮膚サンプルは小片（長さ二〜三センチ、厚さ五〜八ミリ）にすぎないが、それには遺伝子実験を何千回も実施できるだけのＤＮＡが含まれている。現代の分子技術を使いこなす研究者であれば、生体組織を使ってクジラの性別判定、遺伝情報の分析、さらに他のクジラとの家族関係まで導き出すことができる。[35]

今日、遺伝子分析は、野生動物を管理するためのカギとなる要素の一つである個体群構造を評価するためにもっとも有力で、広く用いられている方法の一つである。さらに、生体組織がもたらす多くのＤＮＡサンプルを用いた研究用途は、クジラの汚染物質含有量や摂餌生態が分析できる[36]など幅広いものとなっている。現に、アメリカのハーマン（David P. Herman）らの研究グループは、最近、生体組織からクジラの年齢を判定する方法論を編み出した。[37]

クジラの年齢を知ることは個体群の研究において非常に重要であり、これは、最近までクジラを捕殺することでしか評価することができなかったものである。それに比べて生体組織調査は、安価で迅速に実施することが可能である。これは、同じサンプル数を捕殺によって得ようとする場合に必要となる労力と費用を考えれば、まちがいなく確実に言えることである。

致死的調査と比べた場合のもう一つの利点は、同一のクジラ個体に関する状態（摂餌生態や汚染物質含有量など）を知るために、何年にもわたって繰り返しサンプルが採取できるこ

---

(35) P.J. Clapham, M.C. Berube, D.K. Mattila (1995) Sex ratio of the Gulf of Maine humpback whale population. Marine Mammal Science 11, pp. 227–231. P.J. Palsboll, J. Allen, M.C. Berube, P.J. Clapham, T.P. Feddersen, P.S. Hammond, H. Jorgensen, S. Katona, A.H. Larsen, F. Larsen, J. Lien, D.K. Mattila, J. Sigurjonsson, R. Sears, T.D. Smith, R. Sponer, P. Stevick, N. Oien (1997) Genetic tagging of humpback whales. Nature 388, pp. 767–769. C. Olavarria et al. (2007) Population structure of humpback whales throughout the South Pacific, and the origin of the eastern Polynesian breeding grounds. Marine Ecology Progress Series 330, pp. 257–268.

(36) たとえば、Herman, D.P, Burrows, D.G., Wade, P.R., Durban, J.W., Matkin, C.O., LeDuc, R.G., Barrett-Lennard, L.G. and Krahn, M.M. (2005) Feeding ecology of eastern North Pacific killer whales Orcinus orca from fatty acid, stable isotope, and organochlorine analyses of blubber biopsies. Marine Ecology Progress Series 302, pp. 275–291.

(37) Herman, D.P., Ylitalo, G.M., Robbins, J., Straley, J.M., Gabriele, C.M., Clapham, P.J., Boyer, R.H., Tilbury, K.L., Pearce, R.W. & Krahn, M.M. (2009) Age determination of humpback whales (Megaptera novaeangliae) through blubber fatty acid compositions of biopsy samples. Marine Ecology Progress Series 392, pp. 277–293.

とである。致死的調査でクジラを捕殺した場合は、一つの時点でのデータしか採取できない。このため、一つの個体に関する時系列データを取得することが不可能となるだけでなく、致死的調査であるがために、採取したデータの分析結果が大幅なバイアスを伴っていることが多いのである。

　致死的調査のサンプリングを人間の事例にたとえて言えば、実際は時系列で繰り返し採取できるにもかかわらず、その人のある時点における写真を撮ったり、血液採取を行って調査をするということである。加えて言えば、ある人が食べているものを評価しようとする場合に、その人の食事を一回しか観察しないことと同じである。

写真識別

　アメリカの科学者たちが、クジラの体表面にできる模様などの自然標識によって個体を識別できることに気付いたのは一九七〇年代の初めごろである。たとえば、ザトウクジラの場合、尾鰭の下部にある白黒の模様は個体ごとに違うことが分かっている[38]。人間で言うところの指紋と同じである。この白黒模様を写真に収めれば、被写体のクジラを他のクジラと識別することができるようになり、何十年にもわたって、あるいは一〇〇〇マイル（約一六一〇キロメートル）以上にわたって追跡することができる。

世界中の科学者たちは、この手法を用いてクジラの振る舞い、繁殖、そして動作や移動を研究してきている。そのなかでも数多くの研究が、何千マイルも離れた場所でクジラ個体の写真を撮ることによって、毎年繰り返されるクジラの大移動を記録している。[39]この情報はクジラの分布域や個体群構造を明らかにすることができるため、非常に重要である。[40]また、写真識別は個体数の推定に用いることもできる。この手法は、ＩＷＣやその他の管理組織によるクジラを対象とした科学的な評価の基盤をなす重要なものとなっている。

今日、写真識別と同様の研究が遺伝子タイピングを用いて行われることが多くなってきた。遺伝子タイピングでは、生体組織を分析して、クジラ個体の遺伝子的「指紋」を得ることで個体識別を行っている。さまざまな場所で遺伝子構造のサンプルを繰り返し採取することによって、写真識別で得ていたものと同様の情報が入手できるのだ。[41]前述した生体組織分析に

（38）　S.K. Katona & H.P. Whitehead（1981）Identifying humpback whales using their natural markings. Polar Record 20, pp. 439-444.

（39）　たとえば、S.K. Katona & J.A. Beard（1990）Population size, migrations and feeding aggregations of the humpback whale（Megaptera novaeangliae）in the western North Atlantic Ocean. Reports of the International Whaling Commission（Special Issue 12）, pp. 295-305.

（40）　たとえば、P.T. Stevick, J. Allen, P.J. Clapham, S.K. Katona, F. Larsen, J. Lien, D.K. Mattila, P.J. Palsboll, R. Sears, J. Sigurjonsson, T.D. Smith, G. Vikingsson, N. Oien, P.S. Hammond（2006）Population spatial structuring on the feeding grounds in North Atlantic humpback whales. Journal of Zoology 270, pp. 244-255.

よる結果もあわせて得られることは言うまでもない。

捕殺によって写真識別や遺伝子タイピングからの情報と同様のものを得ようとすれば、生きているクジラに標識（通常、識別番号が記載された円筒形のステンレス）を撃ち込み、クジラを捕殺した際にその標識が回収されるのを期待するしかない。しかし、多くの標識が回収されずじまいであり、標識が撃ち込まれたクジラはその傷がもとで死亡することもある。仮に標識を成功裏に回収できたとしても、標識が回収された場所と日付という二つの情報しかもたらさない。

一方、写真識別や生体組織調査では何十年にもわたって、同一の個体から無数のデータを繰り返し採取することができる。た

衛星で追跡できる標識をつけるべく、２頭のザトウクジラに近づこうとしている研究者（写真提供：アメリカ国立海洋大気局／国立海洋哺乳類研究所）

だ、これを南極海で長期にやろうとすれば費用がかさみ、段取りが大変になることは銘記しておかなければならない。(42)

他の非致死的調査手法

科学者たちは、多くの非致死的調査方法を駆使してクジラについての研究を行っている。これまで見てきた手法以外にも、下記のような手法がある。

①**日視調査法**——船や飛行機からの観察によって、クジラの分布と個体数を評価する手法。

②**衛星による標識追跡**——クジラの皮脂に標識を埋め込み、それを追跡することによって、何週間、何か月間にもわたってクジラの移動についての情報が毎日得られる。ときには、何千マイルも追跡することがある。(43)

(41) 一三九ページの注(35)で挙げたPalsboll et al. (1997)を参照。

(42) これと同様の、北太平洋全域のザトウクジラを対象とする大規模な非致死的調査は成功裏に研究助成を得て、特筆すべき成果を上げている(その成果の詳細は、注(24)で挙げたCalambokidis et al. (2008)を参照)。

(43) A.N. Zerbini, A. Andriolo, M.P. Heide-Jorgensen, J.L. Pizzorno, Y.G. Maia, G.R. VanBlaricom, D.P. DeMaster, P.C. Simoes-Lopes, S. Moreira, C.P. Bethlem (2006) Satellite-monitored movements of humpback whales (Megaptera novaeangliae) in the Southwest Atlantic Ocean. Marine Ecology Progress Series 313, pp. 295-304.

③**他の標識調査法**――海中におけるクジラの移動を正確かつ三次元でとらえることができ、摂餌行動、交尾などの行動を研究するのに用いられている。[44]

④**分野横断型研究**――これまでに見てきた非致死的調査法を、クジラの生息環境に関する海洋学的調査と組み合わせる。[45]

このように、上記で述べた重要な科学的知見を得るためにはクジラを捕殺する必要はない。また、捕殺を通して得られたサンプルでは、こうしたクジラに関する詳細なデータは得られない場合がほとんどなのである。

なぜ、日本は「調査捕鯨」に固執するのか

科学的な見地から見て、非致死的調査のほうが致死的調査よりも効率的であるにもかかわらず、なぜ日本政府は調査捕鯨が必要であると執拗に主張し続けるのだろうか。これまで見てきたように、日本政府の「調査捕鯨」は概してクジラの管理とは無関係であり、自分たちで設定した目的も果たせず、科学研究の質も低く、批判されているにもかかわらずである。

日本政府が取締条約の第八条のもとで大規模な捕鯨プロジェクトを打ち出した主な理由は、商業捕鯨が全面的に禁止されたモラトリアムが実施されるなかにあって、合法的に日本の市

場に鯨肉を供給することができ、その鯨肉の売上によって調査費用が補填できることにある。(46)この考えは、モラトリアムの採択・実施のときに日本政府のために研究を行っていた日本人研究者で、主要な鯨類科学者の一人である粕谷俊雄が強く支持しているものである。

粕谷は、一九八二年にモラトリアムが採択されてまもないころ、彼の所属していた研究室に対して「水産庁から指示があった」と述懐している。その指示とは、捕鯨の費用を自前で賄うために調査捕鯨が行えるだけの研究計画の策定をしてくれというものであった。(47)

（44） D.P. Nowacek, M.P. Johnson, P.L. Tyack, K.A. Shorter, W.A. McLellan, D.A. Pabst (2001) Buoyant balaenids: the ups and downs of buoyancy in right whales. Proceedings of the Royal Society of London B 268, pp. 1811–1816.

（45） M.F. Baumgartner, T.V.N. Cole, P.J. Clapham, B.R. Mate (2003) North Atlantic right whale habitat in the lower Bay of Fundy and on the SW Scotian Shelf during 1999–2001. Marine Ecology Progress Series 264, pp. 137–154.

（46） 一二七ページの注（17）で挙げたClapham et al. (2007) を参照。

（47） 編者注：粕谷は二〇〇五年一〇月三日付の〈毎日新聞〉で、「その際、我々に指示されたのは『経費をまかなえる頭数を捕獲でき、しかも短期では終わらない調査内容の策定』だった」と述べている。

日本政府が掲げる目的を遂行するための科学研究とは

クジラを適切に管理するために知らなければならないことは多いのだが、とくに個体数、個体群構造、個体数の増減傾向、クジラの生物学的指標（繁殖率や自然死亡率など）を知る必要がある。二〇年以上にもわたる調査期間で一万一〇〇〇頭以上のクジラを捕殺してきた日本政府は、これらの疑問に対して、信頼性のある回答をほとんど提供してこなかった。しかし、これは少しも驚くことではない。なぜなら、より効率的な最新の非致死的調査を用いずに調査を行い、不必要な捕殺を繰り返しているだけだからである。

今日、日本政府が設定した目的を果たすための科学研究を立案するのであれば、今まで実施されてきた「調査捕鯨」と重複する要素は一つもない、まったく異なった研究計画となるだろう。この研究計画では、写真識別、生体組織を用いた遺伝学的研究、摂餌生態調査、標識の衛星追跡、そしてクジラの行動を調査するための統合的かつ分野横断的な調査――詳細で海洋学的なサンプリングと洗練された標識調査手法をあわせた調査――が選択されることになるであろう。このような分析手法は、南極海と北太平洋におけるクジラの生態学および個体群の研究では、すでに世界中で行われている。

残念ながら、日本政府は時代遅れの「科学」をいまだに行っており、「調査捕鯨」がなければ生き残れないであろう捕鯨産業のために莫大な資金と労力をつぎ込み続けている。

第4章

マスメディア報道が伝える「捕鯨物語」

日本のメディアは同じ絵を撮りたがる（写真提供：佐久間淳子）

反・反捕鯨

内閣府が二〇〇一年一二月に実施した「捕鯨問題に関する世論調査」（内閣府大臣官房政府広報室[1]。以下、内閣府調査）では、回答者の約七五パーセントの日本人が、クジラの資源量に悪影響を及ぼさないような科学的な管理が行き届いた捕鯨に賛成している。

昔はクジラの使い道はいろいろあったが、今はもっぱら鯨肉を得るためだけに捕鯨を行っている。したがって、捕鯨に賛成だということは鯨肉が食べたいからだと推測するのが自然だが、調査捕鯨によって供給される鯨肉の量を増やしたところ（第1章を参照）二〇〇〇年からだぶつきが目立ち始めた（二〇〇二年一月四日付の〈朝日新聞〉）。単純に日本の総人口で割れば一人当たり年間約四〇グラム（一般的はツナ缶一個の半分の重さ）程度の供給量であるにもかかわらずである。したがって、捕鯨賛成の理由は必ずしもクジラを食べたいからではないということが分かる。

この賛成の理由については、内閣府調査の四か月後、二〇〇二年三月三〇日付の〈朝日新聞〉に掲載された世論調査の結果がもう少し詳しい。捕鯨に賛成し、かつその理由を「鯨肉を食べたいから」と答えた人は全回答者（有効回答者二〇六〇人）の六パーセントにとどまった。捕鯨に賛成する理由として一番多かったのは「クジラの生息数は回復してきているから」（二二パーセント）だったが、第二位は「日本の伝統である捕鯨を外国が批判するのはおかしいから」（一六パーセント）であった。

先の内閣府調査でも、日本政府の基本方針である「食文化の相互尊重」を重要視している人が回答者の約四四パーセントにも上っている。こうした回答が多くなるのは、鯨肉を食することが伝統的な日本文化であると認識し、それに対する外国からの批判に反発しているからだ。

この反応は、選挙で言うところの批判票に似ている。つまり、直接的な捕鯨支持ではなく、外国からの批判に対する反感が転じて「捕鯨支持」票となっているのだ。だから、鯨肉の消費との結び付きが弱い。現在はシーシェパードの抗議行動やオーストラリア政府の批判が世間を騒がせているわけだが、もし外国からの批判が目立たなくなって反感が薄れてくれば、この批判票のおかげで維持されている「捕鯨支持」はまちがいなく弱まることだろう。本章では、このように捕鯨について賛成でも反対でもないが、外国による批判に対する反発から捕鯨を支持している第三のグループを「反・反捕鯨」と呼ぶことにする。

先述したように、今ではその消費量が微々たるものになってしまった鯨肉を日本の食文化に含めることには違和感がある。そして、筆者（佐久間淳子）は、長年にわたって捕鯨問題にかかわってきたが、これまでに食文化の排撃を言明した反捕鯨運動に出くわしたことがな

（1）《www8.cao.go.jp/survey/h13/h13-hogei/index.html》二〇〇九年一月一七日閲覧。

い。しかし現実には、外国からの批判を日本文化に対する攻撃としてとらえ、鯨肉食という日本文化を守るべきであるとする「反・反捕鯨」の立場をとっている日本人が少なくない。

では、なぜこのように認識がずれたのかを考えてみると、先に紹介した内閣府調査のなかにその理由の一つを見いだすことができる。捕鯨問題に関する情報の入手先として、テレビ・ラジオを挙げた人が九四・二パーセント、新聞が五九・六パーセントを占めている。したがって、「反・反捕鯨」につながる認識を構築したのはマスメディアということになる。

そこで本章では、マスメディアのなかでもっとも信頼を勝ち取っている新聞報道が(2)捕鯨問題の主要論点に関してどのような現実認識を構築してきているのか、そしてそれに対応する実態はどうなっているのかを示すことで現実認識を相対化してみたい。まず手始めに、ここで取り上げた「捕鯨文化論」(3)から俎上に載せていくことにする。

捕鯨文化論の実際

二〇〇九年一二月一〇日、岡田克也外務大臣（当時）はオーストラリアの国営放送（ABC）の報道番組のなかで、「鯨肉を食べるのは日本の伝統的な食文化で、オーストラリアはそれを尊重すべきだ」と述べた（二〇〇九年一二月一〇日付の共同通信）。また、二〇〇九年九月一五日に放送された『緊急！サミット〝たけしJAPAN〟2009日本を考えるT

V』（テレビ朝日）のなかで捕鯨問題が取り上げられた際にも、ゲストスピーカーである高橋ジョージが「僕は食べなくても」と断りを入れたうえで、「食べたい人もいるわけじゃない。何で人の国の食文化に口出す権利があるの」と続けた。同じく麻木久仁子も、「国の文化はその文化のなかにいる人が決めることで、外の人が言うことではない」と発言している。

これらの発言に象徴されるように、「クジラを食べることは日本の食文化なのだ」という認識が広く共有されているとともに、自分は食べない（とくに必要としていない）にしても、どこかにいるであろう食べたい人のために鯨肉を確保するべく「獲って何が悪い」と対外的に主張する状況がしばしば発生する。ただ、実際のところは、「日本の文化」と意気込むほど伝統的かつ日常的に鯨肉が食べられてきたわけではない。

この「捕鯨文化論」を包括的かつ体系的に検証したのが渡邊洋之の『捕鯨問題の歴史社会学』（一四三ページの注を参照）であり、近代日本において鯨肉食がどのように普及してい

（2）社団法人日本新聞協会広告委員会（二〇〇八）『クロスメディア時代の新聞広告Ⅱ：購買満足と新聞エンゲージメント――「二〇〇七年度全国メディア接触・評価調査」報告書』《www.pressnet.or.jp/adarc/data/rep/img/2008.pdf》二〇〇九年五月二〇日に閲覧。

（3）渡邊洋之（二〇〇六）『捕鯨問題の歴史社会学』東信堂。渡邊は同書のなかで「捕鯨文化論」を、小型沿岸捕鯨（第一章を参照）を理論的・実証的に正当化するための文化論として定義しているが、本章では、より広義に「日本の捕鯨政策や捕鯨外交を正当化するための文化論」という定義を用いる。

ったのかについて詳細な分析がされている。渡邊によると、まず一九世紀末までは、鯨肉を食べる地域の数やその消費量は江戸時代から続く網捕り式捕鯨が行われていた九州北部がもっとも多く、関西、さらに東へ行くほど少なくなったという。また、鯨肉は大きく分けて二種類あって、主に生で流通する赤肉と、塩蔵されて流通する白手物《しろてもの》（「本皮」とも呼ばれる脂肪層）があるのだが、一九一二年当時の報告では、白手物の需要は全国に広がっているものの、赤肉は名古屋以東ではほとんど食べられていなかったようだ[4]。

　第二次世界大戦前の昭和の時代はどうだったのかというと、一九四一年に行われたと考えられる消費実態アンケート（伊豆川淺吉による、近畿中部地方などの二府一三県における鯨肉利用調査[5]）の結果にその当時の様子をうかがい知ることができる。たとえば、滋賀県や愛知県の集落のなかで鯨肉を食べていたのは四〇パーセントにも満たなかった。そして、そのうちの六割の集落が「赤肉を食べている」と回答している。つまり、この二県で当時「赤肉を食べていた」と回答した集落は四分の一でしかなかったのだ。一方、白手物については、日本海に面する府県で食べる集落が目立っていたが、日常食というよりも縁起物に近く、この当時は「土用鯨」と呼ばれて夏の滋養食と見なされていたようである。

　次に、畜肉（牛・豚・鶏など）と鯨肉の供給量を比較することによって、実際のところ日本人にとって鯨肉がどれほど重要であったのかを分析してみたい。

図4－1は、畜肉と鯨肉を合わせた肉類の供給量のうち、鯨肉が占める割合の変化を表し

たものである。これを見ると、第二次世界大戦前に日本人が食べていた肉類は一年間におおよそ二キログラム程度であった。一九九〇年代半ば以降の供給量がだいたい年間二八キログラムで推移していることからすると、現在の一〇分の一にも満たない約七パーセント程度しか肉類を食べていなかったことが分かる。とはいえ、そのなかでも鯨肉は年間三〇〇グラム程度でしかなく、大戦前の肉類供給量に占める鯨肉の割合は一〇パーセント台を推移していた。

そして、一九四五年に敗戦を迎えると外地からの家畜飼料の供給が止まって畜産が低迷し、畜肉輸入もできなくなっていたところに連合軍の最高司令官であるマッカーサーが捕鯨船を遠洋に出漁させるという許可を与えた。一九四六年には小笠原沖、さらに翌一九四七年からは南極海へも出漁が許可されたためまとまった量の鯨肉が供給されるようになり、一九四七～一九四八年にかけては肉類供給量の四六パーセントが鯨肉となった。このときの鯨肉の供給量は国民一人当たり年間約六〇〇グラムで、それに対して牛は四〇〇グラム、豚・鶏・そ

（4）一五一ページの注（3）で挙げた渡邊洋之（二〇〇六）による。渡邊は、安藤俊吉（一九一二）「我が国に於ける鯨体の利用」大日本水産会報第三五五号と、前田敬治郎・寺岡義郎（一九五二）「捕鯨」日本捕鯨協会、を引用してこれを論じている。

（5）このアンケートに関する包括的な分析とその注意点に関しては、渡邊洋之（二〇〇六）一一五～一四二ページを参照。

図４－１　肉類の国民１人１年あたり純食料供給量に占める鯨肉の比率

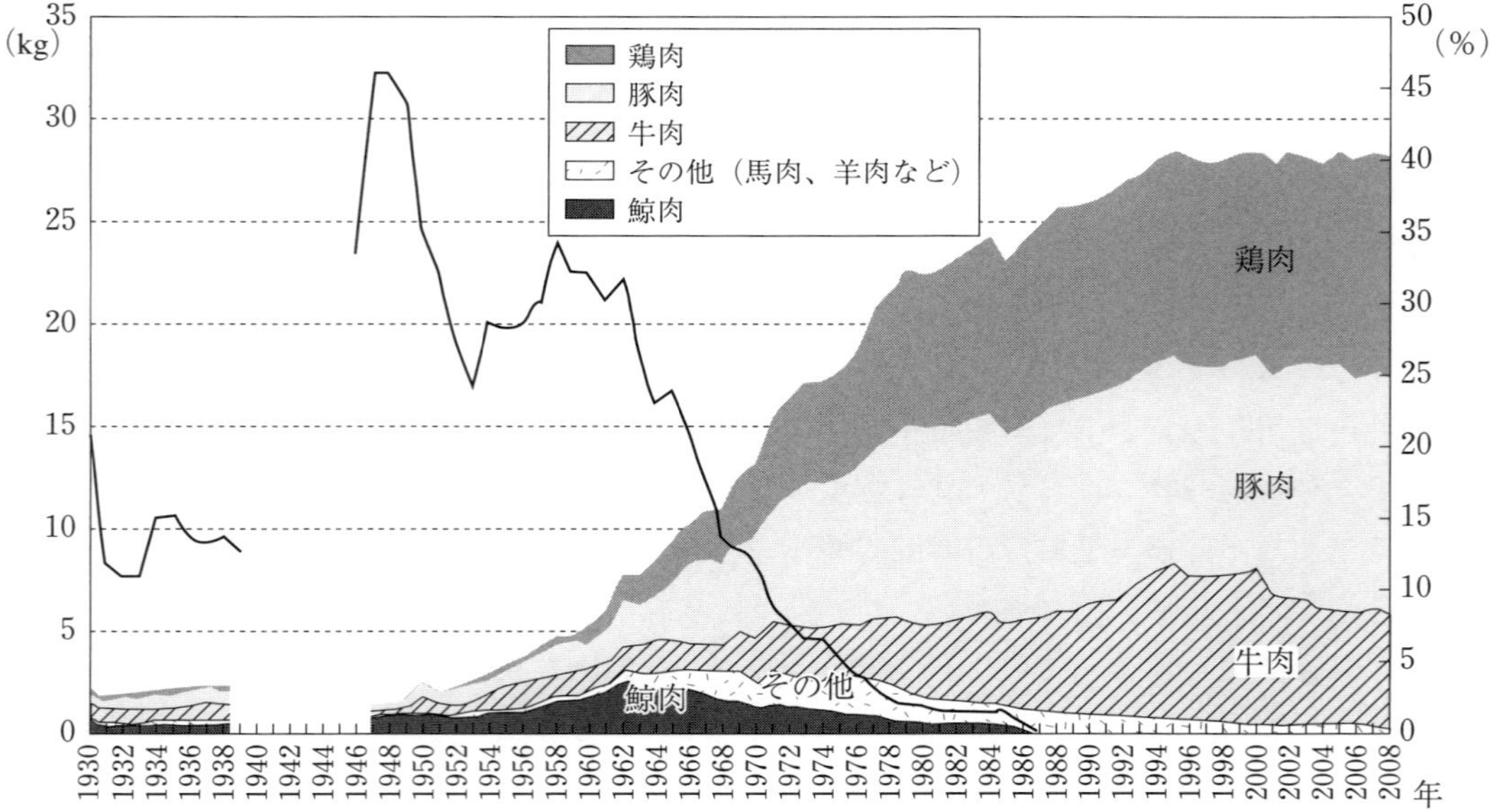

純食料供給量は積み上げ面グラフで示し、その総量に占める鯨肉の割合は折れ線グラフで示した。資料：農政調査委員会編「改訂日本農業基礎統計」（農林統計協会、1977）、食料需給表。1940～1946年は統計資料がない。出典：筆者作成。協力：渡邉洋之。

の他（兎や馬、羊）はそれぞれ約一〇〇グラム程度だった。

その後、畜肉の生産が上向いて鯨肉の比率は次第に下がり始めるが、鯨肉の供給も進んだため、一九六六年ごろまでは肉類供給量の二〇パーセント以上を鯨肉が占めていた。しかし、その後は急激にシェアが下がり、一九八〇年にはかろうじて二パーセントを占めるだけとなった。そして、現在の食料需給表では、鯨肉の項目はあるもののその数値は〇パーセントと表記されている。

以上を小括すると、「捕鯨文化論」が想定している「鯨食文化」とは様相がかなり異なり、鯨肉は日本全国で伝統的に食べられていたわけではないという実態が浮かび上がってくる。敗戦直後を経験した日本人の「クジラをよく食べた」という記憶も、伝統的な食文化の記憶なのではなく、あくまでも敗戦直後の畜肉不足を補うようにして供給された鯨肉によって醸成されたものと言えるだろう。

「捕鯨文化論」が抱える矛盾はこれだけではない。前述の伊豆川淺吉のアンケートを分析した渡邊によると、静岡県御前崎からの回答に次のような説明が付記されている。

「此の地方では捕鯨は勿論鯨肉を食すといふことについても全く無縁です、それについての口碑伝説を聞いたこともありません」

また、同県の下田からは、「伊豆地方に於いては、昔から信仰的にクジラは福の神であると称し捕鯨は絶対にせず、鯨肉も食はない習慣になつています……」と記されたものもあった[6]。

つまり、クジラを「捕獲しない、食べもしない」という決まりを守ってきた地域文化が日本にあったことになる。しかし、「捕鯨文化論」のなかでは、クジラを食べない文化や捕獲をタブー視する文化に触れることはほとんど皆無であるといってよい。渡邊が示唆しているように、局地的かつ一時的な鯨肉食を文化と名づけるのであるならば、このクジラを捕らない・食べない習慣も日本文化に含まれていなければならないわけだが、これを捨象しているのが「捕鯨文化論」なのである。

日本におけるこうした多様なクジラと人間とのかかわりが捨象され、岡田外務大臣の発言に代表されるような言い方が繰り返されてきたために、あたかもクジラについては「日本全国にはクジラを捕って食べる文化が存在する」かのような理解が、海外はもとより国内でも幅を利かせてしまったと言える（海外については第5章を参照）。

小型沿岸捕鯨は必ずしも伝統文化を背負ってはいない

第1章では、日本政府が繰り返し「網走・鮎川・和田・太地の四つの地域社会にとって、捕鯨は伝統文化として欠かせないものである」として、それらの「伝統捕鯨地」をモラトリアムから救済するためのミンククジラ五〇頭の捕獲許可を、小型沿岸捕鯨として国際捕鯨委員会（ＩＷＣ）に求めてきたことを述べた。実は、この小型沿岸捕鯨の言説も現実と大きく乖離《かいり》しているのである[7]。

小型沿岸捕鯨に適した小型の捕鯨砲を搭載した船の誕生は一九三三年ごろと言われており、そのあとは敗戦後の食糧難に対応するべく一時期は日本全国で八〇隻を数えるほどに増えたが、その後は政府が減船政策をとったため一九七九年には九隻となり、それが現在まで継続認可されている。ただし、稼働しているのは五隻のみで、ほかに二隻が係留・上架されており、残りの二隻は認可のみで実体がない。

（6）注（3）で挙げた渡邊洋之（二〇〇六）一一五〜一四二ページ。

（7）本節を執筆するにあたっては下記の資料を参考にした。網走に関しては、網走市史編纂委員会（一九七一）『網走市史（下巻）』網走市、菊池慶一（二〇〇四）『街にクジラがいた風景』寿郎社。釧路に関しては、釧路市史編さん員会議（一九九五）『新修釧路市史（第二巻）経済産業編』釧路市、釧路市総務部地域史料室（二〇〇七）『釧路叢書別巻――釧路捕鯨史』（第二版）釧路市。鮎川に関しては、牡鹿町誌編さん委員会（一九八八）『牡鹿町誌（上巻）』牡鹿町、大塚徳郎他（二〇〇二）『牡鹿町誌（下巻）』牡鹿町、吉岡一男他（二〇〇五）『牡鹿町誌（中巻）』牡鹿町。和田浦に関しては、和田町史編さん室（一九九一）『和田町史（史料集）』和田町、和田町史編さん室（一九九四）『和田町史（通史編）』和田町、駒村吉重（二〇〇八）『煙る鯨影』小学館。太地町に関しては、三好晴之（一九九七）『イルカのくれた夢――ドルフィン・ベェイスイルカ物語』フジテレビ出版、浜中栄吉（一九七九）『太地町史』（太地町史監修委員会監修）、太地町役場。

右に挙げた四つの地域における捕鯨史を俯瞰してみよう。その成立を江戸時代まで遡れるのは、和歌山県太地町と千葉県和田浦である。現在、太地町には小型捕鯨船が二隻、和田浦には一隻ある。

江戸時代、太地町にはセミクジラを組織的に捕る「鯨組」が存在したが、不漁になるに従ってその個体数は減少していった。その不漁のさなかの一八七八年、やっと姿を現したセミクジラの親子を深追いして大遭難事件を引き起こして（いわゆる「大背美《おおせみ》流《なが》れ」）捕鯨従事者の大半が亡くなったのを契機に、その後は、小型鯨類に分類されるマゴンドウ（コビレゴンドウの南方型）などを捕って地元を潤すようになった。

一方、和田浦は、もともと房総半島の東京湾側で長年にわたって手投げ銛を用いて捕獲されてきたツチクジラ漁が太平洋側で引きつがれたものである。ツチクジラ（ＩＷＣ管轄外の鯨種、第1章も参照のこと）を歴史的に長く捕ってきた地域はこの房総半島周辺のみでしかなく、その意味では「伝統的」と呼ぶにふさわしい。ただし、ツチクジラだけでは経営が成り立たないため、地元の捕鯨会社は一九七一年に本拠地をミンククジラ（ＩＷＣの管轄鯨種）の捕れる宮城県鮎川に移し、夏のツチクジラ漁の時期だけ和田浦で操業している。

その鮎川で小型の捕鯨砲を搭載した捕鯨船が操業し、初めてミンククジラを捕獲したのは一九三三年である。各地の市町村史で見るかぎり、これがもっとも古い記録である。だが、当時は鯨油が主たる生産品だった時代で（第2章を参照）、搾油できる量が少ないミンククジラは安く、経営面から見ると失敗に終わった。その後、第二次世界大戦を挟んで鯨油から鯨肉へと主生産品が交代する過程で小型捕鯨業者が増えていき、鮎川にミンククジラを食べる習慣が定着した。地先でミンククジラが捕れ、それを地元に供給消費してきたという意味では、四か所のなかでミンククジラの地産地消の歴史がもっとも長い捕鯨基地と言える。

それに対して網走は、二〇一〇年現在、小型捕鯨業者が二社あるものの、どちらも所有船は稼働していない。その一つである「下道水産《しもみち》」の場合は、一九六九年に廃業した釧路の捕鯨業者から中古の小型捕鯨船を買って開業したのだが、モラトリアムを機に所有船での操業を止めた。一九六六年に建造されたその船は、二〇一〇年現在、網走川河畔に上架してある。二〇〇二年には釧路市郊外にクジラの解体場を建設し、それを調査捕鯨用に貸し出すことと太地町の磯根《いわお》宮の捕鯨船を共同経営することで経営を成り立たせている。もう一方の「三好捕鯨」は、一九五二年に中古の捕鯨船を買い取って開業したが、現在は乗組員が一人いるだけで、捕鯨船は売却してしまっている。

地元での聞き取り調査を重ねて『街にクジラがいた風景』（寿郎社、二〇〇四年）をまとめた菊地慶一によれば、網走での捕鯨は一九一五年に大手捕鯨会社が行った資源調査を機に開始され、一九六二年に最後の事業所が閉鎖されてその歴史を閉じている。網走の小型捕鯨業者は、この大手の捕鯨事業所開設に伴って関連事業で資金を蓄えた者が中古船を手に入れて開始したという構図が見てとれる。

以上をまとめると、小型沿岸捕鯨の言説で登場する四つの地域のうち、江戸時代にその原点があるのは和田浦と太地町だけであり、網走と鮎川は捕鯨の基地が大資本によって開設されたあとに地元資本が小型捕鯨を始めたということになる。そして、江戸時代にその原点があるとは言っても、和田浦は日本がＩＷＣ管轄外と見なしているツチクジラを伝統的に捕獲してきたのであり、ＩＷＣの管轄鯨種であるミンククジラはあくまでも捕鯨業の経営を成り立たせるための収入源として他地域で捕獲していたにすぎない。また、伝統的にセミクジラ（ＩＷＣの管轄鯨種の一つ）を捕獲していた太地町の捕鯨が衰退していったのは、セミクジラの個体数の激減と遭難事故が発端となっているのであってモラトリアムとはまったく関係がなく、同町で現在行われている小型鯨類の捕獲はモラトリアムが採択されるずっと前から続いているものである。

つまり、この四地域で伝統文化としてモラトリアムの採択前までＩＷＣの管轄鯨種を捕っていた地域は皆無であり、ＩＷＣの場で小型沿岸捕鯨を引き合いに出して「捕鯨文化論」を展開するのは明らかに誤解を生じさせるものとなる。また、日本政府がＩＷＣで展開してきた「モラトリアムのせいで文化を失った伝統捕鯨地を救済するためのミンククジラ捕獲枠を要求する」という論理も、破綻していることになる。

小型沿岸捕鯨と調査捕鯨の「共生」

二〇〇九年一〇月九日、〈朝日新聞〉の連載記事である「にっぽん人脈記　我らさかな族（４）捕鯨のぬくもり絶やさぬ」に、三軒一高《さんげんかずたか》太地町町長と三原勝利同町議会議長が登場した。二人とも、このところ毎年のようにＩＷＣの年次会合に出席している。それもそのはずで、二〇〇七年あたりからアメリカ人のＩＷＣ議長であるウィリアム・ホガースがＩＷＣの膠着状態を打開し、ＩＷＣによる捕鯨管理を機能させるべく妥協点を探っており、その妥協案のなかで太地町を含めた沿岸捕鯨を許可するオプションが議論されていたからである。そして三原は、二〇〇九年、「ＩＷＣ捕鯨全面禁止絶対反対・太地町連絡協議会」の会長としてＩＷＣ総会のなかで発言の機会を得ていた。連載記事に戻ると、そのなかで次のように語っている。

「総会議長から南極海での調査捕鯨を縮小し、沿岸の捕鯨を認める提案が出ていました。でも捕鯨国と反捕鯨国との対立は解けなかった。文化の違いでしょうか、どうしようもない」

伝統ある沿岸捕鯨地が捕鯨再開を求めているのに、国際社会がそれを阻んだように読み取れる。しかし、彼が総会で発表したステートメント全文を読むと、ＩＷＣ議長の提案を拒否したのは彼自身だということが分かる。このステートメントの要点を抜き出してみよう。

「（二〇〇九年のＩＷＣに向けて）公表されたＩＷＣ議長のペーパー等（妥協案を提案したＩＷＣ公式文書のIWC/61/7rev等を指している）で、沿岸捕鯨に五年間の暫定枠を認めるとされたことは、長年の願いが叶う兆しが見えたものと心から喜んでおりました。しかしながら一方、南極海の調査捕鯨については段階的廃止または捕獲頭数の削減など、調査自体の意味さえ失うような厳しい考え方が示されています。（中略）ここに改めて沿岸捕鯨の即時再開と調査捕鯨の科学的に意義のある規模での継続実施を求めます。（後略）」（括弧内は筆者らの加筆）

つまり、日本の沿岸捕鯨基地のある町の代表自らが、「ＩＷＣ議長の提案は飲めない」と表明したのである。現地でこれを直接取材したのは共同通信と時事通信のみで、前者は『長年の願いがかなう兆しが見えたと心から喜んだ』が、事実上の交換条件となっている南極海調査捕鯨の廃止・縮小に懸念を示した」（六月二四日）と報じ、後者は「『沿岸捕鯨の即時再開と調査捕鯨の継続実施』を訴えた」（同日）とのみ報じた。

三原のステートメント全文は、即日ウェブ上で公開された[8]。捕鯨問題に関心をもつ記者がこのステートメントの存在を知らなかったとすれば、事前の取材不足と言える。もし、知っていてなおかつ右のような三原コメントを記事に採用したとすれば、ちゃんと読まなかったか読解力が足りなかったか、あるいはＩＷＣ総会の場での彼のステートメントの内容を隠蔽しようという意図があったことになる。

筆者（佐久間）は、本会議の会場で三原に対して「なぜ、ＩＷＣ議長提案を拒否したのか」と直接問いただし、おおよそ次のような回答を得た。

「ミンククジラを捕獲する小型沿岸捕鯨は、日新丸船団による調査捕鯨が反捕鯨団体の抗議を一手に引き受けてくれるので矢面に立たされずにすんでいる。だから、調査捕鯨と小型沿岸捕鯨は切り離せない」

しかし、このコメントはどうにも腑に落ちない。太地町で行われているイルカの追い込み漁を隠し撮りして発表されたドキュメンタリー映画『The Cove』（二〇〇九年）に象徴されるように、太地町はかねてからイルカ保護グループの抗議の対象となってきた。そして、太地町の捕鯨業者がＩＷＣの管轄鯨種であるミンククジラを長年にわたって捕獲してきたのは、太地町の沖合ではなく宮城県鮎川沖や釧路沖、オホーツク海である（**図4－2**を参照）。彼らにとっては、割のいい現金収入の対象でしかない。

では、太地町の沖合でどの鯨種を捕獲しているのかと言えば、太地町の人々が好んで食べるマゴンドウなど、ＩＷＣの管轄外の小型鯨類である。ミンククジラは、ときおり定置網に

（8）《www.e-kujira.or.jp/iwc/2009funchal/text/text_ext1.html》二〇一〇年一月二日に閲覧。

図4－2　日本沿岸におけるミンククジラの海域別捕獲頭数

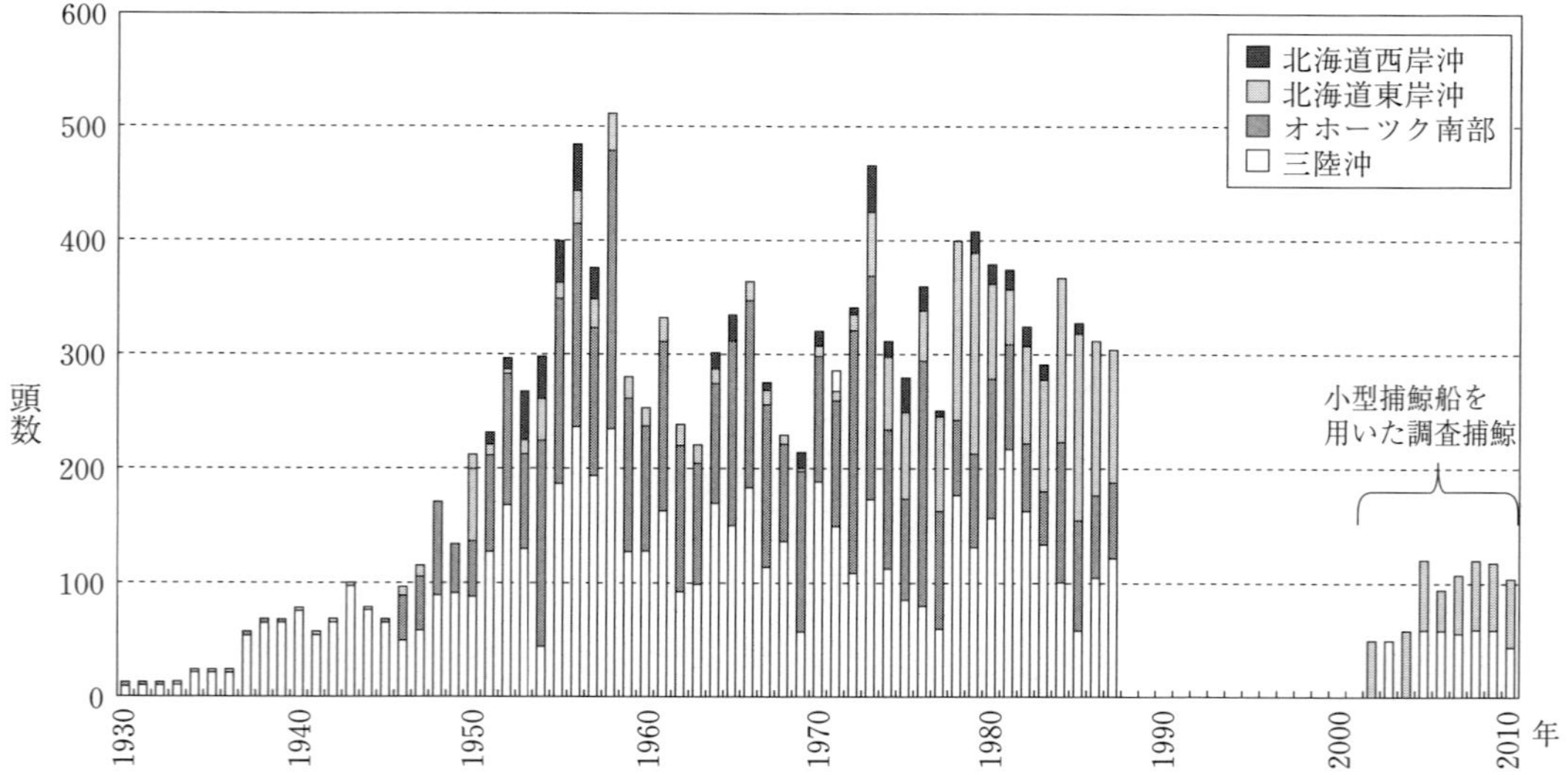

出典：『日本の希少な野生水生生物に関する基礎資料（Ｉ）』（1994年　水産庁）、『日本鯨類研究所年報』、水産庁プレスリリース。

混獲されたものが水揚げされるだけだ。つまり、太地町は調査捕鯨のあるなしにかかわらず抗議にさらされてきたのであり、調査捕鯨は何ら太地町の「防波堤」の役割を果たしてはいないのである。こう考えると、三原らが恐れているのは、実はそのことではないと考えざるを得なくなる。

三原らの真意を探るためには、まず調査捕鯨と小型沿岸捕鯨との関係を見なければならない。小型沿岸捕鯨によるミンククジラの捕獲がモラトリアムによって不可能となり、調査捕鯨の一つである北西太平洋鯨類捕獲調査（JARPN）という形でようやく再開できたのは二〇〇二年である（**図4－2**を参照）。沿岸捕鯨業者は、再開するまでの間にIWCの管轄外であるツチクジラを捕獲するなどして経営を成り立たせていたが、一九九〇年代には鯨肉全体の品薄感に助けられて、ヒゲクジラ肉の代用品としてツチクジラ肉が商業捕鯨時代よりも高値で取引された。ところが、二〇〇〇年ごろから南極海での調査捕鯨の規模拡大に伴って供給される鯨肉の量が増加すると同時に卸価格が引き下げられ、しかも当該鯨肉の在庫量が増加していく過程でツチクジラ肉の価格はより激しく下落した（**図4－3**を参照）。

ツチクジラ肉の価格が下落した結果、小型捕鯨業者の経営は苦しくなっていき、二〇〇一年に赤字に転落したあと、二〇〇二年以降から二〇〇七年までの赤字額は一億円を超えている（**図4－4**を参照）。つまり、調査捕鯨は一九八七年から二〇〇一年までの一五年間にわたって共同船舶だけを優遇し、捕獲規模を拡大することで小型捕鯨業者の収入を激減させた

図４－３　ツチクジラ肉の価格と調査捕鯨鯨肉の卸価格の推移（1992～2007年）

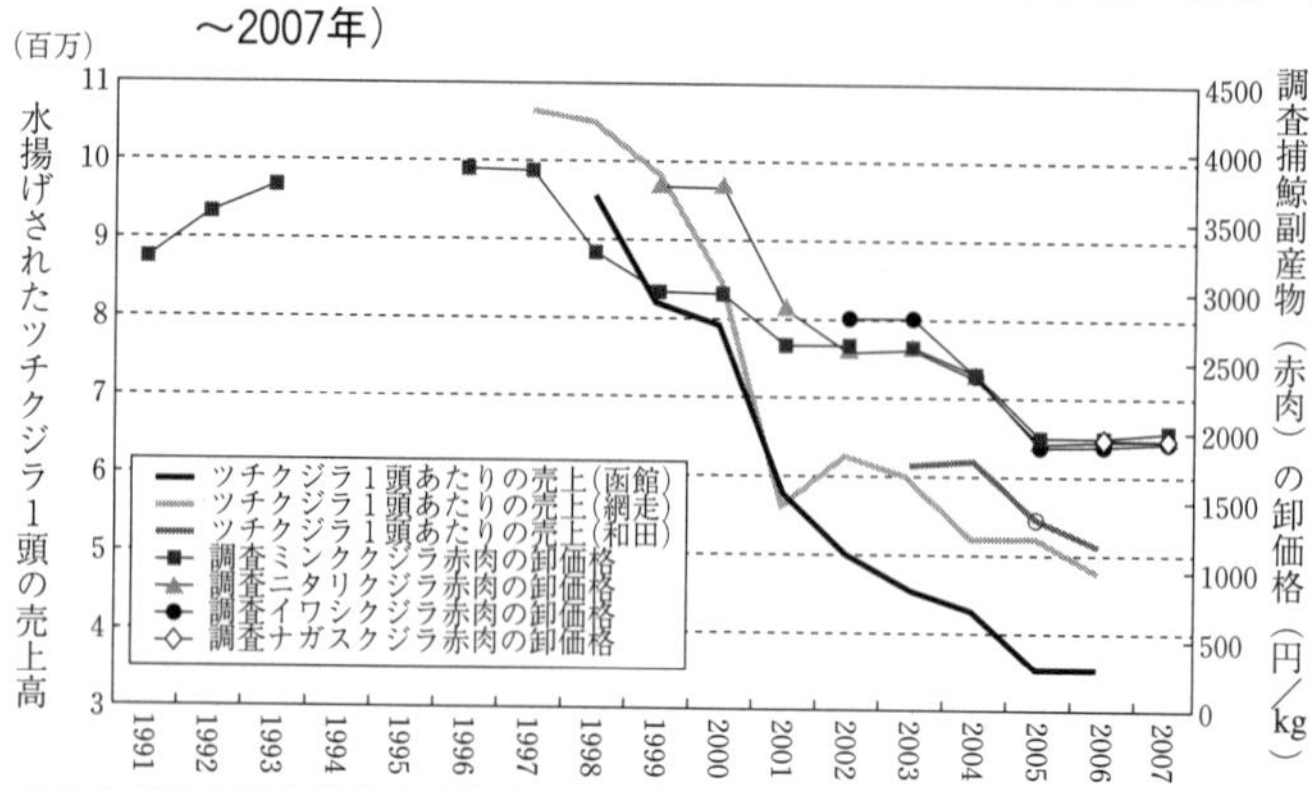

ツチクジラの売上が分かる年次のみを表示。ただし、2005年の和田（○印）はマゴンドウ１頭分を含んだ売上額だったため、ツチクジラとマゴンドウのkgあたりの売上を同等と見なし、その単価と重量との積からマゴンドウ１頭の金額を算出したうえで総額から除き、残りをツチクジラ26頭分の売上とした。2007年以降は非公開。
出典：（財）日本鯨類研究所プレスリリース、新聞報道、日本捕鯨協会。
作図：佐久間淳子。

図４－４　小型捕鯨業者の損益にみる経営状況（1978～2007年）

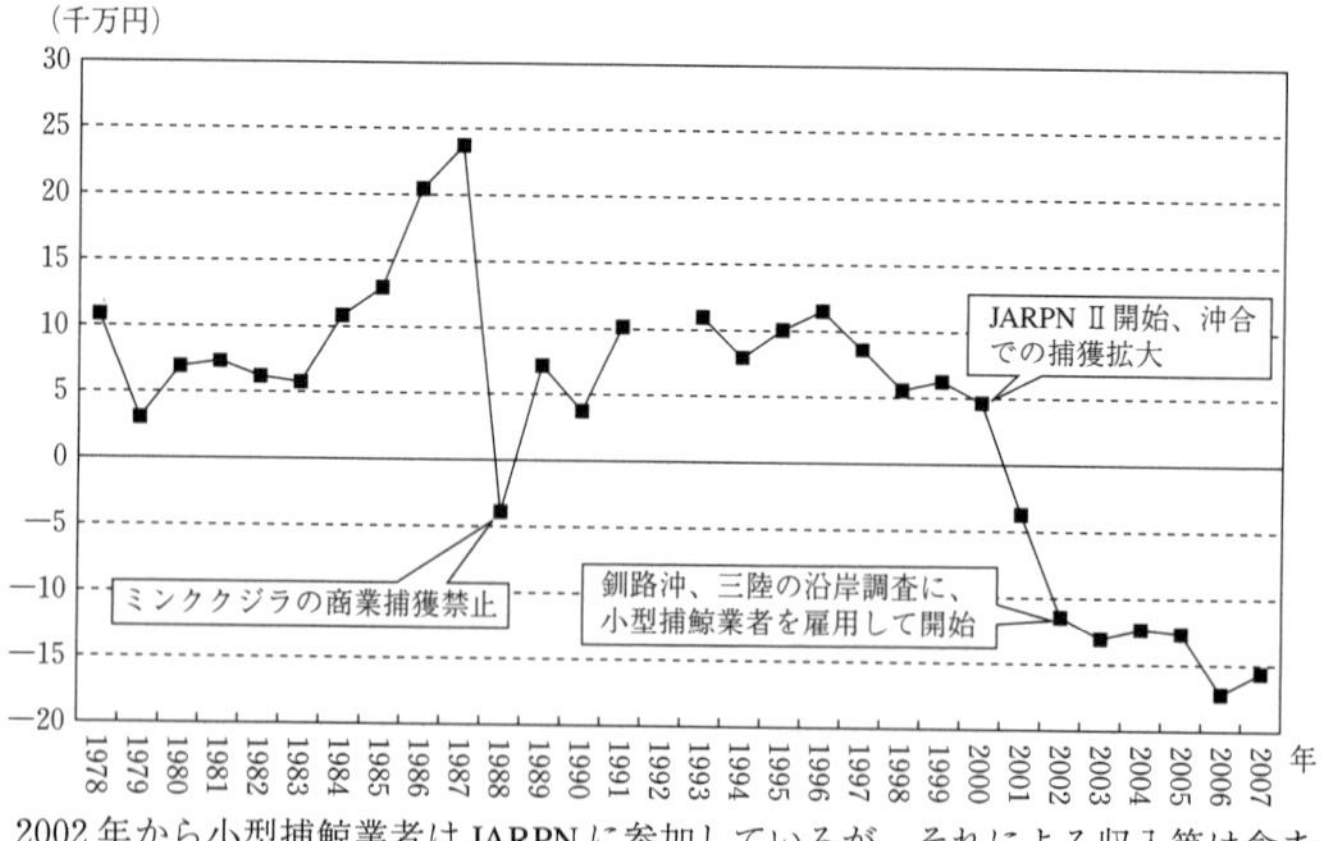

2002年から小型捕鯨業者はJARPNに参加しているが、それによる収入等は含まれていない
出典：日本小型捕鯨協会のウェブサイト≪homepage2.nifty.com/jstwa/≫

のである。まさに、小型捕鯨業者の立場から言えば、「南極海の調査捕鯨が最大の敵」と言っても過言ではないだろう。

前述のように、ミンククジラの漁場であり、昭和初期には捕鯨基地となっていた鮎川浜を擁する石巻市の石森市雄市議会議員は、議会の席上で「沿岸捕鯨の敵は、ＩＷＣではなく（調査捕鯨を推進する）国だと思えてならないのであります」（平成二〇年第一回定例会、二〇〇八年三月二一日、括弧内は筆者らの加筆）と発言しているし、水産庁に南極海での調査捕鯨の縮減を求めている市議はほかにもいるようだ(9)。

だが、一方でメリットもあった。二〇〇二年から小型捕鯨業者が調査捕鯨の一部を請負うことによって、仕留めたミンククジラの赤肉を比較的人気の高い刺身用として生《なま》のまま市場に出すことができるようになったのだ。これは、南極海での調査捕鯨にはできなかったことである。

すでに説明したように、鯨肉の消費量が漸減している今、売れないクジラを捕るよりも、国家事業である調査捕鯨に雇われたほうが楽だという声が小型捕鯨業者の内部から上がっていてもおかしくはない。つまり、小型捕鯨業者にとっては、調査捕鯨の中止と引き換えに商業捕鯨が再開されるよりも、調査捕鯨が維持されたほうが「親方日の丸」で国庫補助を受け

（9）　高成田亨（二〇〇九）『こちら石巻さかな記者奮闘記――アメリカ総局長の定年チェンジ』時事通信出版局。

ながら捕鯨を存続させることができるという構図になっている。三原議長が小型沿岸捕鯨と調査捕鯨の両立を訴えた真意はまさに、調査捕鯨で国庫補助を受けながら、小型沿岸捕鯨としても営利活動を再開できることを狙ったものと見てまちがいないだろう。

捕鯨文化論には仕掛けがあった

ここまでの検証の結果、「捕鯨文化論」の実体はきわめてあいまいだと判明したと言ってもいいだろう。しかし、その「捕鯨文化論」を根拠に、日本の調査捕鯨や捕鯨外交を擁護し、モラトリアムを解除する必要性を訴えることは、マスメディア報道の一つの基本パターンとなっている。実は、この基本パターンを踏襲する路線は、捕鯨サークルに依頼された広告代理店の「仕掛け」によって敷かれたものである。ここでは、順を追ってその「仕掛け」を説明していく。

捕鯨論争における「捕鯨文化論」が戦略的に展開されるようになったのは、一九七〇年代の後半からである。たとえば、網羅的にニュースを報道し、捕鯨報道の掲載頻度が高い全国紙である〈朝日新聞〉[10]のデータベースと国会議事録を用いて捕鯨問題の文脈で「文化」という単語がいつごろから使用されるようになったのかを調べてみると[11]、一九七九年に初登場したことが分かる（**図4－5**を参照）。もし、「日本文化」としての捕鯨や鯨肉食を守るために日本政府がモラトリアムに反対したのだとすれば、一九七二年のストックホルム会議（第2章を参照）でアメリカが十年モラトリアムを提案した直後から何らかの言及があってしかるべきだが、それは見あたらなかった。

では、一九七九年以前に捕鯨を維持するための「防波堤」となったキーワードは何かというと、「タンパク源」としての重要性であった[12]（**図4－5**を参照）。つまり、「モラトリアムは、日本人にとって重要なタンパク源であるクジラを奪うものだ」というわけだ。

ただ、**図4－1**にあるとおり、日本人が食べる肉類の供給量全体のうち鯨肉が占める割合は一九七二年当時で七パーセント、一九七八年にはわずか二パーセントでしかない。これでは、「重要なタンパク源だ」とする言説も説得力がない。また、魚介類を加えた場合はさらに鯨肉の存在意義は小さくなる。だから、日本人にとってはあまり実感のない言説であったわけだが、対外的には、日本では鯨肉に対する根強い日常的な需要が存在しているという認識を抱かせるに十分な威力があった（第5章を参照）。

（10）すべての日本の主要紙を確認したわけではないが、日本の主要紙はかなりの割合で横並びの記事を書くため、他の主要紙も〈朝日新聞〉の場合と同様であると思われる。

（11）詳しくは、A. Ishii & A. Okubo (2007) An Alternative Explanation of Japan's Whaling Diplomacy in the Post-Moratorium Era. Journal of International Wildlife Law & Policy 10 (1), pp. 76-78、を参照。

（12）注（11）で挙げたIshii & Okubo (2007) による。

図4－5　キーワード「文化」と「蛋白質」の出現回数

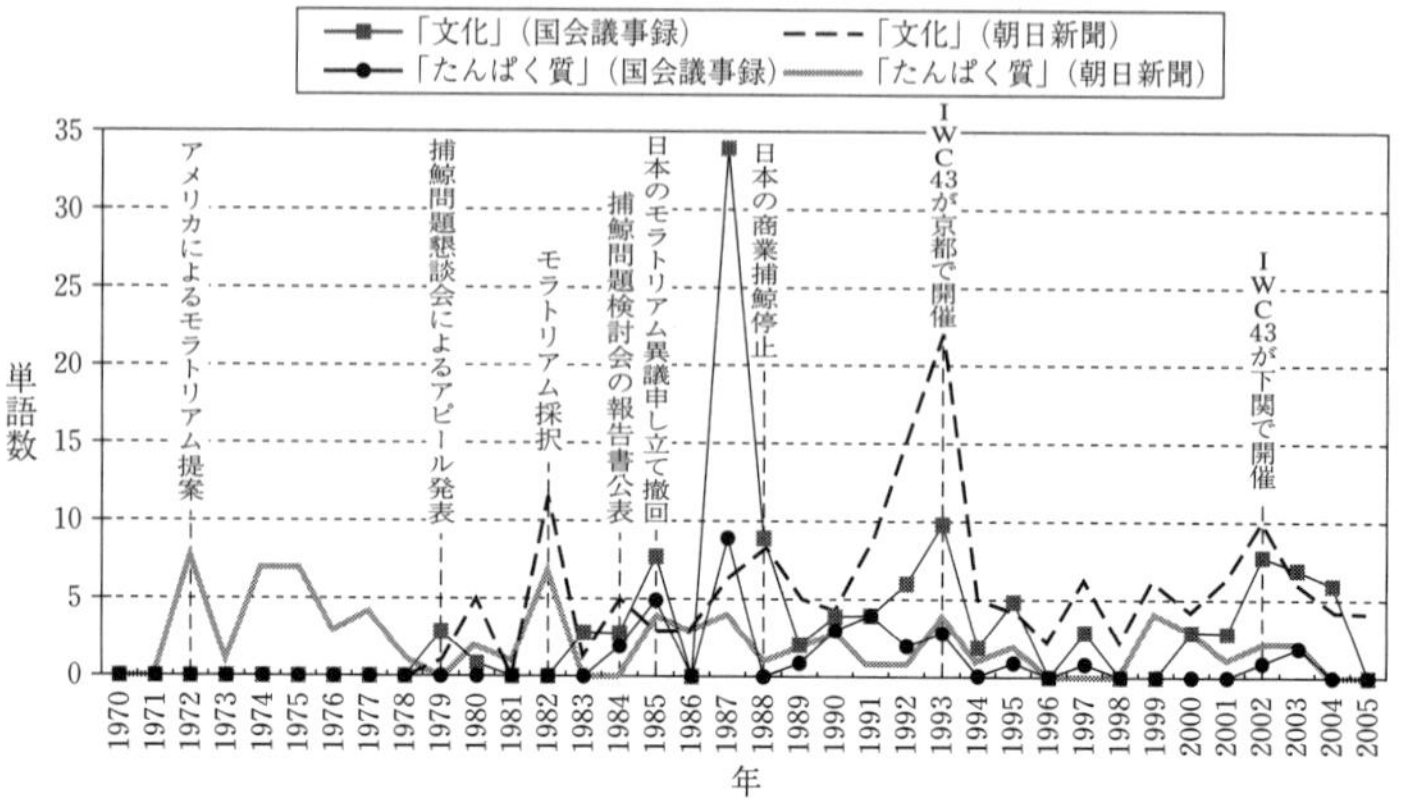

「文化」「蛋白質（もしくは蛋白源、たんぱく源、たんぱく質、タンパク源、タンパク質）」が朝日新聞および国会議事録で登場した回数を調べた。国会議事録は「国会会議録検索システム」（http://kokkai.ndl.go.jp/）、朝日新聞は、1970～1984年は「朝日新聞縮刷版インデックス」、1985～2005年は朝日新聞データベース「聞蔵」をもとに縮刷版を参照。図中の出来事については、本章と第1章を参照。出典：本章の注（11）。

その後、国際的にはモラトリアム論争が高まっていくなかで、日本の政策決定者たちは徐々に「捕鯨文化論」を多用するようになった（**図4－5**を参照）。一九八七年以降、この言説の主な要素は、「鯨肉食は日本の食文化」と、「網走・鮎川・和田・太地の四つの地域にとって捕鯨は伝統文化である」の二つに重点が置かれるようになっていく。前者には実体がなく、後者はIWCの管轄鯨種とは関係がないことは、すでにこれまでの検証で示したとおりである。

　この実体のない「捕鯨文化」言説を日本社会に浸透させていく戦略は、一九七二年のストックホルム会議のあとに始まった。当時、これを担った広告代理店の国際ピーアール株式会社（現在のウェーバー・シャンドウィック・ワールドワイド株式会社）は、一九七四年にこのプロジェクトを請け負った。その経緯と成果は、一九八〇年にまとめられた「捕鯨問題に関する国内世論の喚起」（『ＰＲ事例研究１』日本パブリックリレーションズ業協会、所収）に事例報告が発表されており、当時の広報戦略を詳しく知ることができる。この報告によれば、国内向けのキャンペーンとしては二つの作戦が大きな成功を収めたとしている。

作戦実行前の一九七〇年初めごろ、日本社会において非常に強い政治的な影響力をもつ主要紙の論説委員は、捕鯨の継続に対してあまり熱心とは言えない支持表明をするにとどまっていた。したがって、第一の戦略は、こうした論説委員の意見を変えさせることだった。このため同社は、反捕鯨キャンペーンの「裏側」に関する情報を論説委員たちに提供した。たとえば、以下のようなものである。

「反捕鯨の気運の盛り上がりは、米国が行っている放射性廃棄物の海洋投棄への批判が集まるのを回避するために世界の目を逸らすべく仕組まれたのである」（「捕鯨問題に関する国内世論の喚起」三六〜三七ページ[13]）

（13）　この証拠として挙げられているのは、株式会社味の素の広報誌である「マイファミリー」に掲載されたデービッドソン（M.C. Davidson）の記事である。

ただし、本当にこれがアメリカのシナリオだったかというと、第2章で検証されているように、少なくともそれを示す公文書は見つかっていない。また、このエピソードのネタ元となっている記事（本章の注（13）参照）には公文書などで確認できる明らかなまちがいが散見されるが、同社は記事の執筆者（M・C・デービットソン）にインタビューしただけで論説委員への情報提供を行ったという。

また、事例報告には、先に挙げた鯨肉食を日本の食文化として押し出すという着眼点も論説委員たちに好評だったことが記されている。すでに検証したように、全国的に鯨肉食が普及したのは第二次世界大戦直後の畜肉不足を補うように起こったわずか一時期のことであった。しかし、「捕鯨文化」言説を普及させる過程では、「日本人は縄文時代から（日常的に）クジラを食べてきており、それがそのまま近代捕鯨によって日本が捕鯨大国となった歴史に直結している（かくも日本の捕鯨文化は長く太く続き、広範囲に及んでいる）」といった認識へと変換されてきた。その功労者が国際ピーアール株式会社というわけだ。その結果、捕鯨に関する新聞社説の内容は捕鯨産業にとってより好意的なものになった、と同社は自己評価している。

成功した第二の戦略は、捕鯨推進に賛同するオピニオン・リーダーのグループを組織することであった。そうして組織された「捕鯨問題懇談会」には、作家の阿刀田高などの著名人が名を連ね、「捕鯨文化」言説の普及に重要な役割を果たした。たとえば、同懇談会は一九七九年にアピールを発表しているが、これを報じる記事が〈朝日新聞〉に捕鯨問題の文脈での「文化」という単語を初登場させるきっかけとなっている（**図4－5**を参照）。そして、一九八七年三月には、国際ピーアール株式会社による広報活動の依頼主である日本捕鯨協会から「くじらと食文化」という冊子が発行され、捕鯨問題懇談会のメンバーの多くが寄稿している。また、メンバーの一人である政治評論家の清宮龍は、〈諸君〉（文藝春秋）の一九八〇年一〇月号で「日本の伝統的文化と貴重な食料源を守るために国の内外を通じていろいろな角度から不断の世論工作を続ける必要がある」と訴えている。

当時の日本捕鯨協会は財団法人（現在は任意団体）であり、このような「文化」言説普及のための活動は、公的な政策決定過程の外で行われた。一方、「捕鯨文化」言説の公的な推進は、「捕鯨問題検討会」という審議会が一九八四年に発表した報告書によって始まった。こうして一九八〇年代以降、「捕鯨文化」言説は日本の政策決定者の発言や公式文書に頻繁に登場するようになり、モラトリアム論争を「肉食文化と魚食（鯨食）文化との衝突」であるとか、西洋諸国の「文化帝国主義」と特徴づける形態になっていったのである。

ミンククジラ七六万頭説

先に挙げた内閣府や〈朝日新聞〉の調査では、捕鯨支持者の多くがクジラの生息数を一つの目安にしている。つまり、「絶滅しそうならともかく、たくさんいるのなら獲ってもよいのではないか」というわけだ。日本では絶滅するかどうかを基準に資源利用を肯定する考え方が支配的であり、新聞報道もその例外ではない。だからこそ、商業捕鯨が再開された場合、現在の延長線で真っ先に捕獲対象となる可能性が非常に高い南半球に生息するクロミンククジラ（第1章を参照）の生息数が繰り返し報道されるのである。

その数、七六万頭。日本捕鯨協会や水産庁管轄の水産総合研究センターのホームページ[14]でもこの生息数を掲載している。科学委員会によれば、多めに見積もっても南半球に四五〇〇頭しかいないシロナガスクジラに比べると、クロミンククジラは桁数も二つ多く、いかにも「たくさんいる」という印象が強い。この七六万頭が根拠の一つとなり、「モラトリアムを解除して捕鯨しても問題はないのだが、そうした科学的知見を無視してもなお捕鯨禁止を続行するのは感情的態度である」という主張がマスメディア報道で繰り返されている。

この七六万頭の出自についてもう少し詳しく知るために、ＩＷＣの公式ウェブサイトを見てみよう。

クロミンククジラの生息数は、一九八二／一九八三年から一九八八／一九八九年期に五一万〜一一四万頭、中央値七六万一〇〇〇頭と掲載されている。この生息数を科学的に評価した場合、中央値が七六万頭であることよりも、誤差幅が六三万頭もあって不確実性の高いことのほうが問題である。また、その生息数の備考欄に「*The Commission is unable to provide re-*

liable estimates at the present time. A major review is underway by the Scientific Commitee.（科学委員会は、現在、信頼できる生息数を計算することができない。これに関して、科学委員会では大幅な見直しを進めているところである。筆者訳）」との注釈がつき、見直し作業が行われていることが明記されている。

ここでいう見直し作業とは、その後、七六万頭から増えたのか減ったのかを計算するのではなく、七六万頭を推定するために用いた方法論を含めて根本的に見直すことを意味している。実際の作業は二〇〇〇年に着手されたが、現在でもその決着はついておらず継続審議中となっている。そのため、この見直し作業が終わるまでは注釈もなしに「七六万頭」という数字を紹介するのは控えるべきだが、問題はそれだけにとどまらない。そこで、少しややこしくなるが、生息数の割り出し方を説明しておこう。

クジラは、海に潜ったり海面に浮上して呼吸する。したがって、見えたクジラを単純に数え上げただけでは実際クジラが何頭いるのかをはじき出すことはできない。それは、クジラを重複して数えてしまった場合は過大評価、潜っているクジラを見逃してしまった場合は過小評価となるからである。そこで、船を決まった条件（航路や速度）で走らせながら目撃で

(14)　日本捕鯨協会は《www.whaling.jp/qa.html》二〇〇九年五月一四日閲覧。水産総合研究センターは《kokushi.job.affrc.go.jp/H20/H20_49.html》二〇〇九年五月一四日閲覧。

きた数をもとにして統計処理を施すことになる。また、南極海全域を一年で一度に調査するには広すぎるため、経度に沿って六分割した海域を一シーズンに一海域ずつ調べ、六年がかりで南極海全域の数字を揃える方法がとられている。

正確な個体数評価をするのであれば、当然ながら、同一の調査期間の個体数を足し合わさなければならない。しかし、それを実施するのは非常に難しいという実践的判断から、科学委員会でかつて合意された個体数は、調査期間が一年ずつずれている調査海域を足し合わせたものである。したがって、この「七六万頭」に言及する場合、調査期間が一年ずつずれている六海域を足し合わせたものであること、中央値であること、そして二〇〇〇年以降はその推定方法を含めた見直し作業の最中であることを書き添えたほうがより実態に即しているのだが、そうした注釈が入ることはまずない。

「七六万頭」という数字をモラトリアム解除の根拠として打ち出したいマスメディアの意図は、次の問題点を指摘するとさらに際立ってくる。すなわち、日本国内の鯨肉市場にも流通している東アジア海域のミンククジラ（通称「Jストック」と呼ばれている地域個体群。第1章と第3章を参照）が希少種に含まれることについては、マスメディアの報道において言及されたことがほとんどないのである。

こうして、あたかも「ミンククジラと名が付けば捕っても何の問題もない」ことが疑問を差し挟む余地のない科学的な言説であるかのように仕立て上げられ、それがモラトリアム解除を正当化するものとして今もって一人歩きしているのだ。そしてその陰で、ここで取り上げたJストックといった希少種の保護に向けた議論の機会が失われてしまっている。これでは、日本政府が掲げている持続可能な捕鯨をしようとしても、そのために必要不可欠な議論の素地すらまだ固まっていないことになる。

生息数の話をしてきたが、そもそも生息数の多寡というのは、単に個体数だけでなく、増殖率や生態系での役割を含めて考えなければ評価することはできないということを忘れてはならない。

繰り返される「商業捕鯨再開は日本の悲願」説

第6章で詳しく取り上げるが、水産庁を中心とする日本政府は、商業捕鯨を再開させるために必要な努力を怠っているどころか、むしろ再開が厳しくなる方向に向けて捕鯨外交を積極的に展開してきた。しかし、報道される内容は、二〇年以上も前から一貫して「再開は悲願」である。他の外交課題では珍しくない日本外交を批判的に検証する報道は、こと捕鯨問題に関しては最近までほとんど皆無であり、そのため長い間にわたって日本政府の言行不一致が指摘されずにきた[15]。

日本にはさまざまな報道機関があるにもかかわらず、日本政府が唱える現実味のない「再開は悲願」言説が相変わらず報じられてきたという背景には、日本政府の代表団と報道機関との排他的な共生関係が存在する。

たとえば、二〇〇五年に開催された第五七回IWC年次会合（韓国・蔚山《ウルサン》）にオブザーバーとして参加した科学史家の米本昌平は、日本のメディアによるほとんどすべての報道が日本政府の代表団によるブリーフィング（事情説明）を編集したものでしかなく、記者クラブがIWC年次会合の場に「輸出」されただけであることに愕然とした、と述べている（二〇〇五年七月一七日付〈毎日新聞〉）。また、二〇〇七年の第五九回IWC年次会合（アンカレッジ）では、日本政府の代表団の記者会見は許可された記者だけが通される鍵付きの部屋で行われ、何人かの記者は「捕鯨に反対しているから」という理由で入室を拒否されている。

このようにして、日本政府は捕鯨への考え方で選別された記者に対して、特権的な地位を与える一方で、記者はその地位を利用することで、日本政府の関係者や調査捕鯨の実施主体である財団法人日本鯨類研究所（鯨研）への取材が許されている。それがゆえに、報道すべきことを逃し、デスクに怒られるという心配もない。

もう一つ指摘しなければならないのは、多くの日本人ジャーナリストが、IWCとは「捕鯨推進」対「反捕鯨」の戦場であり、日本が反捕鯨に負けないことは最低ラインの国益であるという図式を信じて疑わず、その図式に則って報道することを自らの使命だと思い込んでいることである。実際のIWCの勢力図には中立国も存在するのだが、報道で紹介されるのは反捕鯨国と捕鯨推進支持国しかいない。たとえば、二〇〇八年一月二三日の〈朝日新聞〉に掲載された解説記事では、最近まで厳しい規制のもとでの沿岸捕鯨には理解を示していたアメリカでさえも「反捕鯨国」に分類されている。

　商業捕鯨が悲願なのだとしたら、当然想定されている恩恵は、捕鯨産業が鯨肉と雇用機会を日本にもたらしてくれるということだろう。しかし、二〇〇八年六月一四日、〈朝日新聞〉が「旧捕鯨三社が再参入を否定」と報じた。この三社とは、マルハ（旧大洋漁業）、日本水産、極洋（旧極洋捕鯨）であり、いずれも南極海に捕鯨船団を派遣して世界一の捕鯨大国・日本を支えた会社である。

　実は、三社とも、二〇〇六年五月にはそれまで保有していた共同船舶の全株式を公益法人などへ無償で譲渡している。売却ではなく譲渡したということは、厄介者を処分したのも同然だ。総じてみれば、この三社は再参入を否定するだけでなく、捕鯨の長期的な展望にも見切りをつけたのである。また、すでに述べたように、鯨肉が調査捕鯨が始まって以来初めて売れ残ったことが二〇〇二年に報じられている（二〇〇二年一月四日付〈朝日新聞〉）。

　このように見てくると、誰が捕鯨の解禁を、とくに南極まで行くような遠洋捕鯨の解禁を待ち望んでいるのか、また、どれほどの消費者がどれほどの鯨肉供給を待ち望んでいるのか、

（15）例外は、朝日新聞の竹内敬二論説委員だけである（一九九三年五月一三日付〈朝日新聞〉朝刊）。

その姿がさっぱり見えてこない。「商業捕鯨の再開が悲願」とする報道が多いものの、捕鯨再開が本当に日本の国益足り得るのかという検証記事は今のところほとんどない。

繰り返される脱退報道

この「再開悲願」言説の延長線上にあるのが、これまでに何回も繰り返されてきている脱退報道である。商業捕鯨を禁じた国際捕鯨取締条約から脱退すれば商業捕鯨が再開できるではないか、というわけだが、第1章ですでに指摘したように、取締条約を脱退してもすぐに商業捕鯨が再開できるわけではない。しかし、「脱退すべし」と説く社説やコラム、そして投書は珍しくない。

ＩＷＣからの脱退が一九三三年の国際連盟からの脱退になぞらえられることもあるように、国際条約からの強硬な脱退論は、一歩まちがえれば国粋主義的な主張として誤解される危険性もある。しかし、こうした危険性があるにもかかわらず、捕鯨問題の場合に脱退論が繰り返される理由の一つは、少々強硬に主張してもそういう心配が生じないという認識なのだろう。つまり、第2章の冒頭で紹介されている日本で支配的な捕鯨史観にあった「条約違反を繰り返す感情的な反捕鯨」対「理性的な捕鯨推進派」という二項対立が用意されているため、強硬な脱退論は理不尽な反捕鯨に対抗するための正当な主張として受け取られているのである。そして、捕鯨問題で関係がこじれても大した問題ではないという認識もこれを後押ししている。

では、これまでの脱退報道はいったい何だったのか。脱退の可能性が報道されたあと、日本政府がどのように対応したかを続報のなかで確かめてみよう。

日本政府が最初の「脱退声明」を発したのは一九九二年七月三日である。イギリスのグラスゴーで開催された第四四回ＩＷＣ年次会合の最終日に、当時の水産庁次長でもあった島一雄日本政府首席代表が総会の最後に発言したものだ。七月四日付の朝刊では、報道各社がこぞって脱退声明を報道した。たとえば、読売新聞の見出しは「日本がＩＷＣ脱退を示唆 不公平な運営非難 政府代表演説」といった調子だ。「不公平な運営」とは、持続可能な捕鯨を可能にする改定管理方式（ＲＭＰ。第１章を参照）が完成してもそれだけではモラトリアムは解除できず、遵守制度などを含めた改定管理制度（ＲＭＳ。第１章を参照）の確立が必要であるとする議案が圧倒的多数で可決されたことを指している。

とはいえ、前日の三日には、翌一九九三年の日本開催が総会で了承されたことが報じられている。翌年の年次会合を招致しておきながら「脱退」の可能性をにおわすとはどういうことなのだろう。当時の森本稔遠洋課長は、招致の意義について次のように説明している。

「魚食文化、沿岸捕鯨基地の実態など、日本を正しく見てもらうことが大切。グラスゴーで世界伝統捕鯨者会議が開かれ、沿岸捕鯨者同士が初めて連帯したように、捕鯨者自らが日本

の正しさをアピールすれば再開への道も開ける」（一九九二年六月五日付〈河北新報〉）

しかし、これは説明になっていない。第1章で説明したように、商業捕鯨再開に向けた障害は捕鯨に対する考え方の相違が根底にあるのであって、日本の魚食文化や沿岸捕鯨地の実態に対する誤解ではない。したがって、日本の実態を諸外国に見てもらっても、捕鯨再開に向けた障害が取り除かれるわけではないことは明らかである。それなのに、あえてIWCで争点となったことがない魚食文化に言及したこんな発言をわざわざ遠洋課長がしたのかというと、やはり文化言説を普及させようとする意図があったのだろう。

当時の自民党捕鯨議員連盟会長であった田沢吉郎衆議院議員（青森二区）は森本遠洋課長の説明を受けて、前述のIWC総会での島代表の発言を「それぐらい強い姿勢を見せて当然」（同記事）と評価しているものの、「ガツンと言ってやれ」以上の意味には受け取れない。

結局、七月五日付の〈朝日新聞〉が「ここで脱退したら意味がない」とする水産庁幹部のコメントを報じたのを皮切りに、各紙が一斉に「政府筋がIWC脱退あり得ないと表明」と報じた。これで一気に「脱退は（今は）ない」ということになり、報道は沈静化した。

翌一九九三年、日本が招致した第四五回IWC年次会合が京都市で開催された。開催前に島代表が「このままでは国内でIWC脱退圧力が強まるだろう」（四月一五日付〈河北新報〉）と述べるなど脱退を示唆しているし、「第二のIWCを結成することもあり得る」（四月二四日付〈読売新聞〉）とも発言している。

ただし、脱退のほのめかしが二年続いたせいか、報道も前年ほど多くはなく、当時緊張をはらんでいた通商関係への悪影響やアメリカの制裁が懸念されるといった理由で、すぐに脱退ということにはならないだろうという見方も散見された。そして、一九九五年には、大河原太一郎農林水産大臣（当時）が「かつては日本にも脱退論があったが、今は粘り強く忍の一字でやらねばない」（一九九五年六月二一日付〈ＮＨＫニュース〉）と述べ、一連の脱退騒動はいったん終息した。

再び「脱退」が日本政府代表団から飛び出すのは、二〇〇三年六月、ドイツのベルリンで開催された第五五回ＩＷＣ年次会合でのことだ。この総会では、メキシコから保存委員会(16)の設置を求める提案が出されて可決されている。日本の調査捕鯨は、この保存委員会で扱われるクジラへの環境影響も調査対象にしている。したがって、この委員会が設立されたからといって日本がすぐにも不利益を被るわけでない。

にもかかわらず、日本はこれに不満を示し、森本稔日本政府首席代表（当時）は脱退も選択肢の一つだとする考えを示したと、六月二〇日付の各紙は報道した。しかしすぐに、小泉

（16）　小型鯨類を含めた鯨類の保全に関する事項全般、とくに動物福祉やクジラへの温暖化の影響などの環境影響の側面を議論する委員会。

純一郎首相（当時）談話として、「反対だから脱退するというのはよくない。日本の主張が理解を得られるように努力すべきだ」（二〇〇三年七月三日付〈中国新聞〉）と、水産庁長官に指示を出したことが報じられている。そして、二〇〇七年五月末に、再び脱退の可能性を新聞紙面が賑わした。

アンカレッジで開催された第五九回ＩＷＣ年次会合の最終日の午後、水産庁次長でもあった中前明日本政府代表代理（当時）は、公式の場で明確に脱退の検討を行うことを宣言した。閉会直後に開かれた日本政府代表団の記者会見では、脱退宣言についての質問が投げかけられた。回答した水産庁の担当者は、脱退を示唆したことは今までに何度もあり、外国の報道機関から「またハッタリなのか？」と質問されたことにも言及した。これを聞けば脱退の報道には慎重にならなければならないことがすぐに分かるはずだが、日本の報道機関は一様に「脱退を示唆」と報じた。脱退宣言をしては引っ込めるという前科が一度ならずあったことを自ら表明した点については、どこの報道機関も触れずじまいだった。

はたして二日後には、「すぐに行動に移すつもりはなく、『今後の議論を注意深く見守る』（水産庁遠洋課）方針」（六月二日付〈読売新聞〉）と報道され、〈東京新聞〉も「総会後に農林水産省内で水産庁が行った会見では『脱退などは、ＩＷＣへの対応の見直しとして例示しただけ』と慎重な姿勢を強調、現地で交渉を進めた代表団との温度差も感じられる」[17]（六月二日付）と報じた。だが、代表団の記者会見の映像を見るかぎりでは、代表団からも熱気はまったくと言っていいほど感じられなかった。「温度差」というのは、マスメディアがねつ造したようなものだ。「ＩＷＣには反捕鯨と捕鯨推進の二項対立がある」という先入観と、それを煽ろうという意図があるからだと考えなければ説明がつかないだろう。

クジラ害獣説

「魚を補食するクジラを放置すると人間が食べている魚まで横取りされるくらい個体数が増えすぎてしまう」

この言説が報道に現れたのは、一九九八年九月四日付の〈日本経済新聞〉に掲載された「増える鯨、漁船とニアミス　将来は水産物争奪戦？（ニュース複眼）」が初めてだと思われる。そして、二年後の二〇〇〇年一〇月一日付の〈日本経済新聞〉には、「秋味サンマに異変　なぜ不漁続く？　パクッとクジラの胃袋に　漁の最中に出くわす　年二〇万トン近く？横取り」が掲載され、「クジラをもっと捕れば漁獲が増えて安くなるはず」、「『秋の味覚』

（17）『クジラのことなら何でも分かる！　鯨ポータル・サイト』に掲載されている二〇〇七年にアンカレッジで開催された第五九回ＩＷＣ年次会合を総括する日本政府代表団による記者会見映像《www.e-kujira.or.jp/iwc/2007anchorage/ram/lec/lec_07_0531_pm.ram》二〇〇九年五月一四日に閲覧。

は高値が続くかもしれない」といった表現が現れた。

　実際はどうだったのかを「社団法人全国さんま漁業協会」のデータでたどってみると、たしかに、一九九八年と一九九九年は二年連続でサンマの水揚量は少なかった。しかし、その後はもち直し、高値が続くどころか価格が低迷し、豊漁貧乏の解消が問題になっている。

　サンマの不漁がなくなると、二〇〇三年には「ミンククジラ　中型魚も捕食　日本の商業捕鯨再開へ強力新説　旺盛な食欲……漁業と競合拡大」（二〇〇三年八月一八日付〈産経新聞〉）とする記事が出た。同年四月から七月にかけて水産庁が実施した調査捕鯨で明らかになったとしている。

　この記事の見出しでは、クジラが「中型魚も捕食」していることが「新説」だとしているが、それはすでに一九六三年に発表された論文[18]で主張されており、「新説」でないことは明らかである。あえて言えば、同記事中の「今までサンマを含めた中型魚の捕食は誤食だと思われていたが、北西太平洋で捕殺したミンククジラの胃内容物から数匹の中型魚が見つかったため誤食ではないと判断された」点が新しいようにも読める。しかし、誤食か意図しての捕食かの判断を「新説」扱いするのにはいささか無理があるし、本来なら選択的に捕食しているかどうかの観察が必要なはずだが、そのことについては言及していない。

　また、胃から数尾の中型魚が見つかったことをもって、「中型魚にまで漁業との競合が拡大している」と敷衍《ふえん》し、「サンマだけをとっても、北海道のサンマの年間漁獲量とほぼ同量の二〇万トンを食べていると推測される」（小松正之水産庁漁場資源課長・当時）とのコメントも紹介している。

そもそも、クジラがサンマを食べているからといって、それがすぐにサンマ漁と競合することを示す証拠にはならない。なぜなら、クジラが食べたサンマは、クジラの胃袋に収まっていなければ人間が漁獲していたことが示されて初めて競合していると言えるからだ。このような書き方では、そうした論理の筋道を飛び越えて、調査捕鯨によってさもクジラが人間からサンマを横取りしていることが客観的に示されたように読めてしまう。

同課長のコメントは、さらに「クジラを野放しにして資源管理をせず、クジラを食べないという、一見すると環境保護主義的な運動が、他の環境破壊、生態系破壊につながっている」と続いている。水産庁の発表を記事に仕立てるべく見つけた切り口の「新説」扱いが、期せずして、クジラ害獣説を煽ろうという意図を垣間見せたようなものだ。

---

(18)　D. Sergeant (1963) Minke Whales, Balaenoptera acutorostrata Lacepede, of the Western North Atlantic. Journal of the Fisheries Research Board of Canada 20, pp.1489-1504.

クジラ害獣論の実際

この〈産経新聞〉の記事でも紹介されているが、クジラ害獣論のもとになったのは、鯨研の大隅清治理事長（当時、現在は顧問）と田村力生態系研究室長の両氏が一九九九年と二〇〇〇年にまとめた二つの論文である。(19) この内容はパンフレット（田村力・大隅清治著「世界の海洋における鯨類の年間食物消費量」）として広く配布され、切開したミンククジラの胃に大小の魚があふれるように収まっている写真を利用するなど、これ見よがしな広報がなされた。これが世界的な漁業危機という社会不安と相まって、その不安を打ち消してくれるスケープゴートを提供する言説としてクジラ害獣論が広まったと見ていいだろう。

田村・大隅らの論文では、さまざまな仮定を設定し、その仮定が正しいと見なしたうえで、クジラが一年間にどれくらいの食物を消費しているのかを推計している。まず、注意しなければならないのは、この推計では、設定した仮定が本当に正しいのかどうかを検証するという科学的な手続きを踏んでいないということである。そして、先ほどの議論を思い出していただきたいのだが、クジラと漁業が競合していることを示すためには、クジラが食べたサンマが、仮に食べられていなければ人間が漁獲していたということを示さなければならない。つまり、クジラが食べる量は参考になるにしても、それだけで競合しているとは言えないということである。

しかし、田村・大隅論文では、クジラが食べる場所などについては一切考察することなくクジラが食べる量だけが推計されているため、この論文はそもそも競合説の根拠にはなり得ないのである。それにもかかわらず、捕鯨を推し進めるべく、この推計値だけをもってクジラを害獣に見立てるという言説は後を絶たない。

では、実際にクジラと漁業は競合しているのだろうか。答えを先に言ってしまうと、競合している可能性を全否定することはできないまでも、それがどの海域でどの程度起こっているのかは誰にもまだ分からないというのが正確なところだろう。実は、クジラ害獣論を検証する論文はいくつも発表されており、そのなかには、クジラを間引くと逆に漁獲量が減少してしまう可能性を指摘しているものもある。[20] その理屈は次のとおりである。

クジラが漁業対象魚種Aと対象外の魚種Bを捕食し、魚種BもAを捕食している場合を考えてみると、クジラを間引くと魚種AとBの個体数を増加させる直接効果がある。しかし一

---

(19) T. Tamura & S. Ohsumi (1999) Estimation of total food consumption by cetaceans in the world's oceans. The Institute of Cetacean Research、T. Tamura & S. Ohsumi (2000) Regional Assessments of prey consumption by cetaceans in the world, IWC公式文書SC/52/E6.

(20) これをより包括的で分かりやすく説明している文献は、K. Kaschner & D. Pauly (2004) Competition between Marine Mammals and Fisheries: FOOD FOR THOUGHT《www.biologie.uni-freiburg.de/data/bio1/kaschner/pdf/r2004-hsus.pdf》。より詳細な研究論文は、この文献の引用論文を参照のこと。

方で、魚種Aを捕食している魚種Bが増加するため、魚種Aを減少させるという間接効果もある。この間接効果が直接効果を上回ると、漁業対象魚種Aは正味で減少してしまう恐れが出てくるのである。

これを右記の〈産経新聞〉の記事に当てはめてみると、同記事には「小型魚を食べに来た中型魚」という記述があるが、中型魚が小型魚を食べるのであれば、その中型魚を食べてくれるクジラは小型魚を増やしてくれるのではないかと推論することも可能となる。言うなれば、クジラが人間の「味方」なのか「競合する敵」なのかは分からないということである(第3章も参照)。

海洋生態系は、さまざまな環境問題と数え切れないほどの動植物が併存する非常に複雑なシステムである。その複雑系のなかからクジラを間引くだけで漁獲量が増える、と考えるのには無理がある。しかし、複雑ななかでも、近年の世界的な漁獲量減少のもっとも重大な要因の一つが過剰漁獲であることは論を俟《ま》たない。やはり、第1章でも述べたように、クジラをクジラだけの問題としてとらえるのではなく、漁業や環境問題を含めた海洋生態系全体の問題としてとらえ直すべきであることは、このクジラ害獣論を見ても明らかである。

調査捕鯨は本当に合法か

二〇〇九年一月二三日、オーストラリアの国営放送（ABC）は、共同船舶が南極海での調査捕鯨のために私契約を結んでいた「オリエンタル・ブルーバード号」が国際法（海洋汚染防止条約）とパナマ国内法に違反したとして、パナマ当局が同号のパナマ船籍を剥奪し、日本の操業主に対して罰金一万ドルを課したことを報じた(21)。

具体的な違反内容の一つは、パナマ船籍

(21) M. Willacy (2009) Greenpeace says Japan has re-flagged deregistered ship. Australian Broadcasting Corporation News, Jan. 23, 2009《www.abc.net.au/news/stories/2009/01/23/2472768.htm》（二〇一〇年一月七日閲覧）。この内容は、グリーンピースの発表を受けたものである。

オリエンタル・ブルーバード号（2008年）（写真提供：佐久間淳子）

の船は同国の鯨類保護政策に従わなければならないにもかかわらず、それに反する海上輸送と鯨肉運搬に従事したというものである。今まで、日本政府は「調査捕鯨には違法性は一切ない」としており、それが根底から覆される決定が下されたわけだが、日本のマスメディアでこの事件を報じた例を筆者らは見たことがない。

実は、複数の国際法学者が調査捕鯨の違法性を指摘している。その一人である国際法学者のピーター・サンド（Peter H. Sand）は、日本政府がザトウクジラの捕殺を許可したことや、実際に北西太平洋のイワシクジラを捕殺しているのは、野生生物の国際取引を制限するワシントン条約違反にあたると指摘している[22]。

ワシントン条約は、「附属書Ｉ」に掲げる生物種の国際取引を禁じている。国際取引は国家間の取引だけでなく、国家主権が及ばない海域で捕獲した生物を持ち帰る、いわゆる「海からの持ち込み」も国際取引の一種と見なされており、これが容認されるのは、持ち込み対象種が絶滅危惧種ではないことと、持ち込みが一切の商業目的[23]と関係がない場合のみとされている。ザトウクジラと北西太平洋のイワシクジラは「附属書Ｉ」に掲載されており、日本はこれを受け入れている（ワシントン条約もＩＷＣと同様の異議申し立ての権利を認めているが、これらの鯨種に対して日本は異議を申し立てていない）。

もし、日本の調査捕鯨が明確に商業性を帯びていなければ、ザトウクジラとイワシクジラの捕獲が違法となる可能性はない。しかし、本書でこれまで論じているとおり、調査捕鯨は標本（鯨肉）の販売が前提であり、その売上で経費の大半を賄っている。したがって、日本の調査捕鯨の商業性は否定できず、ワシントン条約に違反しているというわけだ。第1章でも繰り返し述べたが、そもそも調査捕鯨にかかわる違法性は捕鯨条約だけではなく、ワシントン条約や他の関連条約を含めた総体としての国際法に照らして判断されなければならない。

右記で紹介したオーストラリアの国営放送の記事には、あわせて「オリエンタル・ブルーバード号」が「第二飛洋丸」と名を変えて、再び南極海の調査捕鯨に供用されている疑惑も報道されている。[24] したがって、ニュース性が十分にあるにもかかわらず、日本のマスメディアでは報じられることがなかった。「わが国の調査捕鯨は、国際法的に認められた活動である」（時事通信、二〇〇九年一二月一五日配信）とは、パナマでの事件後にオーストラリアのラッド首相と会談した鳩山首相（当時）の弁であり、いまだに「調査捕鯨は一〇〇パーセント合法である」とする報道が後を絶たない。なお、言うまでもないが、オーストラリアの新聞による捕鯨報道にも問題があり、その分析もなされているところである。[25]

（22） P.H. Sand (2008) Japan's 'Research Whaling' in the Antarctic Southern Ocean and in the North Pacific Ocean in the Face of the Endangered Species Convention. Review of European Community and International Environmental Law 17 (1), pp. 56–71.
（23） 商業性の定義はワシントン条約の決議5・10で規定されている。
（24） 注（21）で挙げたWillacy (2009)。

国際環境NGO「グリーンピース」の報じられ方

第1章で説明したように、「反捕鯨」の考え方は多様である。しかし、反捕鯨団体に関する報道では、そうした多様性に焦点があてられることはない。では、どのように報じられているのかと言えば、基本的には、日本あるいは日本政府に対する抗議行動の内容を紹介し、対立の構図をさらに盛り上げるような反捕鯨団体のコメントで終わるという「様式」に則った記事が圧倒的に多い。

たとえば、一九八七年一二月二二日付の〈朝日新聞〉では、グリーンピースのメンバーが、三菱重工横浜造船所の沖合でクジラの形をした模型を引いた小型ゴムボート三隻に分乗して、捕鯨反対を訴えたと報じた。記事のなかでは、メンバーの国籍の内訳を示したうえで、「カナダ人女性」の談話として「日本が再び調査捕鯨に乗り出すことに反対するため」という内容で締めくくられている。国籍の内訳よりも、なぜグリーンピースが調査捕鯨に反対なのかということについて関心が向くのは筆者らだけではないだろう。

これでは、「反捕鯨」団体に対して、「日本政府と対立する勢力」としての存在意義しか認めていないようなものだ。第5章で説明されているように、グリーンピースは感情的に日本政府と対立しているわけではなく、予防原則（もしくは予防的アプローチ）を掲げて反捕鯨キャンペーンを行っているが、こうした実態に言及している記事を筆者らはこれまでに見たことがない。

ところが、生物多様性条約や京都議定書を扱った記事を手繰ってみると、グリーンピースは総括コメントの常連として登場してくる。環境条約の国際交渉は非常に複雑であるため、交渉会議が終わると記者は、環境ＮＧＯの総括コメントを「識者談」として記事の締めに使うことがよくある。というのも、短期的な国益を最優先させがちな国家に対する的確な辛口コメントが得られるからだ。しかし、これが捕鯨問題にかぎってはグリーンピースの主張は取り上げられず、「不満分子」としての役回りしか与えられていないのである。

その対比が分かる象徴的な記事を紹介しよう。地球温暖化防止のための京都議定書の採択に向けて開催された交渉準備のための会合（一九九七年一〇月にドイツ・ボンで開催）で、当時、グリーンピースの大気問題担当だった松本泰子（現在、京都大学准教授）が行った演説をめぐる報道である。

「この問題に関して日本は一度も、私に日本人であることの誇りを持つ機会を与えてくれません」（一九九七年一〇月二四日付〈朝日新聞〉夕刊）

---

(25) たとえば、T. Kimura (2009) Whaling and Media: A cross-cultural and bilingual analysis of Australian and Japanese newspaper reporting on Japan's Southern Ocean whaling. Master Thesis, University of South Australia, Adelaide、K. Murata (2007) Pro- and anti-whaling discourses in British and Japanese newspaper reports in comparison: A cross-cultural perspective. Discourse & Society 18 (6), pp. 741-764.

これは、松本が全体会合の公式の場で発言したものである。これに噛みついたのが外務省だ。日本政府代表団による公開説明会で、司会の外務官僚が突然、「日本は世界の富の一六パーセントを生み出しながら、二酸化炭素は世界総排出量の四・九パーセントしか出していません。私は、日本人であることを誇りに思います」と言い放ち、また別の外務官僚は、「うしろから弾を撃つようなことはしないで下さい」と松本に苦言を呈している。しかし、記事の最後は、通産省や環境庁の官僚の「あれは、やりすぎ。まゆをひそめたくなる」という松本を擁護するコメントで結ばれている。

松本の発言は日本政府に敵対的だし、科学的知見を根拠としているわけではないという意味において、日本で支配的な「敵対的かつ感情的な反捕鯨」という見方と重なって見えてもおかしくないのだが、実際は立場が微妙に異なる官僚に擁護された形で報じられているのである。

捕鯨問題のストーリーライン

このように捕鯨報道を検証してみると、次のようなストーリーが確立されているように見える。

水産庁を中心とした日本政府は、日本の伝統文化である捕鯨と鯨肉食を守るという国家の利益のために、モラトリアム解除を目指して外交を展開している。その外交の舞台であるＩＷＣは、反捕鯨と捕鯨推進との二項対立でしかなく、そのなかで日本は、感情的で理不尽な反捕鯨国や反捕鯨団体に対して、国際法で認められている調査捕鯨から得られた個体数や害獣論などの科学的知見で対抗してきている。それでもモラトリアム解除が適わなければ、脱退という強硬手段もやむを得ない。

このように、新聞報道で描かれているストーリーでは、明確に日本を「善」、「反捕鯨派」を「悪」とする対比を見いだすことができる。つまり、多様な文化を尊重しない感情的な「反捕鯨派」が「悪」であり、それに対抗している日本の陣営は、「日本の捕鯨文化」を守護するために国際法を遵守し、科学を尊重する理性的な正義であるという構図である。これは、捕鯨サークルの公式見解とまったく同じである。

日本が抱えるほかの多くの問題で見られるのと同様に、日本の捕鯨問題に関するマスメディア報道は基本的に独立した立場からのものがほとんどなく、捕鯨サークルが自己負担するはずの広報を新聞報道が肩代わりしていることが非常に多い。そして、このストーリーラインが支配的となった結果、「反・反捕鯨」が増えていったと考えるのが自然である。たとえば、日本の若者を対象として最近行われた意識調査では、そうした「反・反捕鯨」と分類できる回答者のコメントがその調査に従事した研究者らの注目を集めた。この結果を受けて彼らは、「反捕鯨」運動が逆に捕鯨を推進する日本政府への支持を拡大させる恐れがあることを指摘している[26]。

このストーリーラインの文脈で「反捕鯨派」をとらえると、彼らはどのように振る舞っても「日本に敵対する悪」という役割しか与えられず、そのように描き出された「反捕鯨派」に対する反発がさらに募っていくという「反・反捕鯨」の増殖サイクルが意識調査から読み取れるのである。

こうしたストーリーラインにおいてさらに重大な問題点は、捕鯨問題に対する多様な視点や情報が失われ、日本社会がその存在すら認識できなくなってしまうことである。たとえば、捕鯨問題は漁業資源問題としてしか扱われず、環境問題として取り上げられることは非常に少ない。ごく最近になって、漁業資源問題は環境問題と切っても切り離せない問題であると認識されるようになってきているが、クジラもまたその枠組みのなかで論じられるかどうかはまだ不透明である。

このストーリーラインでは、内実はどうであろうと必ず「敵」を必要とする。そうしなければ、水産庁を国家利益の保護者として描けないからである。このために、温暖化やオゾン問題では環境保護の代弁者として描かれているグリーンピースも、沿岸捕鯨などに関して日本政府と親和性の高い主張をもち合わせているにもかかわらず、温暖化問題やオゾン層破壊の問題のときとは打って変わって日本政府に敵対する感情的な反捕鯨団体としか描かれない。

公平中立な報道を確保するために

新聞報道において右記のストーリーラインが支配的になっているのは、記者個人の問題ではなく、メディアがそもそも水産庁から独立しておらず、記者クラブを通してコントロールされているからである。ＩＷＣに「輸出」された記者クラブの実態はすでに指摘したが、次のような異例の訂正記事を見ると、そのようなコントロールが垣間見えてくる。

一九九四年五月二八日の〈毎日新聞〉に、「国の委託を受けて調査捕鯨を行っている財団法人鯨類研究所（長崎福三理事長）も、調査捕鯨の行方を案じながら『仮に商業捕鯨が再開されるようなことがあったとしても、もはや民間には捕鯨の担い手はない』」というコメントが載ったのだが、翌日の同紙に、「『調査捕鯨の行く末を案じている。』と止め、以降の文章を削除する」と記された訂正記事が掲載された。まちがった記述を差し替えたり不適切を詫びることはあっても、掲載したコメントの一部を削除するとだけ告げて理由を付記しない

（26）　J. Bowett & P. Hay (2009) Whaling and its controversies: Examining the attitudes of Japan's youth. Marine Policy 33(5), pp. 775-783.

というのは異例なことである。あたかも編集局のささやかな抵抗として、「該当部分が不都合であるという要請を飲まされた」と言わんばかりだ。

また、今まで捕鯨問題に特化した審議会は二つあるが、そのいずれにも報道機関の職員が委員として加わっている。権力を監視するはずのマスメディアが政策立案を行う側に回るということは、権力監視に必要不可欠とされる健全な緊張関係が損なわれる危険性が非常に大きい。

そもそも、日夜締め切りに追われているマスメディアが、捕鯨問題のようにプチ・ナショナリズムのシンボルに祭り上げられ、プロパガンダが日常茶飯事となっている問題をバランスのとれた形で報道することは非常に難しい。そこで登場しなければならないのが、綿密な調査・取材を通した独立の報道を行う調査報道であるが、日本ではこうした調査報道はまだ市民権を得ていない。以後、調査報道が日本でも普及してくるかどうかは不透明であるが、捕鯨問題も緊急性を有する報道対象であることはまちがいなく、上記で指摘した捕鯨報道の問題点が克服できるかどうかは調査報道の一つの試金石となるだろう。

第5章

グリーンピースの実相

――その経験論的評価と批判

総会に出席した浅野史郎宮城県知事（当時）と意見交換するグリーンピースの捕鯨問題担当者（2003年、ベルリンで）国際会議では、各国政府代表団へのロビー活動が重要。（写真提供：佐久間淳子）

グリーンピースとのかかわり

日本で論じられる捕鯨問題では、ほぼすべての言説が「捕鯨推進派」VS「反捕鯨派」という二項対立の図式に峻別されている。そして、反捕鯨側の筆頭として、たいがいの場合は国際環境団体グリーンピースの名が語られている。いわば、代名詞化した団体だと言えるだろう。

筆者は、そのグリーンピースの日本組織である「グリーンピース・ジャパン（GP－J）」の国内広報として捕鯨問題にかかわったことがある。とくに時間をかけてかかわったのは、一九九三年と二〇〇二年に日本で開催された二度のIWC年次会合に対応する期間である。この肩書きを引き受けてこその収穫もあったが、同時に不自由さも味わった。ここでは、その実体験をもとに、グリーンピースが日本国内で捕鯨問題にかかわることの意義と難しさを説明し、その功罪を論じたい。

先に、筆者の捕鯨問題に対する姿勢を書いておこう。どちらかというと、「食って何が悪い」派である。「日本人どもよ、食べるな」と言われたらもちろん、言われなくてもそんなそぶりを感じただけでまちがいなく腹が立つ。ただし、積極的な「食べたい派」ではなく、出されたら食べる程度である。捕鯨についてはというと、現在の調査捕鯨、とくに公海で行っている捕獲は一旦中止して仕切り直しをするべきだが、日本沿岸のミンククジラについては、調査名義でもいいから捕獲枠を設けて乱獲にならないように続ければいいのではないか、といったところだ。

こんな考え方であっても、グリーンピースでの仕事には支障はなかった。「公海、それも南半球まで行ってやっている南極海の調査捕鯨は、実態から考えればいったん中止させるべきである」という点で一致していれば十分だったのだ。ついでに言えば、「だってかわいいじゃないの」とか「知能高いんだし」とのたまうようなスタッフには一人も出会ったことがないし、もしいたとしたらグリーンピースの仕事をすぐに辞めていただろう。

次に、筆者がなぜグリーンピースの、それも捕鯨問題への取り組みにクビを突っ込むに至ったかを説明しておこう。生まれ育ったのは東北の、今でいう里山的な所で、大学を卒業したあと週刊誌の記者になり、里山の自然と付き合うための企画などを手がけるようになった。成り行きで自然保護運動なども覗くようになったが、その一方で食べ歩きなどの取材もこなしていた。

事の発端は、小笠原諸島で行われた、おそらくは日本初のホエールウォッチングツアーに参加したことである。一九八八年四月、当時バードウォッチャーとして名の知られていた漫画家の岩本久則らが企画したもので、小笠原村も本土復帰二〇周年の記念行事の一つとして迎え入れてくれた。参加した五〇人ほどがザトウクジラの大ジャンプを何度も目撃したし、その数か月前まで操業していた捕鯨基地跡も散策した。泊まった民宿によっては、クジラ料理やウミガメ料理も出るという、見てよし食べてもよしのツアーであった。

取材をかねて参加した記者たちが書いた新聞や雑誌の報道が多数あったことも影響してか、その後、小笠原には「小笠原ホエールウォッチング協会」[1]が発足し、たちまち日本の代表的なクジラ見物スポットとなった。また同時に、日本各地で同様の試みが始まるきっかけにもなった。

その後、半年もしないうちにツアー参加者の一人であった角田尚子（現在、NPO法人国際理解教育センター事務局長）が「グリーンピース日本連絡事務所」を立ち上げ、秋が深まるころには、やはりツアーに参加していた舟橋直子（現在、国際動物福祉基金日本事務所代表）がグリーンピースの南極行きの船に乗り組むことになった。そして、翌一九八九年、連絡事務所は「グリーンピース・ジャパン」と名を変えて国際団体の支部の一つとなったわけである。

舟橋の乗り込んだ船は、グリーンピースが南極に設けた基地への物資補給と現地調査を目的としたものだった。決して反捕鯨のためではなく、各国の基地拡大によって人為的な影響がどれほど拡大しているのかを調査するのが目的だった。当時、南極大陸における夏の人口は約三五〇〇人で、雪上車であろうと崖の向こうに捨てたままとなっていたし、アデリーペンギンの営巣地を爆破して滑走路を造るのも自由、また南極の観光ツアー客が増加し、その影響が脅威になりつつもあった。グリーンピースはそんな状況を調査して発表し、各国に働きかけて「南極を国際自然公園に」と訴えていた。

当時、週刊誌の記者だった筆者は、舟橋に数十本のカメラ用フィルムを提供し、後日、彼女が撮影して持ち帰った写真をもとにして南極大陸で起きている汚染や環境破壊の状況を紹介する特集記事を書いた。このようにしてグリーンピースの活動の実際を知っていったので、それまでかいま見てきた日本の自然保護運動とは比較にならない規模と行動力をもったNGOだと思った。

ところで、彼女が最初に乗り込んだ船は、予定外の仕事を南極海でこなして帰ってきた。日本の捕鯨船団と遭遇したこともあって急きょ抗議行動を仕掛け、最大三三〇頭のミンククジラを捕獲する予定だったところを二四一頭に減数させたのだ。捕鯨船団側も、このときばかりは不意を突かれたのだろう。これ以後、グリーンピースは調査捕鯨に抗議するための南極海ツアーを繰り返し行ったのだが、捕獲数で見るかぎり、グリーンピースは初回以上の捕獲阻止を達成することはできていない。ここが、実にグリーンピースらしいところでもあるのだが、それについてはのちに詳しく触れることにする。

（1）　小笠原村父島東町。

捕鯨問題とのかかわり

筆者が捕鯨問題を調べるきっかけになったのは、クジラの生息数に関する情報があまりにも混乱していることを知ったからだ。「食って何が悪い」派の私としては、たくさんいるのに「捕るな」というのはヘンだな、と思っていた。ところが、具体的な生息数となると、そう簡単にははっきりとした数字が得られなかった。

一九八八年四月、新聞記事では「四四万頭」と報じられている（四月二一日付〈朝日新聞〉）。しかし、その後開かれた調査捕鯨を支援するパーティの席上で挨拶に立った国会議員は、「南極海のミンククジラは七〇万頭いる」と語った。この差については、角田が取り寄せてくれたＩＷＣ科学委員会の資料を見ることでその理由が判明した。詳しくは第4章をご覧いただきたいのだが、南極海のミンククジラ（クロミンククジラ）の生息状況は、一九七八年から始まった目視調査（国際鯨類調査一〇年計画）のデータが少しずつ蓄積されているところで、当時はまだ「何万頭」と言い切れる段階ではないこと、そのうえ、生息数は目視データを統計処理して推定値を求めるので、不確実性を表す推定値の幅（信頼区間。第3章の注（27）を参照のこと）がついて回るということである。つまり、〈朝日新聞〉の記事も国会議員の発言も正確なものではないが、注釈なしで最大値だけを言い放った国会議員のほうが不誠実に思えたのも事実である。

もう一つ、捕鯨問題を調べる大きなきっかけとなったのは、ネット上の捕鯨論議に参加したことである。

ネット上と言っても一九九〇年前後の「パソコン通信」と呼ばれた時代のことなので、文字情報を送りあうのが精いっぱいの通信速度だったし、運営業者が異なるとメールのやり取りもできなかったうえに、電話料金以外に一分何十円もかかる時代だったので、ハードルはそれなりに高かったと言える。

筆者は生息頭数の一件で、捕鯨側やマスコミの発言内容を鵜呑みにしていてはまともな議論はできないという思いを強めていたので、ネット上での捕鯨論議がどれほどマスコミの影響を受けているのかに興味をもっていた。発言内容を見るかぎりでは、自然保護に関して見識のある人たちが集まっているようなのだが、先ほどの目視調査に関する科学者の報告や、これまでの捕獲統計を持ち出して発言するような人はおらず、議論が盛り上がる気配はあまりなかった。

そこで筆者は、それまでに蓄積した資料を要約したり、ＧＰ－Ｊに問い合わせてはＩＷＣの資料を解説してもらうなどしながら要点を紹介し、議論にかかわっていった。このとき、捕鯨問題に関する議論の典型的な展開パターンに接することになった。その主だったもの挙げると、以下の二つがある。

①グリーンピースというむちゃくちゃなことをする反捕鯨団体がいる。彼らは、支離滅裂な

論理と暴力的な行動で成り立っているのでおかしい。裏返せば捕鯨することは正しい。

②なぜ、クジラを食べてはいけないんだ！

グリーンピースは、自らの広報によって日本人に認知されているというよりも、捕鯨側（日本政府）を主たる情報源としているマスコミ報道を通じて認知されているようだ。それに、グリーンピース以外の反捕鯨団体がまったく認知されていなかったうえに、グリーンピースが捕鯨問題以外に何をやっているのかもあまり知られていなかったようだ。このような事情から、一般的には「グリーンピース」が反捕鯨組織の代名詞になっていたのである。

グリーンピースの是非と捕鯨の是非は別の話なのだから、まずはそこを切り分けなければならないのだが、いかなる団体かということが分かっていないのでは議論のしようがない。そこで、グリーンピースと他の団体の主張や活動を切り分けてとらえ直してもらうことと、グリーンピースの活動方針や目指していることが何かを知ってもらうこと、そして中傷に対するグリーンピースの反論を日本語にして表すことをネット上の捕鯨会議室で試みた。するとまず、「グリーンピースは悪い、だから反捕鯨は悪い、したがって捕鯨は正しい」という語り口が徐々に減少していった。少なくとも、噂に基づく根拠なきグリーンピース叩きはその場においては明らかに少なくなっていったし、「グリーンピースの言い分も分かる」という発言が出てくるようになった。

そして、乱獲と捕獲規制について統計やＩＷＣの資料などを挙げて説明し、加えてクジラの数がどのように調査されつつあるかを提示すると、捕鯨産業の構造的な問題と生息数の把握や規制の難しさが伝わるようになった。そのうえで調査捕鯨に至るいきさつや調査内容について説明すると、「科学調査は必要」という主張が出てくる一方で、調査方法や規模についてはさまざまな違和感が語られるようになって、「役人や企業がほかでやっていることと同じだね」という感想も見られるようになった。

もちろん、「もう捕鯨はいらない」と言う人もいるが、「数に問題がないなら沿岸の捕鯨を止めているのはおかしい。だけど、南極での捕鯨まで日本の食文化を楯に正当化するのもおかしい」、あるいは「少しは鯨肉がもたらされる仕組みも残したほうがいいだろう」というような意見が多くなってきた。ちなみに、「食文化のためなら、南極海からでも鯨肉はもって来るべし」といった主張は最後まで登場することはなかった。

ネット上の捕鯨論議に参加する一方で、実際に国内の自然保護や環境保護の運動にかかわる人たちの、グリーンピースや捕鯨問題に対する認識もそれとなく聞いていった。市民運動にかかわっている人たちは、コンビナート建設に反対している人が森林保護運動の署名に協力するといったように、お互いの取り組みに対しては理解を示しているように思う。

一方、自然保護運動にかかわる人には、動物福祉の考え方（第１章を参照）や活動に距離を置きたがる傾向がある。そして、捕鯨問題となるともっと拒絶感が強く表れ、「クジラは資源だから（野生生物ではない）」と切って捨てられたこともある。それ以外にも、「反捕鯨はかくも忌み嫌われているので、擁護も危険だからそもそも触れたくない」と思われているのが感じとれた。また、国内の反核・反原発団体はさすがに国際的な反核団体として歓迎してくれたようではあったが、あくまでも取り組み範囲内での付き合いにとどまっていた。いずれにしろ、グリーンピースがなぜ捕鯨に反対しているのかはほとんど知られていなかったと言ってよい。

このような感想を折に触れて伝えていたせいだろう、一九九二年、ＩＷＣ年次会合がイギリスのグラスゴーで開催される直前に、ＧＰ－Ｊの舟橋から事務所での留守番係を頼まれた。会期中、彼女は現地でロビー活動に従事するので、その間の報道チェックや取材対応を引き受けたのだ。

取材対応といっても、問い合わせは一週間にわずか二件だけだった。ＧＰ－Ｊの存在がそもそも知られていないことを身もって感じたのだった。また、広報不足をパソコン通信で感じていたので、ついでに彼女が現地から伝えてくれる総会の動きを「希望者にファックスで流す」という企画も提案して実現させた。そして、翌一九九三年の年次会合が日本で開催すると決まり、再び声がかかった。

今度は、数か月がかりで仕込みからかかわることになった。「グリーンピースで捕鯨問題担当」という看板は非国民扱いに近いという印象をもっていたし、説明を聞いてもらうまでが大作業だということも経験して知ってはいたが、グリーンピースの実際の活躍ぶりに比べて日本での評価があまりにも低いのが気になっていた。評価が改善されたら、日本の環境問題だけでなく市民活動全体にもいい影響が現れるかもしれない、そうするためには、捕鯨問題で起きている障害を緩和させることが効果的だという方向は見えていたし、それについては筆者の経験がいくらかは役立つだろうという見込みもあった。

グリーンピース「正史」

スタッフとして活動にかかわってみると、外から見ていたときには気がつかなかった別の側面も見えてくるようになる。しかしここでは、ひとまずグリーンピースの「正史」を振り返ることにする。[2]

発足のきっかけになったのは反戦・反核運動であり、初期の活動の中心はカナダのバンクーバーだった。そして、アメリカがアリューシャン列島の小島で実施しようとしていた核実

（2）詳しくは以下を参照。R. Hunter (1979) Warriors of the Rainbow: A Chronicle of the Greenpeace Movement. Henry Holt & Company＝淵脇耕一訳（一九八五）『虹の戦士たち――グリーンピース反核航海記』社会思想社、M.H. Brown, J. May (1989) Greenpeace Story. Dorling Kindersley Publishing＝中野治子訳（一九九五）『グリーンピース・ストーリー』山と溪谷社、R. Weyler (2004) Greenpeace. Raincoast Books.

験を阻止するべく、漁船をチャーターして現場に向かったのが一九七一年である。結局、その核実験そのものは止められなかったのだが、彼らが発信した情報によって国際的な議論が巻き起こり、その核実験場は閉鎖に追い込まれた。

また、このときの印象が強かったのだろう、国境を越える環境問題の現場に居合わせ、そこから映像やメッセージを発信して問題解決を喚起するというスタイルが、グリーンピースのお家芸として自他ともに認めるところとなった。

その後、グリーンピースを名乗るグループがあちこちに誕生したのだが、その多くはどこかの事務所に頼み込んで電話と机だけを置き、ときどき集会を開く程度のグループでしかなかった。発祥地であるバンクーバーのグループも、継続的に企画や運営に携わっていたのは三〇人ほどだったし、財政的には一つの計画を立ち上げるたびに寄付をかき集め、それを原資として活動していた。

それらのグループをとりまとめて整理し、国際団体としての格好が整ったのは一九七九年である。便宜上、グリーンピース・インターナショナル（GP－I）を「本部」、各国・地域にある事務所を「支部」と説明することがあるわけだが、日本語で言うところの「本部」「支部」ほどの上下関係が強いわけではなく、横のつながりのほうが強いので国際団体としての統一感をつかさどる機関といった性格のほうが強い。

そして、一九八五年、南太平洋のムルロア環礁でフランスが行う核実験に対して抗議行動を行うべく待機していたグリーンピースの船が、フランス政府の情報機関によって爆破・沈没させられ、カメラマン一人が犠牲になるという事件が起こった。この事実が広く知られたことで、寄付や会員が集まりだし、活動規模が見る見るうちに拡大していった。

一九八六年には、南極大陸の保全にも取り組み始めた。独自に越冬基地を設け、各国が基地拡張に伴う破壊や汚染などを無規制に行っている実態を明らかにしつつ「南極をワールドパークに指定し、保全を」と訴え、先に触れたように、「環境保護に関する南極条約議定書」を条約加盟国に採択させることで、向こう五〇年間の鉱物資源の開発を禁止させることにも成功した（一九九二年採択、一九九八年発効）。

二〇〇八年現在、各国支部は四一、サポーター（会員、寄付提供者）の数は二七〇万人となっている。ＧＰ－Ｉの二〇〇七年の年次活動報告書によると、キャンペーン別の支出は気候変動とエネルギー問題（核問題を含む）が約四五パーセント、反捕鯨キャンペーンを含む海洋生態系保護と森林保護がそれぞれ約二二パーセント、遺伝子組み換え作物に関しては一五パーセント程度、有害物質問題と平和・軍縮については約一〇パーセントとなっている。反捕鯨団体の代名詞となっているグリーンピースだが、反捕鯨キャンペーンのための予算は五分の一にも満たないのである。

GPーJ発足前の捕鯨反対活動

グリーンピースが捕鯨問題に取り組み始めたのは、他の団体と比較して決して早い時期ではなかった。船を使った活動としては、一九七六年に旧ソ連の捕鯨船に対して抗議行動を北太平洋で行ったのが最初だが、そのときにはすでに旧ソ連と日本を除いた主だった捕鯨国は公海から撤退していたのだ。捕鯨問題に取り組む環境NGOとしての草分けと言えるのは、十年モラトリアム決議を採択したストックホルム会議（一九七二年）の準備段階から取り組んでいたアメリカの「シエラクラブ」や一九六九年に発足した「地球の友」などだろう（第2章も参照）。

グリーンピースの関係者が日本に来て、捕鯨をとりやめるように訴え出したのは、一九七四年ごろからだ。しかし、当時の最大の関心事は反核運動で、内部でも反捕鯨運動にはさほど関心が集まらず、立案者の渡航費を工面して派遣する散発的な活動だった。その一つとして、一九七六年の秋には「クジラ保護のためのチャリティ・コンサートを開く」構想を携えた青年が来日したが、グリーンピース自体がまもなく手を引いてしまったためにコンサートの計画は有志によって引き継がれ、翌一九七七年四月に音楽イベント「ローリングココナッツレビュー」として開催された。スローガンとしてクジラ保護が掲げられていたものの、その後、日本でのクジラ保護の気運が高まるきっかけとはならなかった。

一九八〇年前後には、グリーンピース以外にも外国人による捕鯨反対を訴える活動が数件ほど日本で展開された。一九八〇年二月には長崎県壱岐で、そして同年一二月には静岡県富戸で、入り江の奥まで追い込まれ、仕切り網で閉じ込められていたイルカを逃がすといった事件が起きている（それぞれ、一九八〇年三月二日付〈朝日新聞〉、一九八〇年一二月二四日付〈朝日新聞〉）。また、一九八一年には、グリーンピースのサポーターが、千葉県和田町沖に停泊していた捕鯨船に乗り込んで捕鯨砲に体をチェーンで括りつけ、錠前をかけたうえにその鍵を海に捨てるという、グリーンピースのお家芸とも言える抗議活動を披露している（一九八一年三月二八日付〈朝日新聞〉）。ただし、当時の様子を知る日本人によれば、マスコミの反応ははかばかしくなく、期待に反して支持も広がらなかったようだ。

それから五年、グリーンピースが日本で目立つ成果を上げないうちに日本政府はモラトリアムをのみ、商業捕鯨が中止されることにはなったものの、入れ代わりに調査捕鯨が始まった。GP－Jが誕生するのはそれから二年後の一九八九年である。アメリカの核実験施設を廃止に追い込んだ国際的な反核団体が被爆国である日本に事務所を開くには、モラトリアムの開始を待ち、グリーンピースとは無関係な日本人たちがホエールウォッチングを小笠原でやってみせるまで待つしかなかったことになる。

初めて見たGPIJの内情――クジラという足かせ

GPIJが発足したとはいっても、実態は一人前と言えるほどのものではなかった。一九九二年ごろの話をしよう。

正式な発足から三年を経たものの、会員数は当時二〇〇〇人にすぎなかった。そして、ボランティアも含めて一〇人に満たないスタッフたちは、オゾン層破壊や気候変動、核問題（核のない海キャンペーン）などに取り組んでいたのだが、その誰もが捕鯨反対に対する苦情・抗議の電話や手紙に対応せざるをえず、ばかにならない時間と労力を費やしていたのである。

寄せられた抗議内容はというと、先述したネット上の議論で収集したもののうち、もっとも感情的な部分を直接ぶつけるというものが大半だった。「キリスト教の教義を押しつけるのはやめろ」、「知能が高いから殺すなというなら、知的障害者は殺してよいのだな」などなど、うっかり電話をとったが最後、「グリーンピースの代表」としてこれらの抗議に回答を求められた。

「はい……はい」、「いや、そんなことはないですよ」と答えてようやく受話器を離すときの疲れ切った表情は、横で見ていても気の毒なほどだった。アメリカの航空母艦「タイコンデロガ」が、水素爆弾を搭載した戦闘機を沖縄近海に落としたままになっていることをつきとめて暴露したり、フランスの核実験に抗議を繰り返していた「あの」グリーンピースのイメージからはかけ離れたものだった。

皮肉なことに、クジラの担当者が海外出張しているときにかぎってこの手の電話は増える。当たり前である。担当者が出張で事務所にいないということは、ＩＷＣ年次会合を傍聴しているか、南極海で捕鯨船団を追いかけている真っ最中のどちらかであり、いずれにしろ、マスコミが捕鯨問題を報道するタイミングにもっとも詳しい人間が不在なのだ。しかし、担当者がいないからといってその手の電話の主が受話器を置いてくれるわけではない。ＧＰ－Ｊのスタッフの誰もが、ある程度の知識と応答技術を身につけておかないと志気が上がらないことになる。

そこで私は、スタッフ向けの勉強会を提案して、商業捕鯨時代の乱獲がいかに苛烈だったか、その結果、グリーンピースが取り組むはるか前に捕鯨産業が資源枯渇の結果として衰退を始めたこと、そして今なお需要を満たすための密漁や密輸の話が絶えないことなどを説明し、手に余るやっかいな電話は引き受けることにした。「喉元に刺さっていた小骨が取れた」と言ってくれたスタッフもいて、ＧＰ－Ｊ内での捕鯨問題の「お荷物度」が分かってきた。スタッフは、事務所で受ける電話だけでなく、自分の担当範囲での他のＮＧＯとの会合や友人・知人との飲み会でも同じような言葉をふっかけられるという経験をしていたのである。

そこで、対外的に、グリーンピースの捕鯨問題に関する主張とその背景にある予防原則の考え方や海洋生態系の現状、懸念される影響などを説明する資料や、ありがちな問い合わせを想定した解説資料も思いつくかぎりつくっていった。とくに、ちまたで取りざたされているグリーンピースの活動に関する誤解や、意図的な中傷報道に対する反論集はていねいにつくり、また主だったNGOのところに出向いては説明を聞いてもらうという機会もつくった。

それまで広報ツールが非常にかぎられていたのは、予算や人手の限界もさることながら、当時の担当者が、一般の人々の認識を変えることによって日本の状況が変わるということにあまり意義を見いだしていなかったからである。結果的には、IWC内でのロビイングや南極海での抗議行動をはじめとする海外での抗議活動のほうが目立ち、日本の国内世論には目もくれない外圧頼みという印象が強くなってしまった。裏を返せば、「かくも人種差別的」、「GP－Jは白人の傀儡」と陰口を叩かれるために格好の題材を提供しているようなものだった。

いまだにGP－Jが伸び悩む現実

とはいえ、いまやグリーンピースは「西洋特有の組織」とは言い切れなくなった。アジアでの最初の支部はたしかに日本だが、その後、タイや中国にも事務所ができている。タイの事務所は東南アジアの国と地域（合計一一）を統括するものだし、香港返還にあわせて開設された「グリーンピース・チャイナ」は、その後北京と広州にも事務所を開いている。また、二〇〇九年一一月には、ＧＰ－Ｉの事務局長に南アフリカ出身のクミ・ナイドゥ氏が就任しているし、そのほかにも、幹部クラスに非西欧圏の名前が増えている。

このような状況をふまえたうえでアジア圏の会員数を比較してみると、ＧＰ－Ｊの多難な状況は理解しやすい。グリーンピースは、個人が支払う会費と寄付が主たる収入源だが、年会費（日本は六〇〇〇円）を支払う会員以外に寄付をしてくれた人も含めて「サポーター」と呼んで、支持の規模を表している。ＧＰ－Ｊのサポーター数は、一九九五年に展開したムルロア環礁でのフランスの核実験に反対するキャンペーンがきっかけとなって八〇〇〇人を超えたものの、二〇〇九年の時点では五〇〇〇人前後でしかない。

これは、国民二万人に一人の割合である。グリーンピースが事務所を構えている国・地域約四〇のなかで、人口比が日本よりも少ないのはインドとインドネシアだけだ。同じアジアでも、タイには約三〇〇〇人に一人以上もいる。ヨーロッパでは一〇〇人に二人以上の国がいくつもあるし、捕鯨国であり捕鯨船がグリーンピースの船の抗議を受けたことのあるノルウェーでさえ、三〇〇〇人に一人以上のサポーターがいる。

発足以来、ＧＰ－Ｊは活動資金を自国内で確保することができていない。二〇〇七年度には、総収入の三〇パーセント近くを余力のある各支部からの拠出金で賄っている。筆者がかかわっていた一九九〇年代には九〇パーセント近くを補助金に頼っていたので、七割近くまで自力で確保できるようになったという点については「ここまで（補助比率を）減らせたか」と賞讃したいところだが、本格的な資金集めを始めているにもかかわらず、なお「これっぽっち」かという思いもある。

なお、「反捕鯨活動で金儲けをしている」という批判をしばしば見受けるが、それは現在に至るまで確認できていない。もし、反捕鯨活動がグリーンピース全体の有力な財源であるならば、GP－Jの集金が立ち行かないのとグリーンピースの成長は表裏の関係だと言えるし、環境問題の解決に使われているかぎりは妥当な使い方だといえる。

誤解されている商業捕鯨反対の論拠

ここからは、グリーンピースが商業捕鯨に反対する根拠を紹介していく。その多くは本書の第1章で詳しく説明されている論点と重なるので、ここでは簡単に指摘するのにとどめるが、グリーンピースが商業捕鯨に反対する理由は誤解されているケースが非常に多いと言える。そのもっとも典型的なのが、動物愛護だと思われている点だろう。あくまでも、グリーンピースは捕鯨産業の活動などによる環境への負荷に注目しているだけで、その被害者として野生生物を象徴的に取り扱っているにすぎない。もし、動物愛護の観点で取り組んでいるのであれば、もっと個体の救済に重点を置いて活動しているはずだ。

　確かに、過去にはクジラを環境保護運動の象徴に捉えたこともあったが、抗議船の行き先を見ても分かるように、彼らの関心事は商業捕鯨のなかでも南極海での再開阻止に集中している。つまり、対象はＩＷＣ管轄鯨種であって、公海域での商業捕鯨を予防原則に基づいて恒久的に止めることを最優先としているため、南極海で日本が行っている調査捕鯨を商業捕鯨の隠れ蓑だとして目下のところ抗議対象としているわけだ。もし、南極海が片付いたら、北西太平洋の日本沿岸から公海にかけて行われている調査捕鯨（ＪＡＲＰＮⅡ）への抗議にも取り組む可能性があるが、それよりも違法漁業などの、国際的により重要な問題に取り組んでいく可能性のほうがずっと高い。

日本叩きに見える反捕鯨

「ほかにも捕鯨国があるのに日本ばかりを叩いている。人種差別だ」というクレームもよく言われているが、他の捕鯨国、つまりノルウェーやアイスランドに対しても抗議のキャンペーンは行っていて、単に日本でその様子が報道されないだけである。たとえば、一九八二年に採択されたモラトリアムを一旦は受け入れたが、その後、取締条約を脱退していたアイスランドが二〇〇二年にＩＷＣに再加盟の申請をしたときに、「ＩＷＣに加盟してもモラトリアムには従わない」と宣言したことに対して（第1章を参照）グリーンピースは、「こんな再加盟を認めればモラトリアムが有名無実化する」とかなり激しく非難した。懸念していたのは、日本が同じ方法を取ることだったようだ。日本は、モラトリアムを受け入れたうえで公海での調査捕鯨に鯨肉供給を依存している唯一の国である。日本がＩＷＣのもとで商業捕鯨を再開させるには、一旦脱退したあとにアイスランドと同じ主張をして再加盟するか、ＩＷＣに商業捕鯨の解禁を採択させるかのどちらかしかないが、そのどちらも実行に移されてはいない（第6章を参照）。

グリーンピースは、原生林の違法伐採阻止キャンペーンなどにおいても、現地にいる先住民の協力を仰いだり、彼らの意向を確認しながら行動計画を組み立てたりしている。そもそも、キャンペーン船の名前に北米先住民の間に語り継がれている「虹の戦士（Rainbow Warrior）」の名をいただいているように、土地ごとの文化を彼らなりに尊重しこそすれ踏みにじることは避けている。

その一端が見えるのは、先住民生存捕鯨（第1章を参照）に対する姿勢である。実際のところ、現地では生存捕鯨で得られた鯨肉が販売に回されていたり家畜のエサにされていたりするという情報もあるが、これに関してはグリーンピースは明確な見解を示していない。

どちらかというと、二一世紀になってからは一歩踏み出して生存捕鯨には寛容になった印象がある。二〇〇五年にＧＰ－Ｊの事務局長に就任した作家であり翻訳家の星川淳（二〇〇一〇年に退任）も、自著『日本はなぜ世界で一番クジラを殺すのか』（幻冬舎新書、二〇〇七）において（個人的見解かつ将来の話と断ったうえでだが）「慎ましい沿岸捕鯨は許されるのではないか」と書いている。グリーンピースが不寛容であれば、この文言はあらかじめ削除されていたはずだ。

非暴力直接行動に対する認識の差異

では、なぜグリーンピースは商業捕鯨の再開に徹底して反対しているのかというと、予防原則に基づいて、商業捕鯨が生態系に及ぼす影響を懸念しているからである。具体的には、「海の上でクジラを解体し加工することができる母船と捕鯨船が船団を組む母船式捕鯨は、そもそも持続可能ではない」という立場をとっている。そして、その母船式捕鯨を今なお実施している唯一の国が日本なのである。

それにしても、グリーンピースに「過激な」という否定的な枕ことばが付く頻度は非常に高い。グリーンピースは、一貫して自らの行動を「非暴力直接行動（Non-violent Direct Action）」だと主張している。日本人にとっては言行不一致に見えるだろうが、日本以外ではこの行動原理が社会的に受け入れられている。そのいくつかの事例を挙げてみよう。

グリーンピース・イギリスが二〇〇七年七月に新型石炭火力発電所の煙突に首相の名前を

ペンキで書いた罪で訴えられていた裁判が翌二〇〇八年九月に結審し、全員無罪ということで決着した。その前には、遺伝子組み換えトウモロコシを畑から手当たり次第引っこ抜く抗議行動を展開したが、これにも罪状は付かなかった。それどころか、イギリス国内での遺伝子組み換え作物の栽培禁止を取り付けることに成功した。他人の所有物を傷つけたことよりも、より多くの国民の健康被害を引き起こしたり、生態系にダメージを与えるほうが社会悪であり、それらの排除を求めて行われた正当な行為であるということが重視されている。

これらはかなりきわどい例とも言えるが、動機が十分に考慮され、結果的に警察も司法も社会も受け入れているし、何と言っても、それによって政府が政策を変更しているのだ。日本ではこのような場合、「何をやったか」だけが評価され、「なぜやったか」は二の次になることがほとんどである。この差が、日本での「非暴力直接行動」を大きく制限させていると言える。その差を目撃したときの話をしよう。

たとえば、二〇〇三年、IWC年次会合がベルリンで行われたときのことだ。「明朝一〇時、テレビ塔の見える所にいてくれ」という指示があったので出かけてみると、同市のランドマークとも言える高さ三六八メートルのテレビ塔の展望台（地上二四〇メートル）に向かって、鯉のぼりよろしくクジラの人形（空気でふくらませたもの）と黄色いバナー（横断幕・垂れ幕などの総称）が上り始めていた。どちらも、グリーンピースのキャンペーンでおなじみのアイテムだ。おそらくは、クライマーが展望台の外部に出てザイルを使って下に降り、待機していたトラックに積んであるウィンチのロープをつないだのだろう。

テレビ塔の足下まで行ってみると、パトカーと装甲車がすぐそばに止まっていて、警官が一人立っているものの、制止するわけでもなく見守っている。パトカーがさらに一台到着したが、降りてきた警官は「あ、グリーンピースね」といったふうに辺りを見回しただけでいなくなった。そのうち装甲車一台を残してすべて立ち去ってしまい、代わりにテレビ局のカメラクルーが到着して、グリーンピース・ドイツの捕鯨問題担当を相手にビデオカメラを回し始めた。この間、とくに人だかりができるわけでもなく、事は淡々と進んだ。

前日、「明日のアクションは、今までで一番難易度が高いんだ」と言っていたのだが、それはクライミング技術のことであって、警察に阻止されたり逮捕されたりするかもしれないといった覚悟ではなかったのだ。たとえ警察に連れていかれても、数時間後には名前を聞かれただけで戻ってくるというのが彼らの「常識」である。日本ではまちがいなく逮捕、拘留、そして事務所は家宅捜索を受けることになるのだが。

その翌日は、年次会合が開催される会場

ベルリンのIWC年次会合の際に行われたアピール活動（写真提供：佐久間淳子）

前の中庭に、イルカの冷凍死体を担架に乗せて持ち込んだ。「漁業の混獲でイルカが年間三〇万頭死んでいる」という研究発表を受け、混獲事故の根絶をアピールしたのだ。この計画については前日に構想を説明されたが、当初は「会議場に持ち込む」とまで意気込んでいた。さすがにドイツ以外から反対意見が続出してそれはなくなったが、「中庭であっても、日本で報道されたらまちがいなく反発を食らうからやめてくれ」とさらに食い下がったところ、「（前年開催地の）下関ではＧＰ－Ｊの流儀に従ったじゃないか。ここはドイツなんだぞ」と言い返されてしまった。筆者の脳裏には、「テレビ報道を見た。サポーターを辞める」という電話が相次ぐであろう事務所のおなじみの光景が浮かんでいた。

さんざん議論したあげく、会議の休憩時間に中庭に持ち込む計画に落ち着いた。これでも最大限ＧＰ－Ｊに配慮し、最初のドイツ案からはずいぶん後退したことになるのでドイツのスタッフたちは一様にむくれていた。彼らはその三年後の二〇〇六年一月、ドイツの海岸で座礁して死んだナガスクジラ（体長一七メートル）を日本大使館の前まで運んで、日本の南極海捕鯨に抗議した。彼らは、こうした抗議活動をすることによってＧＰ－Ｊの流儀に従ったことに対するうっぷんを晴らしたのだろう。

こういった反応は欧米にかぎったものではない。タイの一般市民の「意思表示」もご紹介しておこう。元ＧＰ－Ｊ事務局長の志田早苗が現地に滞在していたときに起きた「事件」である。

二〇〇五年一月、購入した日本車が故障したのだがその対応が悪いとして、自動車メーカーの現地本社前でその車を叩き壊して放置した人がいた。結果はというと、メーカーが謝罪して代替品を提供したし、報道や社会も「当然だ」という反応だったらしい。日本社会で「常識」となっている意思表示の許容範囲は、「同じアジアのいくつかの国と比べても異様に狭い」と志田は説明してくれた。

善し悪しや好き嫌いはともかく、価値観も社会状況もさまざまな国々の人々とともに一つの国際団体を構成し、統一目標を掲げて成果を上げてきたのだ。外から見てもグリーンピースらしくあろうとすると必然的に日本社会の反発を食らうことになるというジレンマを、GP－Jは生まれながらにして抱えていることになる。

初期消火すべきだった誹謗中傷

これまで説明したように、グリーンピースの主義主張はなかなか日本では理解されない。日本人の常識に収まりきれない側面もあるが、日本人向けに適切な広報をしてこなかったこともその一因だと筆者は思っている。しかし、それだけではなく、GP－Jが日本で設立される前に先入観が日本社会に植えつけられてしまっていた可能性がある。

たとえば、グリーンピースの主張を直接彼らの発信物（報道コメントを含む）で見たことがなくても、マンガ『美味しんぼ』の「激闘鯨合戦」を読んだことのある人がいるかもしれない。これは、一九八七年七月から八月にかけて週刊漫画雑誌〈ビッグコミックスピリッツ〉（小学館）に掲載され、一九八八年二月には単行本化されたものである。そこには、尊大で人種偏見を隠さない白人らの反捕鯨団体が登場する。彼らは、あからさまに差別的な発言を繰り返し、日本叩きで大金をかき集めて高級ホテルに泊まり込み、日本料理屋に「食べるな！」のデモを仕掛ける話になっている。この章を収めた第二三巻は、二〇〇八年一一月までに一四六万部が発行されたほか、この章だけを単独で冊子化したものを日本捕鯨協会などが少なくとも一万数千部つくっていて、一九九三年以来ずっと無料配布されてきている。

かくして、反捕鯨団体とは白人による人種差別的な活動をするところで、その代名詞的な存在がグリーンピースだということになってしまった。GP－J発足前に日本人に対して反捕鯨団体像をすり込み、グリーンピースの活動支持拡大を阻止した「功績」は大きいと言える。そして、それを緩和すべくキャンペーンを張らなかったグリーンピースも認識が甘かったと言わざるをえない。

グリーンピースも惑わされた捕鯨サークルのプロパガンダ

先に触れたように、彼らなりに日本の文化を理解し、尊重しようとはしている。ただ、日本人の鯨食に関する嗜好性は相当根強いものがあると理解されている節がある。

「アメリカで日本捕鯨協会が宣伝しているのをきくと、『クジラは日本人の重要なタンパク源』だということが強調されていて、アメリカ人たちは一億もの日本人が毎食クジラを食べていると信じているんだ」（岩永正敏『輸入レコード商売往来』晶文社、一九八五年）

これは、一九七六年に来日したグリーンピースのスタッフが著者の岩永に語ったという内容である。第4章で詳しく紹介している国際ピーアールによる捕鯨側キャンペーンの成果は、こんなふうに現れているのだ。

これで分かることは、食べることの善悪よりも、その総量がクジラにとって脅威だという認識をグリーンピースがもっているということである。食料需給表によると、当時の日本人が食べていたクジラの肉は一人当たり年間〇・七キログラムでしかない。口にするのは年に数回でしかないのに、アメリカ人に脅威を抱かせたのである。この広報戦略は現在でも引き継がれており、たとえば二〇一一年二月時点でも、日本捕鯨協会のウェブサイトには次のような英文の問いと回答が掲載されている。(3)

（3）《www.whaling.jp/english/qa.html》二〇一一年二月五日に閲覧。

"Since most Western nations are opposed to whaling, why doesn't Japan just abandon its tradition?"

"Asking Japan to abandon this part of its culture would compare to Australians being asked to stop eating meat pies, Americans being asked to stop eating hamburgers and the English being asked to go without fish and chips."

訳せば、「ほとんどの西欧諸国が捕鯨に反対しているので、日本も捕鯨を放棄しませんか?」という問いに対して、「日本に捕鯨の文化を放棄するように頼むことは、オーストラリア人にミートパイを食べるのをやめるよう頼むこと、アメリカ人にハンバーガーを食べるのをやめるよう頼むこと、イギリス人にフィッシュアンドチップスなしで済ますよう頼むことに匹敵します」ということになる。一九七六年に来日したアメリカ人青年が抱いた印象は、今もなお英語で発信され続けているわけだ。

消費規模の問題だけではない。二〇〇〇年に日本捕鯨協会がオーストラリアで配布したパンフレットのなかに「Whales and Japanese culture」と題されたコラムがあって、白無垢の婚礼衣装を身にまとった女性と羽織袴姿の男性の写真に「Whale meat was also an important part of traditional festive occasions, like weddings.(鯨肉はまた、婚礼といった伝統的な催事でも重要な役割を担っていた)」というキャプションがついていた。また、二〇〇三年にベルリンで開催された第五五回ＩＷＣ年次会合の総会でも、小松正之日本政府代表代理が次のように日本語で発言した。

「日本人は、クジラの刺身を食べながら、ササニシキでつくった日本酒を飲むのが好きなんですよ」

普段は態度があいまいな日本人がこれだけ繰り返し世界に向けてアピールしているのだから、日本人の鯨肉への執着はまちがいないものと思われるだろう。アイスランドの捕鯨業者が二〇〇九年から二〇一〇年にかけてナガスクジラを二七〇頭以上捕獲したのも、日本市場に期待したものだ。それだけではなく、クジラと名前が付けば日本人は何でも食べるとすら理解されたようだ。たとえば、一九九七年に先住民生存捕鯨としてコククジラの捕獲許可を得たワシントン州のマカ族も日本の鯨肉需要に期待していたふしがあるし、一九九九年には、水族館でお馴染みのベルーガ（シロイルカ）の肉がロシアから日本に持ち込まれたこともあった。

これらのことをあわせて考えてみると、日本捕鯨協会の広報戦略は、彼らが意図した以上に、あるいは彼らの意図した方向とは別の方向にも影響を与えたと考えられる。海外の反捕鯨運動家に危機感を抱かせ、結果的に運動をエスカレートさせたり、他国に日本市場の可能性を感じさせてしまったことなど、日本の捕鯨業への風当たりを強める作用のほうが大きかったのではないかとすら思う。

もう一つ重要なのが、グリーンピースとシーシェパードとの混同を狙ったプロパガンダである。シーシェパードは、グリーンピースの創生期のメンバーが袂を分かって設立したグループの一つだが、暴力的な手法をいとわない点がグリーンピースとは大きく違う。彼らは、二〇〇六年から毎年、南極海に抗議船を派遣するようになった。筆者が広報を担当していた時代には、「まったく無関係」の一点張りで批判すら避けるように指示され、シーシェパードとの接近は徹底して避けるべきものだったが、最近は南極海での暴力的な行為について明確に非難を表明するようになった。

とはいえ、同時期に南極海に船を出していては、自ら混同を誘うようなものである。実際に〈鯨研通信〉の第四三九号では、「グリーンピースは、表向きはシーシェパードとの協力関係を否定しているものの、過去の行動から両者の緊密な関係は明らかである」（二〇〇八年九月）と書かれてしまっている。

現在、グリーンピースは南極海に船を派遣することはやめているが、その当時は、シーシェパードがグリーンピースの船の動きを調べることによって捕鯨船団を探していたということはまちがいないだろう。

言語の壁、社会構造の壁

グリーンピースが発表する書類は、標準言語となっている英語で書かれている。それらを日本人ジャーナリストたちに目を通してもらうためにどうしても日本語訳をせざるを得ないが、人手にも予算にもかぎりがあるため、重要な資料をすべて翻訳できるわけではない。グリーンピースの考え方や活動実績を日本で知ってもらうために足かせとなっているのが翻訳作業なのである。

さらに、捕鯨問題の発信物については単純な翻訳作業では終わらない。英文作成の段階から、日本語訳したときに問題になるような表現を使わないように書き手にインプットしておく必要がある。英語圏では問題にならなくとも、その翻訳版が日本人の反感を買いやすい言い回しになってしまったら意味がないからだ。

一九九〇年代半ば、海外で日本大使館などに働きかける際に日本語のメッセージを用いる場合は、必ずＧＰ－Ｊにチェックを受けるという申し合わせをようやく取りつけた。また、使ってもらっては困る英単語、表現集もつくった。たとえば、「slaughter（殺戮）」や「barbarous（野蛮）」、「killing whale（クジラ殺し）」の用語を禁止した。これらの文言は、グリーンピースがあたかも「クジラを殺すことそのものが悪」だと主張している証拠とされるくらい日本では評判が悪い。畜産を全否定しているわけでもなく、スタッフに菜食を徹底しているわけでもないのだから、捕鯨の残忍性を過大に非難しているように読める表現は得策ではないと説明したら、とくに反発もなく了解されたので、そういう意図はなかったようだ。また、「Japanese Government（日本政府）」と「Japan（日本）」や「Japanese（日本人）」は意識的に使い分けて、「日本人全体を攻撃しているのではないことをはっきり示してくれ」といった要望も聞き入れてもらった。配慮したのは文言だけではなく、日の丸の赤とクジラの血を結び付けるようなデザインも使わないように周知した。

読者のみなさんは、ずいぶんと細かな作業をしたなとか、今さら用語の交通整理をしたからと言ってもそう簡単には印象は変わらないだろう、と思われるかもしれない。だが、GP－Jにとっては、当時これらの作業は大きな前進であった。捕鯨問題への取り組みがGP－Jにどれだけの犠牲を強いてきたかをグリーンピースのなかで詳しく説明でき、表現のルールを提案し、それらを各支部に飲ませることができたわけである。

日本人に支持される「ツボ」

日本で、グリーンピースのお家芸が成功した例がないわけではない。たとえば、二〇〇〇年四月に行われたアメリカ軍の有害廃棄物処理に対する要請行動は、グリーンピースが成果を上げた例である。詳しく見てみよう。

アメリカ軍の相模原補給廠が使用済み変圧器を焼却処分するために海外に持ち出そうとしたのだが、カナダでもアメリカのシアトルでも荷揚げを拒否されてしまい、結局、日本に戻って来ることになったのだ。変圧器は絶縁体にＰＣＢ（ポリ塩化ビフェニル）を大量に用いており、焼却処分をすればまちがいなく有害物質が放出されることになる。それを積んだコンテナ船が数日後に横浜港に入るという情報がＧＰ－Ｊに飛び込んできて、ＧＰ－Ｊは急きょ抗議行動を起こした。

当日の朝、埠頭には新聞記者やテレビクルーが待ち構えているほか、神奈川県の反基地・反戦などの団体が横断幕を広げて抗議行動をしていた。そこへ、六万トン級のコンテナ船が姿を現して着岸した。着岸の直前、グリーンピースのゴムボート二隻が現れて、抗議の旗を掲げながら進路妨害すれすれに走り回った。そのうえ、着岸するやいなや四人が船に乗り込んで、埠頭から見える手前のコンテナに「これはアメリカのゴミ　USA-TOXICS Criminal（有害物質はアメリカのもの、犯罪者）」と書いたバナーを張り、一人がデッキの手すりにチェーンを巻きつけて自らの体を固定し、強制排除されにくい体勢を確保した。と同時に、地上にいる有害物質の担当者がアメリカ大使館に電話をし、「安全な処理をする」との言質をとるべく交渉を始めた。着岸から八時間以上たってようやくアメリカ大使館からそれらしいコメントを引き出したとして要請行動は終了したが、四人は神奈川県警山手署に任意同行を求められて上申書を書いただけで帰ってきた。

この一件から、いろいろな状況が読み取れる。まず、グリーンピースが単独で問題を指摘している案件ではなく、かねてから地元住民が問題視してきたものだということ。また、有害物質のたらい回しということと基地問題が背景にあることで、マスコミの注目度も高かった。そして、とにかく日本にとっても非常に迷惑なものなのだということが暗黙のうちに了解されていた。

かくして、丸一日、運搬船と港の業務を妨害したにもかかわらず罪には問われなかったし、基地問題に敏感な〈琉球新報〉が一面で空撮写真付きで大きく扱うなど、社会的な発信もうまくいった。もちろん、基地問題は今も続いていて廃棄物問題も解決していないが、問題の所在をより広くより印象的に知らせる活動をここ一番でやり遂げたということになる。そして何より、「グリーンピースは、日本人である米軍基地の周辺住民のためにがんばった」のである。日本語のメッセージも責任の所在を明確化する文言に特化していて、反米感情にも訴えることができた。

二〇〇三年に新聞各紙に掲載した意見広告「NO WAR」も反響が大きかった。イラク攻撃反対のパレード行進に参加を呼びかける全面広告で、塗り絵式のプラカードになっていたのだが、東京の日比谷公園を起点とするパレードの参加者が、前回は五〇〇〇人規模だったものが一気に五万人規模にふくれあがった。組織的な動員がなされていないにもかかわらずこれだけの人が集まったのは、「何か意思表示をしたい」という潜在的な思いに応えるきっかけを提供したと言えるだろう。のちにこの広告は、広告電通賞の「公共広告部門準優秀賞」を受賞している。小泉内閣がイラク攻撃を支持していたときに、この広告に賞を授けた選考委員会も勇気ある選択に及んだと言える。

いずれにせよ、条件さえ揃うならば、日本でもグリーンピースの手法は歓迎されるのである。ただ、日本ではそれがなかなか揃わないのが実情だし、揃わないままに行動を起こすと、とくに捕鯨問題に関しては「白人の自己満足」、悪くすると「人種差別」と見られてしまう。だから日本においては、「積極的に何もしない」という戦略も場合によってはかなり有効となるのだが、グリーンピースの世界では「何もしない」という選択肢は存在せず、常に「何をするか」の議論になってしまう。別の言い方をすれば、「無駄になるから止めよう」という意見は、どんなに説明を尽くしても「やってみなければ分からないじゃないか」という意見にかき消されてしまい、条件が揃わないままに実行に移され、支持を失わないまでも、支援も得にくい結末を迎えることがままある。

典型的な出来事が、二〇〇八年に起きた「グリーンピース鯨肉持ち出し事件」だ。南極海での調査捕鯨を終えて日本に戻った日新丸の乗組員が下船時に自宅に送った荷物の一つを、GP－Jのスタッフが配送会社の中継所から持ち出し、「中身は無断で船から持ち出された鯨肉（塩蔵したウネス肉＝鯨ベーコンの原料）だ」と発表したうえで、検察に対しては「これは横領の証拠である」と届け出たのが発端となった。

調査捕鯨は国庫補助を受けて実施されているから、捕獲したクジラは国家財産、その一部を無断で持ち出しているのだから横領だ、というのがグリーンピースの言い分だが、検察は乗組員らに横領の嫌疑はないとし、逆にGP－Jの二人に、懲役一年六か月、執行猶予五年の刑を言い渡した。グリーンピースは直ちに控訴を申し立て、控訴審は二〇一一年五月二四日に予定されている。

裁判を傍聴したかぎりでは、たしかに船員をはじめとする日新丸側の関係者たちの証言にはつじつまのあわない点があり、船員が正規の手続きを踏まずに鯨肉を船外に持ち出して私物化していた事実がないとは言い切れない。だが、裁判そのものは、グリーンピースのスタッフが中継所から荷物を持ち出した行為が、建造物侵入および窃盗にあたるかどうかが争われているのであって、横領を裁いているのではない。しかも彼らの判決には、船員たちに不正行為があるかどうかも、ましてや調査捕鯨の実態や評価もまったく関係がないのである。

一方、グリーンピースは自らが持ち出したことを表明し、その過程を詳しく記した報告書を添えて配送荷物を検察に提供しており、食べることや換金して利益を得ることを目的として持ち出したわけではないことは逮捕前から分かっている。グリーンピースとしては、税金すなわち国民の支払ったお金の使い道に不正があれば日本人の支持を得られ、横領事件として立件されれば調査捕鯨を廃止に追い込めると踏んだらしい。しかし、船員による横領の事実がグリーンピースの指摘どおりに法廷で認められ、処罰されたとしても、調査捕鯨の是非を問うことになるはずがない。官僚が組織的な収賄罪で処罰されても、一般的な行政活動が停止するわけではないことからも分かるだろう。

調査捕鯨の是非を問うためには、本書で検証しているように、調査捕鯨が本当に必要な活動なのか、本当に科学調査と言えるのか、どういった成果を出しているのかを検証することが必須となる。そして、それらを広く知らせることによって議論を起こし、社会的な関心を高めて政策変更を迫るのはグリーンピースの得意とするところだ。しかし、今回の件では、自らが窃盗と同じように罪に問われてしまう手法を選んだことのほうが話題になってしまい、肝腎の指摘しようとした問題点のほうは、水産庁と日本鯨類研究所と共同船舶によって「調査した結果問題はなかったものの、不正を疑われる点については改善した」と発表されてしまった。キャンペーンの目標が調査捕鯨を中止に追い込むことであるにもかかわらず、グリーンピースが調査捕鯨に塩を送ったようなものである。

さらに問題なのは、グリーンピースの行動は捕鯨推進VS反捕鯨という対立をさらに煽るものだったため、捕鯨問題の本質がより見えにくくなったことである。しかし一点だけ、裁判のなかでグリーンピースが「これは表現の自由（知る権利）の行使だ」と主張した点は、この裁判とは関係なく、今後ＮＧＯや個人が権力の不正に立ち向かううえで考える価値のある問題である。ただし、どう見ても裁判で争うために後付けで持ち出してきた印象をぬぐい去ることができない。

控訴の結果がどう出るか分からないが、グリーンピースが調査捕鯨の継続を手助けし、逆に自らの日本における基盤を大きく揺がせたことは否めないだろう。

共有しにくい「感覚」と「常識」

筆者としては、もはや、捕鯨を解禁してもクジラにとっては脅威にはなりにくい、すなわち捕鯨問題は、グリーンピースが最優先課題として多額の資金と人材を投入して取り組むべきものではなくなっていると見ている。GP－Jでも、一九九〇年代の中ごろまでには「以前のような規模で捕鯨産業が復活することはありえないのではないか」という感触を強めていて、なお警戒が必要だとするGP－Iや他の支部に対して、「反捕鯨活動の優先順位を下げるべきだ」と調査レポートを送るようになってきた。

GP－Jが得た感触は、実は捕鯨サークル内にもあったようだ。たとえば、鯨研の理事長だった長崎福三（故人）が在職中の一九九二年に、「だれが儲けにもならないような捕鯨をやるのか」と、純粋な民間経営の捕鯨が再開する可能性がきわめて低いことを論文[4]で指摘している。

第4章ですでに説明したように、二〇〇〇年ごろからは調査捕鯨による鯨肉が供給過剰になり、二〇一〇年一〇月現在、その傾向は強まっている。かつて捕鯨部門をもち、南極海に合計七船団も派遣していた大手水産三社が、異口同音に「捕鯨業に再参入はしない」とも表明している（二〇〇八年六月一四日付〈朝日新聞〉）。これらのことを考え合わせると、今グリーンピースが商業捕鯨の再開反対の旗を降ろし、モラトリアムが解除されることがあったとしても、現状の調査捕鯨よりも大きく商業捕鯨が拡大するまでには時間がかかることが分かる。

それどころか、商業捕鯨が経済的に成り立つのだろうかという疑問が次第に高まってきている。つまり、国庫補助と無利子貸与が約束されている調査捕鯨のままで鯨肉を独占的に供給しているほうが、自前で運転資金を用意して利潤を上げなければならない商業捕鯨よりもずっと楽なのではないのかということである。

筆者はこの目立てを、グリーンピースの内部で二〇〇一年に説き始めていた。と同時に構想を練っていたことは、「グリーンピースが大々的に反捕鯨から手を引くキャンペーン」だった。「日本人はもはや大量のクジラを欲しないだろうから、反捕鯨キャンペーンを終了する」と事務局長が宣言するとしたら……。なかば冗談でこの構想を数人の記者に披露したところ、「独占インタビューさせてくれたらまちがいなく一面トップです」と身を乗り出して

（4）　長崎福三（一九九二）「鯨類の管理と利用について」『これからの公海漁業について――海洋生物資源の保存と持続的利用のための管理体制の確立』（財）東京水産振興会、八二一～九七ページ。

きた記者は一人ではなかった。

このようにして、グリーンピースが捕鯨問題から華々しく退場したらGP－Jは支持低迷から抜け出せる可能性も出てくるし、第4章で説明した「反・反捕鯨」は、その矛先そのものを失うことになる。反捕鯨活動につぎ込んでいた資金は、もっと緊急性が高いキャンペーンに回せばよい。これは、グリーンピースが当代一の反捕鯨グループと目されていることでこそ成り立つ、意表をついた戦略と言える。なかなかの名案ではないだろうか。

しかし、発言が社会的な影響をもつ団体や国家は、軽々に捕鯨を容認するわけにはいかないようだ。日本には潜在的ニーズがあるという「疑い」は根強いし、それゆえに捕鯨業者は日本の内外を問わず日本市場を刺激して需要をあおり、乱獲に走ってもおかしくないというのが国際的な認識なのだ。だから、少しでも捕鯨容認に傾くことがあれば、他の動物福祉や野生動物保護系のNGOから一斉に非難されるという覚悟が必要だし、おそらく一頭でも違法捕獲と疑われる鯨肉が見つかったら、容認した非を全方位から指弾されることになる。

実際には、捕鯨の再拡大よりもそちらのほうが怖いのかもしれないし、そうでないとしても、一頭たりとも違法に市場に流通させないために、容認と同時に今度は捕鯨国や捕鯨業者を常に厳しく監視し、密漁や密輸を含めて規制を逸脱させない責任を負わざるを得なくなる。誰がそんな負担を引き受けるものか……というわけで、筆者の名案は案のままお蔵入りとなった。もはやシーシェパードという新たなヒール（悪役）が反・反捕鯨の矛先を一身に集めて大立ち回りを演じているので、筆者の名案が日の目を見ることはないだろう。

もう一つ、在職中に何度も説明せざるをえず、いささかうんざりしたのが日本の政治と行政の特性である。たとえば、総理大臣や農林水産大臣が変わるたびに、「捕鯨に関する政策はどう変わると思うか」とＧＰ－Ｉや各支部から質問される。閣僚ではなく、官僚主導で物事が動く日本の特性はどうにも飲み込めないらしい（第6章を参照）。また、二〇〇九年に自民党から民主党に政権が変わって政治主導を掲げたわけだが、その民主党は政策として商業捕鯨再開支持を掲げている。その点では、自民党と何ら変わらないスタートを切っている。

これと関連しているのが、「担当大臣宛に署名を世界中から送る」といった戦術に対する評価の差である。こと日本においては、海外からの署名が何百万人分集まろうともほとんど効果は期待できないのだが、意思表示に対する評価が日本よりもはるかに高い国々のスタッフやサポーターにとっては、「効果がないので意思表示しない」という選択肢がない。かくして、日本大使館や日本の大臣に海外から厖大な数の署名が届くのだが、「内政干渉したがる外国人」という印象をまき散らすだけではないかと筆者は思っている。

マスコミという難物、NGOという隣人

日本の記者クラブ制度は、マスコミへのアピールが得意とされるグリーンピースにとって

は悩ましい存在である。官公庁に常駐場所が与えられ、横並びで情報を下賜されることが基本になっているから、官公庁に担当部署がある問題については常にそちら側の視点がそのまま第一報として発信されることが圧倒的に多く、問題点の指摘や検証取材は後手に回るか省略させることになる。たまにグリーンピースに対して取材をしたうえで異論反論の記事が書かれることもあるが、紙面に載るまでの間に見出しや構成で骨抜きにされることがしょっちゅうである。具体的にどんな情報が検証不十分のまま出回り、自己増殖していったかについては第4章をご覧いただきたい。

一方、国内ＮＧＯとの連携については、筆者から見れば「もっと交流があってもいいのに」という程度にとどまっている。ＧＰ－Ｉや各支部との連絡や調整で手いっぱいなのか、ＧＰ－Ｊは同じ問題に取り組む国内ＮＧＯが主催する会合や勉強会において、日ごろから国内の動向をチェックしたり、共同声明に参画するといった地道な作業にはあまり時間を割いていない。独立独歩と言えば聞こえはいいが、国内のＮＧＯにとっては「外資系のＮＧＯ」が勝手に動き回っているという印象があるのかもしれない。共闘しないまでも、効果的な棲み分けやお互いのノウハウの共有にはもう少し手間をかける価値があると考える。

GP−J自立への遙かな道

「クジラさえなければねえ」

長年にわたって熱心に支援してきた人からも、こんな愚痴めいた言葉を何度か聞いた。気候変動や国産ノンフロン冷蔵庫の商品化促進、核廃棄物の海洋投棄告発など、日本人にも歓迎される活動を数多く積み重ねてきているのに、捕鯨問題一つでその成果を台無しにしているという認識があり、それはいかにももったいないということなのだろう。

筆者は今でも、グリーンピースのような機動力と発信力をもつ、国際社会に通用するNGOが日本にも必要だと思っている。別にグリーンピースそのものでなくてもいいのだが、ほかに同じような機能をもち、力をつけようというグループは日本にはまだ見あたらない。とすれば、まがりなりにも二〇有余年の活動実績を日本でつくったGP−Jがあるのだから、彼らを独り立ちさせるのが一番早い。

そう考えたから、独り立ちを阻害する要因を減らすべく、筆者は在職中に捕鯨問題の副作用をいくらかでも緩和できないかと模索したのだが、効果が一時的か局所的に現れただけだった。そのうえ、鯨肉持ち出し事件の影響で日本人の支持が大きく後退したのはまちがいない。徒労感も大きいが、グリーンピース以外の選択肢がいまだにほとんどないのだから、見捨てるわけにもいかない。

ことにする。

グリーンピースが耳を傾けるかどうかはともかく、筆者なりの戦略を改めてまとめておく

グリーンピースはもう、南極海に抗議船を出すべきではない。過去一〇回も派遣しながら、調査捕鯨を縮小に向かわせるどころか拡大を止められなかったのである（第1章の**図1－1**を参照）。しかも、もはや南極海はグリーンピースの独壇場ではなくなった。より派手な妨害活動と応戦に人々の関心が集まる海域になってしまい、グリーンピースが行ってもシーシェパードと混同されるのがオチだ。そして、実際に鯨を乱獲から守ることを主眼に置くならば、鯨肉需要が減退した現時点では、「商業捕鯨再開に反対」よりも「商業捕鯨解禁」を選ぶべきだ。もちろん無規制にではなく、調査捕鯨の取り止めと、「ＩＷＣによる厳格で科学的な管理の下での実施」が条件なのだが、ＩＷＣの規制を受けずに実施できる調査捕鯨に手をこまねいている今よりも、確実に捕獲できる頭数を抑えることができる。それだけでなく、制約が多いわりに利益が上がらない、需要もかぎられる捕鯨など、とくに公海、なかでも南極海では誰も手を出さないという状況も訪れるかもしれない。

捕鯨を許すことで捕鯨を今よりも縮小させられ、しかも日本では評価が上がる可能性が高い。グリーンピースが捕鯨問題と出会った三五年前とは状況は大きく変わったのだ。そのことを真正面からとらえ、捕鯨問題から一日も早く卒業して、日本人にも支持される真の国際環境保護団体になって欲しい。

第6章

日本の捕鯨外交を検証する

2008年にチリで行われたIWC年次会合の会議場（写真提供：佐久間淳子）

ある思考実験

国際捕鯨委員会（ＩＷＣ）の年次会合では、長年にわたって、捕鯨推進国といわゆる反捕鯨国の二大陣営がそれぞれの主張を繰り返し、妥協は一切しないというつばぜり合いを演じてきた[1]。ＩＷＣという国際交渉の舞台では、参加者の誰もが日本政府の交渉担当者の名前を諳んじることができるほど、日本は常に注目の的となっている。

外圧に弱く、アメリカ追随型の外交を展開してきた日本が、なぜＩＷＣではアメリカや欧州連合（ＥＵ）を向こうに回し、捕鯨推進という大立ち回りを演じてきたのだろうか。日本の悲願である「モラトリアムの解除」、つまり「商業捕鯨再開のために決まってる」という答えが聞こえてきそうだが、本当にそうなのだろうか。筆者らはここ数年にわたって開催されたＩＷＣ年次会合にオブザーバーとして出席してきたが、そこでは日本の政府代表団がモラトリアムの解除を目指して行動しているようには到底見えなかった。さらに、ＩＷＣにおける国際交渉の議事録などをもとにモラトリアム採択以降の日本の捕鯨外交を読み解いてみると、目的と実際の行動との乖離《かいり》はますます鮮明になってくる。

本章では、日本の捕鯨外交を実態に即して検証し、なぜ目的と実際の行動の間に大きな隔たりが生じてきたのかを分析していく。そして、捕鯨サークルの主な目的は、取締条約の第八条に基づくいわゆる調査捕鯨の継続であって、商業捕鯨の再開ではないということを明らかにしたい。さらに言えば、捕鯨サークルはモラトリアムの解除など望んですらおらず、調査捕鯨の継続に有利な現状維持を支持しているのである。

ここで、一つの思考実験をしてみたい。仮に、明日にでもモラトリアムが解除されて商業捕鯨が再開できることになった場合、日本でいったい何が起きるのだろうか。まず、現在拠出されている調査捕鯨に対する補助金は減額され、調査捕鯨の継続が困難となる。その補助金のおかげで安定している共同船舶は、落ち込んでいく鯨肉需要とあいまって冬の時代を迎えることになるだろう。と同時に、調査捕鯨を担当する水産庁遠洋課捕鯨班は管轄が縮小され、今まで副産物の鯨肉の売上を研究費に充てていた日本鯨類研究所（鯨研）も資金繰りが難しくなるだろう。

このように考えれば、現時点で捕鯨サークルにとってもっとも避けるべきシナリオが、実は商業捕鯨再開であることが分かる。日本の悲願であるはずの「モラトリアムの解除」は、実は捕鯨サークルの利害と真っ向から対立しているわけだ。だが、これらの状況証拠だけで

（1）本章は次の論考をもとにしており、より詳しい引用文献はそれらを参照されたい。A. Ishii & A. Okubo (2007) An Alternative Explanation of Japan's Whaling Diplomacy in the Post-moratorium Era. Journal of International Wildlife Law and Policy 10(1), pp. 55-87（邦訳は《www2s.biglobe.ne.jp/~stars/pdf/Ishii_Okubo_JIWLP_J.pdf》からダウンロード可能）、石井敦（二〇〇八）「なぜ調査捕鯨論争は繰り返されるのか――独立の立場から日本の捕鯨外交を検証する」『世界』岩波書店。

日本が展開してきた捕鯨外交の真の目的を解き明かそうとしても、それは当て推量でしかない。だからと言って、水産庁幹部から公式見解以外の告白を聞き出すことは望むべくもない。

そこで本章では、まず、日本政府がモラトリアムの解除を目指しているならば、どのような外交戦略が必要なのかを示していく。そして、そうした戦略が日本政府によって遂行されてこなかったことを明らかにする。

これから提示する外交戦略は、ＩＷＣに参加したことがない人でも容易に考えつくものであり、ましてや捕鯨サークルにとっては、こうした戦略の必要性は自明であるはずだ。にもかかわらず、それらの外交戦略が遂行されてこなかったのであれば、そもそも日本政府はモラトリアム解除を目的としてはいない、と結論づける以外に合理的な説明は不可能となる。

モラトリアム解除に必要な戦略

モラトリアムを解除するためには、ＩＷＣに出席している加盟国の四分の三以上の国が賛成しなければならない。日本がそれを成し遂げるための戦略の一つとして考えられるのは、政府開発援助（ＯＤＡ）を用いて、日本の立場を支持してくれる国にＩＷＣへの新規加盟を促すという、いわば支持国拡大作戦である。実際、当時の農水政務次官であった亀谷博昭が、「日本の方針に理解を示すカリブ海地域やアフリカの途上国に対して、ＯＤＡを用いてＩＷ

C新規加盟を働きかけてゆく」と語ったことが報じられている（一九九九年六月三日付〈朝日新聞〉）。

この作戦を、反捕鯨側はしばしば資金援助でＩＷＣでの賛成票を買収する「票買い」だと批判してきた（第2章を参照）が、外交交渉において、資金などの見返りによって自国の政策的な立場への支持を取り付けようとする行動は決して珍しくない。むしろ、それが外交であり政治である。重要なのは、日本政府が支持国の新規加盟のみによって四分の三の賛成票を得るのは不可能だということを認めながらも、[2] あたかも商業捕鯨再開のために努力しているかのようにお金と労力をかけて、支持国拡大作戦を実施し続けていることである。

詳しく見てみると、現在のＩＷＣの勢力分布で四分の三の賛成を得るためには、すべての主権国家の約四割に当たる約八〇か国の捕鯨推進国を新規に加盟させるという大事業に取り組む必要がある。加えて、拡大ＥＵの新規加盟国などが反捕鯨国として新たに加盟した場合は、その数はさらに増えていく。これでは、四分の三の賛成を得てモラトリアムを解除することは不可能であり、日本の支持国拡大作戦の目的は、決議案を採択するために必要な単純過半数の獲得なのだと考えるほうが自然である。

（2） R. Black (2002) Bitter Division over Whale Hunts. BBC news, May 22, 2002, 《news.bbc.co.uk/1/hi/world/asia-pacific/1999931.stm》 二〇〇六年四月八日に閲覧。

日本の立場を支持する決議の採択が積み重なっていけば、少なくとも国内向けには反捕鯨国に対する大きな勝利であり、日本の立場の正当性を示すものとして喧伝できる。実際、二〇〇六年のＩＷＣ（セントキッツ・ネービス）では、日本の立場を支持する内容のいわゆる「セントキッツ宣言」（ＩＷＣ決議二〇〇六―一）が採択され、日本捕鯨協会の〈勇魚通信〉（二七号、二〇〇六年八月）には「持続的利用支持国が始めて商業捕鯨の再開に向けて過半数を確保したことは、大きな前進と評価されます」と喧伝された。

また日本は、国名を伏せて投票する秘密投票方式の適用範囲の拡大を提案している。この投票方式は、現在、議長の選出などごくかぎられた議題にのみ用いられているが、これを附表修正や決議案にも広げようとする提案である。現在の投票方式では、どの国が捕鯨推進国を支持したかが分かってしまうため、不買運動や観光ボイコットなどの反捕鯨キャンペーンを恐れる国々は、自由に意思決定ができない可能性がある。そこで、秘密投票方式によって自由な意思決定を確保するというのが日本の提案理由である。

これが、モラトリアム解除のための戦略になり得るかというと、そうではない。現在のＩＷＣでは、約半数の加盟国が反捕鯨の立場をとっている。仮に、秘密投票方式が実現したとして、反捕鯨国のうち半数以上が捕鯨推進に転じればモラトリアムを解除できるが、その可能性はきわめて低いと言わざるをえない。これと支持拡大作戦を合わせても、四分の三に到達できる見込みはない。

このように考えると、モラトリアム解除のために日本に残された戦略は、以下の四つとなる。

①国内外において、反捕鯨国側と交渉しやすい雰囲気をつくりだす。
②日本は科学委員会から出された科学的勧告を尊重する国であることを説得し、日本の科学活動に対する信頼性を確保する。
③モラトリアム解除に合意するために、反捕鯨国側との妥協も視野に入れた実質的な交渉を行う。
④反捕鯨国に圧力をかける交渉カードとして、ＩＷＣを脱退して商業捕鯨を再開できるようにする代替戦略を策定する。

それぞれの項目について順に説明しよう。ＩＷＣのもとでモラトリアムを解除するには、反捕鯨国を説得する必要がある。そのためには、日本政府は相互の尊重と信頼に基づく、交渉しやすい雰囲気づくりをする必要がある。

一九七〇年代以降のＩＷＣは、もっとも激しい意見対立が見られる多国間交渉の場であり、こうした行動は重要である。そして、国内でも、日本政府は反捕鯨国側との妥協が国民や他の政策決定者に受け入れられるような雰囲気づくりを同時並行で行わなければならない（戦略①）。言うまでもないが、もし妥協案が日本国内で受け入れ不可能と見られれば、日本政府は反捕鯨国側との実質的な交渉ができなくなってしまう。

また、日本政府は、科学を、とくに科学委員会の助言を尊重していることをすべての交渉参加者に納得させなければならない（戦略②）。いざ商業捕鯨が再開された場合、その捕獲枠は科学委員会がＲＭＰ（第1章参照）を用いて算定するため、もし科学委員会を軽視すれば、日本は科学委員会による捕獲枠やその他の勧告に従うつもりがないという疑念を反捕鯨国に抱かせ、ひいては交渉の共通基盤を壊すことになる。

これらの二つの戦略は、二極化したＩＷＣにおける相互不信を和らげ、交渉の土台を整えることにつながる。とはいえ、これだけでモラトリアム解除に合意を得ることは難しい。日本政府はさらに、反捕鯨国側が日本の要求をすべて飲まなければ合意しないとする従来の交渉態度を転換し、妥協も視野に入れた反捕鯨国との実質的な交渉をしなければならない（戦略③）。この戦略を成功させるためには、反捕鯨国側に圧力をかけ、妥協を引き出すことも必要になる。

そうした圧力をかける最良の手段は、日本政府がＩＷＣから脱退して商業捕鯨を再開できる戦略をもつことである（戦略④）。というのも、ノルウェーとアイスランドがモラトリアムに拘束されずに商業捕鯨を行っている現状において日本までもがＩＷＣから脱退してしまえば、商業捕鯨の管理に責任を負うＩＷＣの権威を失墜させ、ひいてはＩＷＣという国際機関の存立基盤が消失してしまうという事態に追い込むことができる。こうした極端な状況は反捕鯨国にとって潜在的な脅威となるため、この戦略は、日本が反捕鯨国と交渉を妥結させ得る強力な交渉カードとなるのである。

次項以降では、水産庁を中心とした捕鯨サークルが率いる日本政府の捕鯨外交の実態を検証し、右記のいずれの戦略も実施されてこなかったことを明らかにしていく。

戦略①――交渉しやすい雰囲気づくり

日本はこれまで、交渉しやすい雰囲気をつくるという戦略とは正反対の態度を貫いてきた。捕鯨サークルは、反捕鯨運動が感情的で科学や文化の相違をまったく尊重しておらず、また反捕鯨国は取締条約を否定し、反捕鯨運動の圧力に屈していると非難してきたのだ。

一九四六年に取締条約が採択されてから、捕鯨をめぐる状況は大きく変化し、関連する新たな国際法（**表1－1**参照）の発効も相次いだ。にもかかわらず日本は取締条約の文章には解釈の余地は存在せず、もともとの条文を一字一句厳密に遵守するべしとする態度をとってきた。こうした厳密な法文主義は、数ある外交交渉のなかでも非常に特異である。

第1章で述べたとおり、国際法の解釈は、時代の変化に対応しながら国際交渉を通して共通認識を形成していく政治判断の問題である。国際法だけでなく、日本の裁判所も時代の変化や案件ごとの状況に応じて国内法を解釈して判決を下している。国内で厳密な法文主義を適用すれば、事件が起こった社会状況を勘案した立法を待ってからでなければ裁判ができないことになる。

こうした法文主義に立つ捕鯨サークルは、ミンククジラが健全な資源状態にあるにもかかわらずモラトリアムによって捕獲が禁止されているのは、条約の目的である「秩序ある捕鯨産業の発展」に違反すると繰り返し主張してきた。しかし、国際環境法では親条約の規定よりも厳しい議定書が採択されることはよく見られることであり、条約の目的よりも保護水準の高い附表が採択されることは法的に何ら問題がない。むしろ、状況の変化を取り入れて柔軟に捕獲枠を設定できるよう、コンセンサスではなく四分の三の賛成票で附表修正ができるように手続きが決められているのである。

これに対する反論として、国際環境法の場合は基本的にコンセンサスがないと採択できない一方で、四分の三の賛成さえ得られれば採択できる附表修正は少数の反対国への押し付けになるという論理が考えられる。だが、そうした問題点があるからこそ附表修正に対する異議申し立てができるように制度が設計されている。そして、アメリカのＥＥＺにおける漁業権を少しでも長く得るべくモラトリアムに対する異議申し立てを自ら取り下げたのは、ほかならぬ日本なのである（第１章を参照）。

捕鯨サークルの主張を鵜呑みにして、捕鯨という「日本文化」が反捕鯨の主張と相容れないことが日本の頑なな態度の理由であるとする内外の論者は非常に多い。たとえば、日本人がクジラに愛着をもっているのにクジラを捕獲するのは矛盾であるが、そうした矛盾を日本人が超越できるのは、自然の尊さを教える仏教のなせるわざであるとする極論までが査読論文誌に掲載されてしまうほどである。[3] だが、ペットでもないかぎり、人間が「可愛いらしい」と思う動物を捕獲したり食べたりすることは世界中でよくあることだ。理解不能な事柄を文化言説で包むことによって理解した気になるのは、人間がよく陥る陥穽《かんせい》である。

第4章で明らかになったように、この「日本文化」言説が主張するような日本文化は同定できなかった。基本的には、地域に根付いた食文化を、あたかも全国的かつ日常的であるかのように述べたのがこの文化言説である。この実態の伴わない言説を、捕鯨サークルが反捕鯨運動に対抗する戦略として、広告代理店を使ったキャンペーンなどを通じて政治的に構築してきたのであった。

今まで多くの論者が繰り返し主張してきた捕鯨という「日本文化」があるからこそ、日本は反捕鯨を受け入れられないという因果関係は見せかけにすぎず、本当はその逆、つまり日本は反捕鯨を受け入れたくないからこそ、捕鯨は「日本文化」であるという言説を構築したのである。

文化の問題は、そもそも自分たちは何者なのかというアイデンティティの問題とほぼ同義

（3） M. Danaher（2002） Why Japan will not give up whaling. Pacifica Review 14 (2), pp. 105–120.

であり[4]、文化で妥協をすることは自らを否定することにもつながりかねない。そのため、捕鯨が文化の問題になればなるほど、日本がＩＷＣ内でモラトリアム解除のために必要な妥協を図ることが困難になる。一九九一年以降のＩＷＣでも水産庁は同様の戦術を繰り返してきたが、このことは、水産庁がモラトリアム解除のための妥協よりも、国民に対して自らの政策を文化的に正当化することを優先していることを示している。

一方、ＩＷＣでの日本政府代表団も反捕鯨国側を怒らせる発言をたびたび行い、険悪な雰囲気を意図的につくりだしてきたように見える。それは、国内で用いられた批判をＩＷＣの場に輸出することでなされてきた。たとえば、田名部匡農水相（当時）は、一九九三年に京都で開催された第四五回ＩＷＣ年次会合の開会演説で、一部の国は捕鯨国の食文化を尊重していないという趣旨の発言を行っている[5]。

それどころか、日本は主要な反捕鯨国であるオーストラリアに対してＩＷＣからの脱退をすすめたり、同国が主張する動物福祉の考え方（第1章を参照）はＩＷＣの管轄外であるという抗議の意味を込めて、オーストラリアのカンガルー猟にかかる致死時間のデータの提出を求めたりしたこともある[6]。言うまでもなく、こうした要求は外交交渉において前代未聞だ。これらを合わせると、日本は先述の戦略①とは正反対の行動をとっていると結論づけることができる。

戦略②——科学を尊重する国としての信頼獲得

誤解を避けるためにあらかじめ言っておくと、筆者らは日本が鯨類科学に対して貢献してきたことを否定するつもりはまったくない。そうした貢献は、科学委員会の報告でも認定されてきた[7]。問題は、第3章で明らかになったように、日本が科学的信頼性の非常に低い調査捕鯨を続けていること、さらに頻繁に科学委員会の勧告を無視するような言動をしたり、科学委員会の討議や自国の科学研究に対する政治的な介入を図ってきたことにある。

（4）日本における捕鯨言説とアイデンティティの問題については、以下を参照。A. Blok (2008) Contesting Global Norms: Politics of Identity in Japanese Pro-Whaling Countermobilization. Global Environmental Politics 8(2), pp. 39–66。

（5）第45回ＩＷＣ議事録（一九九三年）。

（6）日本の公式発言については、たとえば以下を参照。第43回ＩＷＣ議事録（一九九一年）六九ページ。

（7）たとえば、以下を参照。IWC (1997) Report of the International Working Group to Review Data and Results from Special Permit Research on Minke Whales in the Antarctic. SC/49/Rep、IWC (2000) Report of the Workshop to Review the Japanese Whale Research Programme under Special Permit for North Pacific Minke Whales (JARPN). SC/52/REP2。ただし、科学委員会には、同委員会が調査捕鯨に対して高い評価を与えることが自らの利益となる日本の科学者が数多く参加している。また、同委員会では、日本の調査捕鯨が、致死的調査の必要性を含めて常に論争の的となってきたことに留意する必要がある。

モラトリアムを解除するためには、日本は科学的信頼性の高い調査研究で科学委員会に貢献すると同時に、モラトリアムが解除された際には科学委員会の勧告を尊重し、誠実に実行する国であることをＩＷＣ加盟国に説得しなければならない。にもかかわらず、日本の実際の行動は、自らが達成した科学的成果の価値を損ね、自らが行う科学研究に対する不信の種を自らつくりだしてしまっている。これは、モラトリアム解除をさらに困難なものにする自作自演にも見える。

日本は、商業捕鯨モラトリアムが採択された一九八二年以前から取締条約の第八条に基づく調査捕鯨を行っているが（第2章を参照）、一九八七年以降の日本の調査捕鯨計画は、国際的に厳しい批判にさらされてきた。とくに、自らが二〇年以上も前に掲げた研究目的を達成することがほとんどできていないことや、科学委員会が勧告する非致死的調査の手法を無視し、致死的調査を中心とする調査方法を変えようとしないことへの批判が大きい（第3章を参照）。

水産庁を中心とした日本の政府代表団がしばしば科学活動への政治的介入を行ってきたことも、日本の科学活動に対する信頼性を損ねる要因となってきた。たとえば、水産庁管轄下の遠洋水産研究所の一員として初期の調査捕鯨の計画立案にかかわった粕谷俊雄は、その立案にあたって政治的な介入があったことを述べている（二〇〇五年一〇月三日付〈毎日新聞〉）。粕谷はまた、次の三つの基準に照らして、日本の調査捕鯨の独立性は担保されていないとの評価を下している。すなわち、①調査計画を策定する際に科学者に自律性があること、②非致死的方法を選択する自由があること、③「調査捕鯨」を継続させようとする外部からの圧力がないこと、である。(8)

調査捕鯨に従事する日本の科学者の自律性がないことは、日本政府が推薦した科学者が、科学委員会において日本政府の立場に反する主張をほとんどしたことがないという事実からも裏付けられる。(9) これらは、水産庁がその管轄下にいる日本の科学者たち（水産庁からの研究助成を通じて鯨類研究を行っている研究者も含む）に有形無形の指示を与えていることを示している。

日本政府はまた、自らの立場に反対する科学者に「偏向している」とのレッテルを貼り、科学委員会における議論が日本の立場を是認する方向でなされるべきであると主張するなど、科学委員会の討議にも介入しようとした。たとえば、一九八九年の第四一回ＩＷＣ年次会合の本会議で南極海鯨類捕獲調査（ＪＡＲＰＡ、第１章と３章を参照）が審議された際、日本は以下のように発言した。

「コメントはたいてい、我々の調査計画に対して常に何らかのコメントをする特定の科学者

（８）　粕谷俊雄（二〇〇五）「捕鯨問題を考える」『エコソフィア』第一六号、五六〜六二ページ。
（９）　この点については、現在並びに過去の科学委員会委員に対する筆者らのインタビューに基づいている。

たちからのものである。これら一〇名の科学者たちは日本の科学調査ばかりか、捕獲を伴うあらゆる科学調査を批判している。これらの科学者たちはこうした科学調査に対して極めて過激かつ攻撃的なコメントを常に述べているのである。この一〇名の科学者たちは多くの批判をするが、こうした批判が調査計画の修正に真に建設的な貢献をしたことは一度もなかった。……したがって、これら一〇名の科学者と科学委員会に対して、批判のための批判ではなく、より建設的かつ創造的な助言を行うように求めたい」（第四一回ＩＷＣ年次会合議事録一〇一～一〇二ページより、筆者による仮訳）

日本が科学委員会を尊重していないのではないかと疑われる事例は、これだけではない。日本国内で過去に行われた密漁の事実を日本政府が認めていないことも、不信を招く結果となっている。

少し詳しく見てみよう。一九八七年のモラトリアム実施以前に日本沿岸では捕鯨の違法操業が行われ、捕獲数が過少報告されていた（第2章を参照）。だが、その密漁されたクジラの個体数は、日本政府の公式統計には入っていない。密漁の事実を示す証拠[10]が科学委員会に数多く提出され、科学委員会はその詳細を分析するべきであると勧告[11]しているにもかかわらず、日本政府は密漁の事実を認めず、この勧告を無視する態度をとり続けている。

密漁の問題がとくに重要となるのは、商業捕鯨が再開された際に安全な捕獲枠を算出する

ＲＭＰ（改定管理方式、二五ページ参照）を正常に運用するためには、密漁分も含めて、過去の正確な捕獲実績を入力しなければならないからである。つまり、現状では告発された密漁を日本政府が認めようとしないことが、ＲＭＰに基づく捕獲枠の算出を難しくしている。さらに、商業捕鯨が再開された場合に密漁が行われても日本政府はそれを認めず、ＲＭＰは正常に機能しないのではないか、もっと言えば、日本政府はＲＭＰに縛られずに商業捕鯨をしたいのではないかという疑念を反捕鯨国に根づかせてしまっている。

こうした疑念は、日本の調査捕鯨がＲＭＰを否定する形で行われていることで増幅されている。ＲＭＰを用いてミンククジラの捕獲枠を算出する場合、ミンククジラの捕獲実績と個体数が分かればよい。一方、現行の日本の調査捕鯨は、こうしたＲＭＰの単一鯨種を対象と

（10）たとえば、以下を参照。K.C. Balcomb III & C.A. Goebel（1977）Some Information on a Berardius bairdii Fishery in Japan. Report of the International Whaling Commission 27, pp. 485–486、R.L. Brownell Jr., T. Kasuya, H. Kato, S. Ohsumi（1999）Report of the Ad Hoc Intersessional Sperm Whale Group Meeting. Journal of Cetacean Research and Management 1（supplement）, p. 147、I. Kondo & T. Kasuya（2002）True Catch Statistics for a Japanese Coastal Whaling Company in 1965–1978.Unpublished document presented to the 54th Scientific Committee of the International Whaling Commission, IWC/SC/O13、近藤勲（二〇〇一）『日本沿岸捕鯨の興亡』山洋社。

（11）IWC Scientific Committee（1999）Report of the Scientific Committee. Journal of Cetacean Research and Management 1(Supplement).

したアプローチとはまったく相容れない多種管理モデル（右記の例で言えば、ミンククジラ以外にも、ミンククジラと関係する鯨種の動態も分からなければ捕獲枠は算出できないモデル）の構築を目指すとしている（第3章を参照）。その理由としては、ＲＭＰが「生物学的理解における不確実性を重視するあまり、過度に保護的になっている」ことが挙げられている。

ＲＭＰが過度に保護的であることを本当に問題視しているのであれば、ノルウェーが手本を示しているように、ＲＭＰの保護レベルを下げるように要求すればすむ話である。ここであえて、反捕鯨国もその採択に賛成したＲＭＰを日本政府が否定し、科学的な不確実性が非常に大きい多種管理モデルを目指すことは、商業捕鯨再開に必要不可欠なＲＭＰの有用性を否定し、自らの手でモラトリアム解除をさらに遠のかせることになる。

日本の調査捕鯨に対する数多くの批判（第3章を参照）を合わせて考えると、日本政府のこうした行動は先述の戦略②に反しているだけでなく、科学を尊重し、鯨資源の持続的な利用を目指すとする日本政府の外交方針とも相容れないものとなっている。[12] こうした自己矛盾は、ＩＷＣ交渉における日本の説得力を著しく削いでいると言える。

次項で分析するように、日本には反捕鯨国と交渉する意図がまったくないことと合わせて考えてみれば、日本政府がこうした自己矛盾の言動を意図的に行っている疑いが濃厚となってくる。

戦略③——反捕鯨国との実質的な交渉

国際政治学者のロバート・フリードハイムは、一九九六年に著した著作[13]で、日本が反捕鯨国側と本当に交渉を行ったことは一度もなく、受身の交渉に終始し、法文主義に固執するのみであったと的確に指摘した。このことは、現在の日本の捕鯨外交にもほぼそのまま当てはまる。それを表す端的なケースが、ＲＭＳ（改定管理制度）と小型沿岸捕鯨に関する日本の交渉態度である。

第１章で説明したように、ＲＭＰとＲＭＳは、モラトリアム解除の絶対条件であることがＩＷＣ加盟国の共通認識となっている。しかし、そのモラトリアム解除を外交目的として掲げている日本は、取締条約の監視規定を踏襲した最低限のＲＭＳしか必要ないという立場に固執し、反捕鯨国側と本格的に交渉して妥協を図ったことは一度もない。この外交姿勢は、ＲＭＳに関する合意が得られなくても商業捕鯨を実施できるノルウェーとほぼ同じである。

（12）諏訪雄三氏は、ＩＷＣで日本が主張する「健全な科学」とは、「日本政府が支持する科学」であるとしか受け取られていないと述べている。諏訪雄三（一九九六）『アメリカは環境に優しいのか』新評論、二三六ページ。

（13）R.L. Friedheim (1996) Moderation in the Pursuit of Justice: Explaining Japan's Failure in the International Whaling Negotiations. Ocean Development & International Law 27, pp. 349-378.

日本に妥結の意思があれば、こうした交渉姿勢にはならないはずである。

日本の具体的な提案は、法文主義に則り、加盟国の主権的権利の保護、そして重複した規制の回避などの原則を主張している。[14] RMSの文脈で日本が保持している法文主義が意味するのは、動物福祉（主に致死時間）、鯨製品の追跡と識別のための国際的なDNAデータベース、調査捕鯨への拘束力のある規制といった要素は取締条約の管轄外であるため、これらをRMSに盛り込めば条約に反するということである。

さらに、一九九七年に当時のIWC議長であったアイルランドのマイケル・キャニー（Michael Canny）が提案したいわゆる「アイルランド提案」をめぐる交渉を見れば、日本が反捕鯨国と交渉する意向は一切なく、調査捕鯨を優先させていることがさらに明確になってくる。アイルランド提案はIWCでの妥結を目指した包括的な提案であり、以下の四つの要素からなっている。

①RMSを採択して完成させること。
②捕鯨操業は現捕鯨国のEEZ内のみで行うこと。
③鯨類製品の国際取引は行わないこと。
④致死的調査捕鯨を段階的に縮小して廃止すること。[15]

この提案は、RMS交渉における唯一の妥協案であると言われている。[16]

本来、こうした妥協案は、ＲＭＳの合意がなければ商業捕鯨を再開できない日本から提案されるはずのものである。実際はそうではなく、反捕鯨団体が強い影響力をもつアイルランドが、条件付きではあるが、捕鯨再開のための妥協案を初めて主張したこと自体に日本に妥協の意思がないことが見てとれる。そのうえ、日本はアイルランド提案を支持する動きをいっさい見せなかった。この提案の多くの部分、なかでも調査捕鯨の段階的廃止と沿岸を除いた商業捕鯨の禁止は、取締条約とは整合性がとれていない。そこで日本は、法文主義に則り、反捕鯨国と妥協することなく、ＲＭＳ交渉よりも調査捕鯨の継続を優先したのである。なお、ＲＭＳ交渉は、二〇〇六年の第五八回ＩＷＣ年次会合をもって停止したままとなっている。

妥結に対する消極姿勢は、小型沿岸捕鯨の救済枠をめぐる交渉でも見られる（第１章を参照）。日本はかねてより、沿岸捕鯨業者がモラトリアムによって経済的な苦境に立たされて

(14) Government of Japan (1997) IWC/49/RMS1 presented to the IWC Annual Meeting (unpublished). 日本は二〇〇〇年にも同様の提案をした。

(15) Government of Ireland (1997) Opening Statement of the Government of Ireland. Forty-Ninth Annual Meeting of the International Whaling Commission.

(16) かつてIWC米国主席代表を務めたジョン・クナウスもアイルランド提案と同様のパッケージを妥協案として提案している。J. Knauss (1997) The International Whaling Commission—Its past and possible future. Ocean Development & International Law 28, pp. 79-87。

いるとして、その救済のための捕獲枠を要求してきた。この要求はＩＷＣにおいて否決され続けていたが、二〇〇二年にイギリスのケンブリッジで開催されたＩＷＣ特別会合では、アメリカが初めて日本の救済枠提案を支持した。このアメリカの支持は、小型沿岸捕鯨の非商業化とＲＭＰの適正運用という条件付きで、非常に限定的なものであった。とはいえ、ＩＷＣにおいて一定の影響力を保持してきたアメリカが救済枠を支持したことは、日本の要求を実現するためにはきわめて重要だったはずだ。

しかし日本は、この好機を利用して救済枠提案の実現を追求することはなく、むしろアメリカの支持をないがしろにするような行動に出た。アメリカが救済枠に支持を表明した翌年、日本は一五年間にわたって主張してきた五〇頭の救済枠ではなく、三〇〇頭（一五〇頭のミンククジラと一五〇頭のニタリクジラ）の捕獲枠を日本沿岸でのＲＭＰ実証試験用として提案したのである。従来の六倍に当たる三〇〇頭という捕獲数の要求をアメリカが支持するはずがない。その後、再びアメリカが日本の救済枠提案を支持することはなかった。

この突然の政策変更の理由は明らかではないが、ＲＭＰの実証試験はＲＭＳの行き詰まりとは何の関係もないため、これによってＲＭＳ交渉が進むことがないのは明らかである。

戦略④――ＩＷＣ脱退戦略の策定

ＩＷＣを脱退して商業捕鯨の再開を図る戦略は、右記の戦略①～③が失敗した場合に商業捕鯨の再開を可能にするだけでなく、ＩＷＣ交渉においても強力な切り札として機能する。この戦略は、商業捕鯨再開という日本の外交目的にとって必要不可欠なはずだが、日本政府はこの戦略も実施してこなかった。

ＩＷＣ脱退論は、主に国会議員からたびたび提起されるものの[17]、日本政府はＩＷＣにとどまるときわめて堅固な立場を維持している。日本は国連海洋法条約の締約国でもあるため、ＩＷＣから脱退して商業捕鯨を再開するには、鯨類管理のための新たな国際機関を関係国とともに設立し、その機関を国連海洋法条約第六五条にいう「適切な」国際機関として認めるように国際社会を説得しなければならない。

日本は捕鯨のための新しい国際機関の設立を関係各国との間で非公式に協議しているとされるが[18]、日本が本当にそうした機関を設立する気があるかどうかははなはだ疑問である。仮

---

(17)　たとえば、以下を参照。自由民主党（二〇〇五）「自由民主党国際捕鯨委員会対応検討プロジェクト・チーム・中間報告」二〇〇五年五月三一日。

(18)　Y. Iino & D. Goodman (2003) Japan's Position in the International Whaling Commission. In: W.C.G. Burns & A. Gillespie (eds.) The Future of Cetaceans in a Changing World. Transnational Publishers, pp. 3-32.

に、日本がＩＷＣから脱退して新たな国際機関を設立したとしても、商業捕鯨を再開することに協力してくれる国だけが参加するとはかぎらない。対象海域が南極海ならオーストラリアとニュージーランド、北西太平洋ならアメリカなど商業捕鯨に強く反対する国々が参加する可能性が高い。こうした国々からの協力を得るためには、たとえば貿易や安全保障など、各国が非常に重要視する問題を日本が取引材料として持ち出し、捕鯨問題で譲歩を迫るということが必要になる。

しかし、実際には、日本は捕鯨問題を他の外交問題とは切り離して処理しようとしている。二〇〇七／二〇〇八年の調査捕鯨では、ホエールウォッチングで人気のザトウクジラの捕獲を日本が計画したことでオーストラリアとの間に緊張が走った。このザトウクジラ捕獲計画は、オーストラリアから何らかの妥協を引き出すための戦略とも見られたが、実はそうではなかった。二〇〇八年二月一日に開催された福田康夫首相（当時）とオーストラリアのスティーブン・スミス（Stephen Smith）外相との会談で、「調査捕鯨についての立場の違いがほかの問題に影響を与え、両国関係を損なうことのないよう対処すべき」という認識が確認され、[19]その直後に日本はザトウクジラ捕獲を断念した。

この騒動が示唆しているのは、日本とオーストラリアの双方が、他の外交問題を取引材料にしてまで捕鯨問題で譲歩を求めることはないということである。これでは新たな国際機関をつくることは無理だろう。日本が繰り返し「ＩＷＣを脱退し、商業捕鯨を再開する」と声高に叫んだところで（第4章を参照）、反捕鯨国に対する脅威とはならないのである。

ドミノ理論

以上のように、日本の捕鯨外交はモラトリアム解除に必要な戦略を実施せず、むしろ逆方向に進んできた。商業捕鯨の再開をよりいっそう困難にすると同時に、調査捕鯨の継続を最優先に追求してきたのである。

日本がこうした外交をモラトリアムが採択されたころから二〇年以上にわたって一貫して展開している理由が、戦略の理解不足や失敗の結果とは考え難い。というのは、モラトリアムの解除には右記の戦略が必要不可欠であることは、捕鯨サークルを含めて誰の目にも明らかだからだ。では、日本はどうしてこのような捕鯨外交を展開してきたのだろうか。

捕鯨文化論は、すでに第4章で検証されて棄却された。よく登場するもう一つの説明は、捕鯨推進派がＩＷＣで反捕鯨勢力に「敗北」してしまえば、他の漁業資源管理においても野生生物資源の利用を一切否定する動きが波及するおそれがあるという「ドミノ理論」である。だが、この理論でも日本の捕鯨外交の実態は説明することはできない。

（19）　ＮＨＫニュース《www3.nhk.or.jp/news/2008/02/01/d20080201000109.html》二〇〇八年二月一日に閲覧。

日本はモラトリアムへの異議申し立てを撤回して商業捕鯨停止を受け入れ、いまだにモラトリアム解除を達成していない。その意味で、日本はすでに反捕鯨勢力に「敗北」しているのである。

では、この「敗北」によって、野生生物の利用を否定する動きが他の漁業資源管理に波及しているだろうか。資源状態の悪化が深刻化しているマグロ類の国際交渉、たとえば二〇〇六年一一月に開催された大西洋まぐろ類保存委員会では、反捕鯨団体が強い影響力をもつヨーロッパ諸国は、むしろ日本より強硬に漁獲枠の大幅削減に反対していた（二〇〇六年一一月二六日付〈朝日新聞〉）。もし「ドミノ理論」が正しければ、つまり野生生物の利用を否定する団体がマグロ類の管理においても強い影響力を行使していれば、ヨーロッパ諸国はより厳しい措置を支持していたはずである。

国内政治の重要性

日本の捕鯨外交の駆動力が、文化でもなく、他の漁業交渉への波及効果などの国際交渉上の懸念でもないとすれば、日本の国内事情にその淵源を求めるしかない。これは、今まで日本の捕鯨外交を分析してきた研究者の一致するところでもある。[20] だとすれば、どのような国内事情があるのであろうか。

捕鯨産業に従事する人数は、多く見積もっても五〇〇人未満であり、調査捕鯨で捕獲された鯨肉の売上はたかだか五〇億円程度にすぎない（第1章を参照）。これでは、国会論争や選挙の争点になったり、貿易や安全保障の問題と肩を並べたりすることは到底無理である。捕鯨外交の駆動力は、一般的な政治や経済という広い文脈に起因しているわけではないことが分かる。

このように考えると、捕鯨外交は、それにかかわる組織、つまり水産庁の遠洋課捕鯨班を中心とする捕鯨サークルの利益に沿って動いているとしか考えられない。捕鯨サークルのうち、共同船舶や鯨研の利害関心は明白である。つまり、共同船舶がモラトリアムの解除ではなく調査捕鯨の継続を最優先事項としているのは、調査捕鯨にしか拠出されない補助金と無利子融資を受けることで捕鯨産業を継続させるためである。同様に鯨研は、調査捕鯨を主な業務としているため、その鯨肉の売上がなければ研究を継続することができなくなってしまうのである。

残るは水産庁ということになるが、序章ですでに触れた官僚政治の権益確保というだけでは、水産庁を含めた捕鯨サークルが牽引する捕鯨外交で法文主義や科学主義といった外交方針が採用されている理由を説明することができない。こうしたことも含めて、捕鯨外交の駆

(20)　これらの研究の概要と評価については、注（1）で挙げたIshii, A. & A. Okubo (2007) を参照。

動力を包括的に説明するためには、官僚政治の誘因をより詳しく捉えなければならない。ここでは、日本の官僚政治の現実に深く切り込んだ二つの考え方を手掛かりにして論考を進めていく。

官僚政治の「非政治化」

本章の冒頭で述べたように、日本政府が調査捕鯨の継続を最優先としてきた根底には、捕鯨産業や鯨研など、ごくかぎられた利害関係者の既得権益が存在する。だが、この小さな既得権益を守るという理由で調査捕鯨に投入する税金を確保することは不可能である。そこで、既得権益の維持に関係なく調査捕鯨に税金を投入し続け、かつ捕鯨外交において調査捕鯨を最優先することが必要なのだ、と主張するための理由づけが必要になってくる。こういうときに便利なのが科学と文化、そして条約である。捕鯨外交に関する日本政府の基本方針を再確認すると、以下の三つとなる。

①日本文化としての捕鯨は継続するべきである。
②その捕鯨を管理していくためには科学が重要である。
③そのための科学的知見を国際法である取締条約が認めている調査捕鯨で明らかにすることで、ＩＷＣ加盟国を説得して商業捕鯨再開を目指す。

この基本方針に登場する日本文化、科学、そして条約という要素は、次のように既得権益の維持に代わる理由づけを提供してくれる。

まず、文化に注目すると、広く日本文化として認められている能や歌舞伎などと同列に捕鯨を「文化」と呼ぶことで、既得権益などとは無縁な、当然継承されるべき活動としてのイメージを捕鯨に付与することができる。同時に、捕鯨に反対を唱える人は、日本文化をも否定する日本の敵として批判される可能性が高くなる。実際、捕鯨サークルは捕鯨を日本の文化とする言説を恣意的に構築し、捕鯨に反対する国々を多様な文化の併存を認めない文化帝国主義として批判してきた（第４章を参照）。

これと同じような理屈が科学にも当てはまる。調査捕鯨を科学として主張すれば、高校で教えられている物理や化学と同列の、客観的で価値判断を伴わない、既得権益などとは無縁の活動としてのイメージを調査捕鯨に付与することができる。同時に、調査捕鯨への反対を、感情的で非合理的なものとして無視することができるようになる。

文化と科学という要素がさらに捕鯨サークルにとって好都合なのは、両者が政治とは無関係に見えることだ。調査捕鯨に税金を投入することは、政治的な判断によって小さな既得権益を維持することに等しい。しかし、尊重すべき伝統文化としての捕鯨、追求すべき科学の活動としての調査捕鯨というイメージは、政治的判断による既得権益維持という調査捕鯨の核心をきれいに覆い隠してくれる。

三つ目の「条約」という要素にも同様の効果が期待できる。取締条約が認めているものとして調査捕鯨を法的に正当化することで、六〇年以上も前に締結された取締条約の条文は今の政治的意図とは無関係であり、ただ単に条文に基づいて調査捕鯨を粛々と実施しているにすぎないというイメージを構築することができる。

このように、政治とはもっとも縁遠い存在としてイメージされる文化・科学・条約という理由づけを外交方針に組み込むことで、調査捕鯨を税金と労力を投入してまでも支えるべき対象として仕立てあげてきたのが、これまでの日本の捕鯨政策であったと言える。

実は、捕鯨政策にかぎらず、さまざまな政策があたかも政治とは無関係に立案され、実施されているかのように映し出す作業が日本では広く行われてきた。このことを指摘したのは、ジャーナリストとして日本政治の権力構造を分析してきたカレル・ヴァン・ウォルフレン（Karel van Wolferen）である。彼は、政治を「非政治」化するという逆説的な作業が日本の政策決定プロセスを維持し、既得権益を維持していくための「生理」として必要なのだ、と指摘している。ウォルフレンの大著『日本／権力構造の謎』（ハヤカワ文庫、一九九四年[21]）から彼の論旨を説明していこう。

日本の憲法では、日本が民主主義国家であることが規定されている。それならば、市民本位の政策が行われていない場合には、政策を変える体制が整備されているはずだ。それは、現行の政策をとる理由が市民に説明され、市民本位の政策を実施するために制度が改変され、予算措置や人事権を市民の代表者が行使できる体制である。こうした政治体制が、「説明責任」と頻繁に訳されるアカウンタビリティの本来の意味である。

ここで言う「市民の代表者」とは、憲法にあるとおり、「国権の最高機関」、「国の唯一の立法機関」としての国会（日本国憲法第四十一条）である。しかし、現在の政策決定プロセスは憲法で規定されているはずの三権分立ではなく、行政と立法（国会）が融合一体となっている「半権分立[22]」であると指摘されている。したがって、そもそも市民本位の政治を実現する体制整備はなされていないことになる。

そして、立法の大部分は、「唯一の立法機関」であるはずの国会ではなく行政府の官僚が行っているため、そうした立法行為は政治的な正当性を欠くことになる。そこで、官僚による立法は政治的な意図がない、行政として必要な非政治的な行為であるという正当化が必要となってくる。つまり、「官僚による立法行為は、客観的に文化・科学・法律（外交の場面では条約）に則って粛々と行われているだけで、政治的な意図がないものであるため憲法における正当性を追及する必要はなく、合法である」というストーリーが、アカウンタビリテ

（21）原著名は、K. v. Wolferen (1990) The Enigma of Japanese Power: People and Politics in a Stateless Nation. Vintage Books.

（22）米本昌平（一九九八）『知政学のすすめ』中公叢書。

ィの欠如を覆い隠すだまし絵となってくれるのである。こうして、官僚政治による既得権益が維持されていく。

日本の捕鯨政策で行われてきたのは、まさにこの政治の「非政治化」の作業であり、そのための道具立てとして文化・科学・条約が用いられてきた。なかでも、もっとも重要なのが「文化」による政治の「非政治化」である。つまり、日本が捕鯨を継続するのは、既得権益などを踏まえた政治的判断の結果ではなく、「捕鯨は日本の文化だからである」という言い方になる。こうした文化的な正当化は、国内的にも国際的にも用いられてきた主要戦略の一つである（第4章を参照）。

また、日本人にとっては、文化はナショナリズムと結び付いている一方で、西洋諸国はその大部分が植民地の宗主国であった歴史をもっていることから、自分たちが自民族中心主義的（ethnocentric）な思想の持ち主だと思われることを嫌がるという傾向が非常に強い[23]。このため、捕鯨問題のように、一見すると日本対西洋の図式で捉えがちな問題では、この「文化的防衛」（『日本／権力構造の謎』）によってその実態が探られることなく、水産庁が有利な立場を確保することができるのである。

「擬似企業体」としての水産庁

科学史家の視点から官僚政治に深く切り込んだ米本昌平は、政府官僚と他の政策決定者との間のパターナリスティック（父権主義的）な関係が、日本政治のなかで根本的な政治イデオロギーとして構造化されていると論じている。[24] パターナリスティックな関係とは、直接的には、父親が子どもの幸せを最優先におもんばかって行動するといった親子関係を指している。

右記で「半権分立」と述べたように、日本では立法府（国会）と行政府（内閣ならびに他の政府省庁）は融合一体化し、濃密な相互補完関係をつくりあげている。この融合が一八〇〇年代から当然視されてきたという事実は、議員と官僚の双方の間で、権力機構の運用に関する暗黙の理解があるという前提がなければ説明できない。主要な政策立案の業務は、極端なほど行政府に集中しており、国会議員が自分自身の力で政策を立案することは稀である。国会議員は官僚に頼り、官僚に働きかけて自らが支持する政策を法律のなかに反映させてきた。

(23)　カレル・ヴァン・ウォルフレン（一九九四）『日本／権力構造の謎』（下巻）、四五ページ。
(24)　本節は主として、注（22）で挙げた米本昌平（一九九八）に依拠している。

このプロセスを可能にしたのは、もっとも優秀で才能ある行政機構の担当者が、もっとも質の高い情報を集積したうえで分析し、親が子どもをおもんばかるようなパターナリスティックな形で優れた政策を実施し、彼らは絶対にまちがうことはないという「行政の無謬性」という神話である。

できあがった政策には明確な責任分担がなく、その多くは問題となっている政策の大綱を記したものにすぎず、政策実施の詳細の決定は担当部局に一任されることになる。こうした政治構造は、規制部門においてもっとも優秀で才能のある政策決定者であり、日本国民の面倒を見る政府官庁に裁量権をもたせるべきであるという、パターナリスティックなイデオロギーを反映している。

こうしたパターナリスティックな関係は、財務省主計局と他省庁（ここには、財務省の他の局も含まれる）との間にも存在する。主計局は他省庁から提出された予算提案を審査・評定するパターナリスティックなパトロンの地位にある。こうした関係は、主計局が予算決定の問題を一番よく知っているという前提がないかぎりあり得ず、これも「行政の無謬性」神話を強化するものとなっている。

予算が認められれば、その提案者がもっとも優秀な政策決定者として認められたということになり、政府の名前で行政サービスを実施する。このため、提案者である各省庁は、常に自らの予算、権限、ポストの拡大を図る「疑似企業体」になっている。

日本の捕鯨外交を説明する

日本の捕鯨外交は、「政治の『非政治化』」と「疑似企業体」という二つの考え方を用いると、次のように説明することができる。

水産庁を中心とする捕鯨サークルは、取締条約の条文を解釈の余地なく文章どおりに遵守する法文主義に則って科学と文化に沿った言説を構築し、マスコミの力も借りることで（第4章を参照）自らの立場を「非政治化」してきた。日本政府が主張する基本的な立場はここ二〇年ほど変化していないが、一貫した方針を堅持することはその方針がまちがっていないことを誇示することになるため、これは「行政の無謬性」神話にも合致している。そして何よりも、調査捕鯨の継続こそが、捕鯨サークルの予算、権限、ポストの維持という「疑似企業体」の水産庁（と、その管轄下にある他組織）にとってもっとも有利となる。そのため、今までの日本の捕鯨外交はモラトリアム解除ではなく、調査捕鯨を最優先してきたという説明を導くことができるのである。

日本外交というより広い視点から見れば、捕鯨論争にはもう一つのインセンティブが見えてくる。日本は戦後一貫してアメリカに「ノー」と言うことがほとんどできず、アメリカが関係する問題に関する「被害者意識」、フラストレーション、そしてナショナリズム的な感情が助長されてきた。この文脈で考えてみると、捕鯨問題は日本の政策決定者の間の外交上のストレスを発散するのに格好の問題となる。なぜなら、捕鯨のような重要性に乏しい政治課題でアメリカと争いが起こったとしても、それが日米関係に影響を及ぼすほどの問題にはならないからである。

　事実、自民党捕鯨議員連盟の幹部は、「米国にきちんとものが言える数少ない外交課題が捕鯨」であると認めている（二〇〇〇年九月一五日付〈朝日新聞〉）。反捕鯨側からの圧力とモラトリアム論争は、日本がその外交上のストレスを発散するのに必要な対立を提供しているのだ。

逆予定調和

　本章で論じてきたように、水産庁を中心とした捕鯨サークルの真の目的は調査捕鯨の継続であり、そのためにモラトリアム解除に必要な戦略はいっさいとらず、むしろ反捕鯨国との対立を強めることによって、調査捕鯨をナショナリズムのシンボルにするような捕鯨政策をつくりあげてきたのである。こう考えると、なぜ日本の捕鯨外交の目的と実際の行動が大きく乖離《かいり》してきたのかが理解できる。

　一方で、反捕鯨国も、日本やノルウェーが捕獲頭数を伸ばしているにもかかわらず、なるべく捕獲頭数を減らす妥協の道ではなく、捕鯨の片棒を担がないように捕鯨推進国を批判し続けているだけである（第5章を参照）。反捕鯨国は、捕獲頭数を減らす努力を怠っているという批判をかわしながら、自分たちの国民にアピールするためのスケープゴートを必要としているのである。

一部の反捕鯨団体も、捕鯨推進国を叩くことによって寄付収入を確保しているという側面があることは否定できない。総じて見れば、日本は調査捕鯨を継続するために商業捕鯨の再開に断固反対する反捕鯨国を必要としており、反捕鯨派も捕鯨推進国を叩くことによって利益を得るという共生関係ができあがっている。初めから予測できる対立が逆説的には共生関係という調和を生んでいることから、筆者らはこれを「逆予定調和」と呼んでいる。

捕鯨問題は、経済的にも政治的にも大した問題ではないのに解決できていない、と言う人がいる。しかし、捕鯨問題が「大した問題」ではないからこそ、ＩＷＣの「逆予定調和」を変える政治的意思が現れてこないのである。他方、別の見方をすれば、いったん政治的な意思が現れれば、ＩＷＣを「正常化」するべく、ごく小さな既得権益しかかかわっていない外交問題の方針転換を行うことは比較的容易なはずである。

大方の予想では、ＩＷＣで唯一妥協可能な折衷案は、調査捕鯨や鯨肉の国際貿易を一切禁じる代わりに、沿岸捕鯨を科学的管理のもとで容認するというものである。こうした妥協案を無視したまま日本が突き進んでいくならば、アカウンタビリティを欠いた税金の拠出が積み重なっていくことになる。

おわりに

本書を執筆している間に、本当にさまざまなことが起きた。まず、二〇一一年二月、南極海調査捕鯨が一九八七年に開始されて以降初めて、シー・シェパードによる妨害活動を受けていた調査捕鯨が調査期間中で打ち切りとなり、捕鯨船団が日本に帰還することとなった。そして、調査捕鯨船団が日本への帰国の途についている最中の二〇一一年三月、東北地方太平洋沖地震によって未曽有の大災害が関東・東北地方を襲った。実は、私は震災の真っただ中にあったが、運よく助かり、すぐに家族のもとに駆けつけることができた。一方で、調査捕鯨船団には被災地住民の方々も乗船されていたが、すぐに駆けつけられないもどかしさや無力感に苛まれておられたかと思うと、本当に心が痛む。

調査捕鯨が打ち切りになって以来、今後の調査捕鯨の行方に関する議論が新聞を中心に巻き起こった。想像に難くないが、シー・シェパードに屈しないために調査捕鯨を継続すべきとする主張もあれば、南極から撤退することをも視野に入れた見直しを訴える主張までが登場した。その最中、農水相から有識者らによる検討会を設置して、体制の見直しを図る意向が示された。

有識者とは聞こえがいいが、これは基本的に、検討会の人選は水産庁が決め、議論の推移についてもあらかじめ水産庁によるシナリオができあがっている可能性が高い。こうしたプロセスしか踏まないのであれば、どんなに合理的な結論が出たとしても、それは到底納得できるものではない。なぜなら、今まで検証してきたように、アカウンタビリティを欠く外交を展開し、何ら科学的な捕鯨管理に貢献できない調査捕鯨を推進してきたのはほかならぬ水産庁を中心とする捕鯨サークルであり、それが責任をとらずに、今後の捕鯨政策の方向性を定める役割を担うのは政治的正当性を欠いているからである。

また、水産庁が練っているシナリオとはおそらく、南極海から撤退したうえで、調査捕鯨への補助金を維持するべく、妨害圧力がない北西太平洋の調査捕鯨（ＪＡＲＰＮ）を維持し、さらに沿岸捕鯨を復活させることをＩＷＣに認めさせるというものである。このシナリオが実現できれば、水産庁や調査捕鯨に従事する研究者を含む捕鯨サークル、沿岸捕鯨業者、南極海からの調査捕鯨の撤退を願っているシー・シェパードや反捕鯨派は満足するかもしれない。

しかし、われわれは曲がりなりにも主権在民の国に生きている。したがって、誰もが喜ぶ結果になれば、その決定プロセスを捕鯨サークルや有識者だけに委ねていいはずはない。そうではなく、われわれが選挙で選んだ議員が儀式ではない実質的な熟議をとおして決めるべきものなのである。被災した立場から言えば、即刻、調査捕鯨は廃止し、その補助金を被災者支援に回してもらいたいが、アカウンタビリティが担保された熟議のすえに調査捕鯨の継続が決定されれば、それは甘んじて受け入れるつもりだ。

本書の冒頭で提唱したオンブズマン型研究は、まさにそうした熟議のための利害関係に捕らわれない第三者の専門家集団による知見を提供するものであり、本書ではそうした知的基盤を提供することができたと思う。ここでは、オンブズマン型研究に基づいて「日本の捕鯨政策とその外交」を事業仕分けにかける場合を想定してみることで本書をまとめたい。

まず、日本の捕鯨政策は、鯨肉食や捕鯨活動が日本の伝統文化の一部であることを前提としているが、そうした伝統文化は沿岸地域では認められるものの、鯨肉食が日本全国で日常的に食べられていたのは戦後の一時期にすぎない。その意味で、「日本の伝統文化」とするにはかなり無理がある。

第二に、日本は科学的知見に基づき、鯨類資源の持続的利用を推進する、としている。しかし、科学的知見に基づいて希少種と目されている日本近海のミンククジラ（Ｊストック）を保護する政策はとられていない。混獲された場合にかぎって言えば、それが他の鯨肉と区別されることなく市場に出回っている。Ｊストックを持続的に利用するためには、調査研究に基づいて積極的な保護を図り、資源量を回復させなければならないはずだが、日本にはそもそもそうした海棲哺乳動物の保護政策がない。

第三に、日本政府は商業捕鯨を再開させるための外交を推進しており、そのための科学的知見を、取締条約が認めている調査捕鯨で生み出す必要があるとしている。しかし、これも方針と実態とが乖離《かいり》していることが判明した。つまり、調査捕鯨は持続可能な捕鯨の管理に役立つ科学的知見をほとんど生み出してはいない。さらに、非致死的調査を積極的に採用すれば、同じ個体から繰り返しデータを採取でき、時間的にも費用面から見ても効率的に時系列データがとれるところをあえて非効率な致死的調査を重視している。また、致死的調査では、捕獲直前のクジラの状態を表すデータを一個体当たり一回しかとれないために偏ったデータしか扱えず、信頼に足る科学的調査ができない。これでは、調査捕鯨で得られた科学的知見で他のＩＷＣ加盟国を説得できる見込みはほとんどないどころか、あえて非効率で科学的信頼性の低い致死的調査を重視しているのは科学調査目的以外の別の理由があるからではないか、という不信感を増幅させるばかりである。調査捕鯨は、国際交渉において、商業捕鯨の再開をより困難にする要因になってしまっているのだ。

さらに、第６章で明らかにしたように、今まで日本は商業捕鯨を再開させるために必要不可欠な戦略を遂行したことがなく、むしろ、沿岸を含めた商業捕鯨再開のための最大の障害である調査捕鯨を最優先に維持する外交を展開し続けてきた。したがって、今まで掲げられてきた基本方針は有名無実と化していると評価せざるを得ない。

以上のことから、商業捕鯨の再開につながらない調査捕鯨に税金を投入し続ける日本の捕鯨政策には、説明責任の欠如という点からも、また日本の逼迫した財政状況を考えても大きな方向転換が必要であると言える。それにはまず、調査捕鯨を維持するのではなく、国内の鯨肉消費の現状に見合った政策へと舵をきる必要がある。

さらに、科学的知見に基づいた鯨類資源の持続的利用を推進し、ＩＷＣ管轄の鯨種を対象とした商業捕鯨の再開を目指すのであれば、次のように現状を改める必要がある。

・調査捕鯨ではなく、非致死的方法による調査研究を積極的に展開する。
・Ｊストックのミンククジラをはじめとする希少種の積極的な回復と増殖を図る。
・公海上での調査捕鯨を放棄する代わりに、沿岸捕鯨を厳重な科学的管理のもとで再開する道をＩＷＣで探る。

このように、日本国内の捕鯨政策、捕鯨外交、調査捕鯨を有機的に結び付けることで包括的な捕鯨政策の評価が可能となる。

「次世代型事業仕分け」で捕鯨政策の包括的評価を

この本を執筆している最中にもう一つ重要な出来事があった。それは二〇〇九年八月に行われた総選挙で、民主党が自由民主党から第一党の地位を奪取し、日本の憲政史上初めて、与野党交代による政権交代を成し遂げたことである。二〇〇九年、政策交代を成民主党の目玉政策であった事業仕分けは、ほんの一部の事業しか対象にはならなかったものの、仕分け作業をインターネット中継することで評価プロセスをガラス張りにしたことは画期的であったと言える。この仕掛けのおかげで、われわれの血税がどのように使われているのか、そしてその評価をどのように行えばよいのか、といった論点についての具体的な議論が沸き起こった。

　実際の仕分け作業を見ると、それぞれの仕分け人がそれぞれの評価軸で判断し、その判断結果を「廃止」、「予算縮減」、「予算要求通り」といった選択肢に集約して、投票結果を参照しながら仕分け結果を決めていく。短期間に多数の事業を仕分けする場合、実際上はこのやり方しかないのかもしれないが、そのために生じる問題点もある。まず、それぞれの事業の根底にある問題設定や政策ビジョンに関する議論はまったくといっていいほど行われなかった。第二に、仕分けは事業ごとに行われたため、関連事業の包括的な評価を行うことができない制度的制約がある。第三に、多様な仕分け人を採用したことで多様な論理や感覚を事業仕分けに反映できるはずだったが、実際に仕分け人が下すことができる評価結果は右記の選択肢に限定されている。そして、ほとんど聞けずじまいだったのは、それぞれの仕分け人がどういう評価軸で投票したのか、仕分け対象事業の代替案のアイデアはどういったものがあるのか、といった非常に重要な論点である。

　これらの問題点がその重大さに比してそれほど注目を集めなかったのは、事業仕分けの主眼が「子ども手当て」といった二〇一〇年度の目玉政策の財源に充てるべく、天下り、縦割り行政の無駄を洗い出し、いわゆる「埋蔵金」を返納させることに置かれていたからだろう。

しかし、こうした分かりやすい基準を適用できない事業が増えてくれば、今のやり方では行き詰ってしまう。そこで、今まで沸き起こった議論の流れを止めないためにも、右記の課題を克服した「次世代型事業仕分け」が必要となってくる時期が遅かれ早かれやって来るはずである。そう考えると、このような問題点をすべてクリアできている本書のオンブズマン型研究に基づいた事業仕分けはそうした課題を克服できており、その有力候補になると言えるだろう。本書が、対立を超えて捕鯨問題の熟議を開始する契機となれば、このうえない喜びである。

最後になったが、本書を執筆するにあたってお世話になったすべての方々にお礼を申し上げたい。そして、原稿をていねいに推敲してくださり、この本を読みやすくするためにアイデアまで提案してくださった株式会社新評論の武市一幸さんに深く感謝いたします。また、本書で使われているイラストをご提供いただいた倉澤七生さん、写真の一部をご提供いただいたアメリカ国立海洋大気局の国立海洋哺乳類研究所に感謝の意を表したいと思います。

そして、この本を捕鯨推進や反捕鯨といったレッテル貼りをすることなく読んでくださったすべての読者の方々に感謝を申し上げます。

二〇一一年　春

執筆者を代表して　石井敦

巻末資料１　（http://www.mofa.go.jp/mofaj/gaiko/whale/jhoyaku.html より転載）

国際捕鯨取締条約

正当な委任を受けた自己の代表者がこの条約に署名した政府は、

鯨族という大きな天然資源を将来の世代のために保護することが世界の諸国の利益であることを認め、

捕鯨の歴史が一区域から他の地の区域への濫獲及び１鯨種から他の鯨種への濫獲を示しているためにこれ以上の濫獲からすべての種類の鯨を保護することが緊要であることにかんがみ、

鯨族が捕獲を適当に取り締まれば繁殖が可能であること及び鯨族が繁殖すればこの天然資源をそこなわないで捕獲できる鯨の数を増加することができることを認め、

広範囲の経済上及び栄養上の困窮を起さずにできるだけすみやかに鯨族の最適の水準を実現することが共通の利益であることを認め、

これらの目的を達成するまでは、現に数の減ったある種類の鯨に回復期間を与えるため、捕鯨作業を捕獲に最もよく耐えうる種類に限らなければならないことを認め、

１９３７年６月８日にロンドンで署名された国際捕鯨取締協定並びに１９３８年６月24日及び１９４５年11月26日にロンドンで署名された同協定の議定書の規定に具現された原則を基礎として鯨族の適当で有効な保存及び増大を確保するため、捕鯨業に関する国際取締制度を設けることを希望し、且つ、

鯨族の適当な保存を図って捕鯨産業の秩序のある発展を可能にする条約を締結することに決定し、

次のとおり協定した。

第1条

1．この条約は、その不可分の一部を成す付表を含む。すべて「条約」というときは、現在の辞句における、又は第5条の規定に従って修正されたこの付表を含むものと了解する。

2．この条約は、締約政府の管轄下にある母船、鯨体処理場及び捕鯨船並びにこれらの母船、鯨体処理場及び捕鯨船によって捕鯨が行われるすべての水域に適用する。

第2条

この条約で用いるところでは、

1．「母船」とは、船内又は船上で鯨を全部又は一部処理する船舶をいう。

2．「鯨体処理場」とは、鯨を全部又は一部処理する陸上の工場をいう。

3．「捕鯨船」とは、鯨の追尾、捕獲、殺害、引寄せ、緊縛又は探察の目的に用いるヘリコプターその他の航空機又は船舶をいう。

4．「締約政府」とは、批准書を寄託し、又はこの条約への加入を通告した政府をいう。

第3条

1．締約政府は、各締約政府の1人の委員からなる国際捕鯨委員会（以下「委員会」という。）を設置することに同意する。各委員は、1個の投票権を有し、且つ、1人以上の専門家及び顧問を同伴することができる。

2．委員会は、委員のうちから1人の議長及び副議長を選挙し、且つ、委員会の手続規則を定める。委員会の決定は、投票する委員の単純多数決で行う。但し、第5条による行動については、投票する委員の4分の3の多数を要する。手続規則は、委員会の会合における決定以外の決定について規定することができる。

3. 委員会は、その書記長及び職員を任命することができる。

4. 委員会は、その委任する任務の遂行のために望ましいと認める小委員会を、委員会の委員及び専門家又は顧問で設置することができる。

5. 委員会の各委員並びにその専門家及び顧問の費用は、各自の政府が決定し、且つ、支払う。

6. 国際連合と連携する専門機関が捕鯨業の保存及び発展と捕鯨業から生ずる生産物とに関心を有することを認め、且つ、任務の重複を避けることを希望し、締約政府は、委員会を国際連合と連携する一の専門機関の機構のうちに入れるべきかどうかを決定するため、この条約の実施後2年以内に相互に協議するものとする。

7. それまでの間、グレート・ブリテン及び北部アイルランド連合王国政府は、他の締約政府と協議して、委員会の第1回会合の招集を取りきめ、且つ、前記の第6項に掲げた協議を発議する。

8. 委員会のその後の会合は、委員会が決定するところに従って招集する。

第4条

1. 委員会は、独立の締約政府間機関若しくは他の公私の機関、施設若しくは団体と共同して、これらを通じて、又は単独で、次のことを行うことができる。

(a) 鯨及び捕鯨に関する研究及び調査を奨励し、勧告し、又は必要があれば組織すること。

(b) 鯨族の現状及び傾向並びにこれらに対する捕鯨活動の影響に関する統計的資料を集めて分析する

こと。

(b)鯨族の数を維持し、及び増加する方法に関する資料を研究し、審査し、及び頒布すること。

2．委員会は、事業報告の刊行を行う。また、委員会は、適当と認めた報告並びに鯨及び捕鯨に関する統計的、科学的及び他の適切な資料を、単独で、又はノールウェー国サンデフョルドの国際捕鯨統計局並びに他の団体及び機関と共同して刊行することができる。

第5条

1．委員会は、鯨資源の保存及び利用について、(a)保護される種類及び保護されない種類、(b)解禁期及び禁漁期、(c)解禁水域及び禁漁水域（保護区域の指定を含む。）、(d)各種類についての大きさの制限、(e)捕鯨の時期、方法及び程度（一漁期における鯨の最大捕獲量を含む。）、(f)使用する漁具、装置及び器具の型式及び仕様、(g)測定方法、(h)捕獲報告並びに他の統計的及び生物学的記録並びに(i)監督の方法に関して規定する規則の採択によって、付表の規定を随時修正することができる。

2．付表の前記の修正は、(a)この条約の目的を遂行するため並びに鯨資源の保存、開発及び最適の利用を図るために必要なもの、(b)科学的認定に基くもの、(c)母船又は鯨体処理場の数又は国籍に対する制限を伴わず、また母船若しくは鯨体処理場の数又は国籍に対する制限を伴わず、また母船若しくは鯨体処理場又は母船群若しくは鯨体処理場群に特定の割当をしないもの並びに(d)鯨の生産物の消費者及び捕鯨産業の利益を考慮に入れたものでなければならない。

3．前記の各修正は、締約政府については、委員会が各締約政府に修正を通告した後90日で効力を生ずる。但し、(a)いずれかの政府がこの90日の期間の満了前に修正に対して委員会に異議を申し立てたときは、この修正は、追加の90日間は、いずれの政府についても効力を生じない。(b)そこで、他の締約政府は、この90日の追加期間の満了期日又はこの90日の追加期間中に受領された最後の異議の受領の日から30日の満了期日のうちいずれか遅い方の日までに、この修正に対して異議を申し立てることができる。

また、(c)その後は、この修正は、異議を申し立てなかったすべての締約政府についての効力を生ずるが、このように異議を申し立てた政府については、異議の撤回の日まで効力を生じない。委員会は、異議及び撤回の各を受領したときは直ちに各締約政府に通告し、且つ、各締約政府は、修正、異議及び撤回に関するすべての通告を確認しなければならない。

4. いかなる修正も、１９４９年7月1日の前には、効力を生じない。

第6条

委員会は、鯨又は捕鯨及びこの条約の目的に関する事項について、締約政府に随時勧告を行うことができる。

第7条

締約政府は、この条約が要求する通告並びに統計的及び他の資料を、委員会が定める様式及び方法で、ノールウェー国サンデフォルドの国際捕鯨統計局又は委員会が指定する他の団体にすみやかに伝達することを確保しなければならない。

第8条

1. この条約の規定にかかわらず、締約政府は、同政府が適当と認める数の制限及び他の条件に従って自国民のいずれかが科学的研究のために鯨を捕獲し、殺し、及び処理することを認可する特別許可書をこれに与えることができる。また、この条の規定による鯨の捕獲、殺害及び処理は、この条約の適用から除外する。各締約政府は、その与えたすべての前記の認可を直ちに委員会に報告しなければならない。各締約政府は、その与えた前記の特別許可書をいつでも取り消すことができる。

2. 前記の特別許可書に基いて捕獲した鯨は、実行可能な限り加工し、また、取得金は、許可を与えた政府の発給した指令書に従って処分しなければならない。

3. 各締約政府は、この条の第1項及び第4条に従って行われた研究調査の結果を含めて鯨及び捕鯨について同政府が入手しうる科学的資料を、委員会が指定する団体に、実行可能な限り、且つ、1年をこえない期間ごとに送付しなければならない。

4. 母船及び鯨体処理場の作業に関連する生物学的資料の継続的な収集及び分析が捕鯨業の健全で建設的な運営に不可欠であることを認め、締約政府は、この資料を得るために実行可能なすべての措置を執るものとする。

第9条

1. 各締約政府は、この条約の規定の適用とその政府の管轄下の人又は船舶が行う作業におけるこの条約の規定の侵犯の処罰とを確保するため、適当な措置を執らなければならない。

2. この条約が捕獲を禁止した鯨については、捕鯨船の砲手及び乗組員にその仕事の成績との関係によって計算する賞与又は他の報酬を支払ってはならない。

3. この条約に対する侵犯又は違反は、その犯罪について管轄権を有する政府が起訴しなければならない。

４．各締約政府は、その監督官が報告したその政府の管轄下の人又は船舶によるこの条約の規定の各侵犯の完全な詳細を委員会に伝達しなければならない。この通知は、侵犯の処理のために執った措置及び科した刑罰の報告を含まなければならない。

第10条

１．この条約は、批准され、批准書は、アメリカ合衆国政府に寄託する。

２．この条約に署名しなかった政府は、この条約が効力を生じた後、アメリカ合衆国政府に対する通告書によってこの条約に加入することができる。

３．アメリカ合衆国政府は、寄託された批准書及び受領した加入書のすべてを他のすべての署名政府及びすべての加入政府に通告する。

４．この条約は、オランダ国、ノールウェー国、ソヴィエト社会主義共和国連邦、グレート・ブリテン及び北部アイルランド連合王国並びにアメリカ合衆国の政府を含む少くとも六の署名政府が批准書を寄託したときにこれらの政府について効力を生じ、また、その後に批准し又は加入する各政府については、その批准書の寄託の日又はその加入通告書の受領の日に効力を生ずる。

５．付表の規定は、１９４８年７月１日の前には、適用しない。第５条に従って採択した付表の修正は、１９４９年７月１日の前には、適用しない。

第11条

締約政府は、いずれかの１月１日以前に寄託政府に通告することによって、その年の６月30日にこの条約から脱退することができる。寄託政府は、この通告を受領したときは、直ちに他の締約政府に通報する。他の締約政府は他の寄託政府から前記の通告の謄本を受領してから1箇月以内に、同様に脱退通告を行うことができる。この場合には、条約は、この脱退通告を行った政府についてその年の6月30日に効力を失う。

この条約は、署名のために開かれた日の日付を付され、且つ、その後14日の間署名のために開いて置く。

以上の証拠として、下名は、正当な委任を受け、この条約に署名した。

１９４６年12月2日ワシントンにおいてイギリス語で作成した。本書の原本は、アメリカ合衆国政府の記録に寄託する。アメリカ合衆国政府は、その認証謄本を他のすべての署名政府及び加入政府に送付する。

巻末資料2

捕鯨関連年表

年	国際的な動き	日本国内の動き
一九四一		大洋漁業（現在の株式会社マルハニチロホールディングス）がスポンサーとなって、日本鯨類研究所の母体である「中部《なかべ》科学研究所」が設立。
一九四六	国際捕鯨取締条約採択。	南極海で日本水産と大洋漁業の二船団が操業再開。
一九四七		中部科学研究所を母体とした財団法人鯨類研究所が認可。
一九四八	国際捕鯨取締条約の効力が発生。	水産庁が発足。
一九四九	第一回ＩＷＣ年次会議開催。	
一九五〇		文化財保護法が施行。
一九五一	日本、条約加入。	
一九五四	北大西洋におけるザトウクジラの捕獲禁止。	大洋漁業が一船団増加し、日本は計三船団で南極海捕鯨出漁。

一九五七	南ア、捕鯨母船を日本に売却し、南極海捕鯨から撤退。	
一九五九		「財団法人鯨類研究所」が、日本捕鯨協会の付属機関（財団法人日本捕鯨協会・鯨類研究所）となる。
一九六〇	非南極海商業捕鯨国の科学者を中心とする特別委員会が設置。	
一九六三	特別委員会が捕獲枠の大幅な削減を勧告。イギリス、捕鯨母船を捕獲枠付きで日本に売却し、南極海捕鯨から撤退。南極海におけるザトウクジラが捕獲禁止。	
一九六四	南極海におけるシロナガスクジラが捕獲禁止。オランダ、捕鯨母船を捕獲枠付きで日本に売却し、南極海捕鯨から撤退。	
一九六五		捕獲枠削減に伴い、五船団（大洋漁業二、日本水産二、極洋捕鯨一）に縮小。
一九六六	北太平洋におけるシロナガスクジラとザトウクジラが捕獲禁止。	四船団操業に縮小（大洋漁業二、日本水産一、極洋捕鯨一）。
一九六七		水産庁のもとで遠洋水産研究所が設立。

一九六八	ノルウェー、南極海操業を中止。	三船団操業に縮小（大洋漁業一、日本水産一、極洋捕鯨一）。
一九七二	国連人間環境会議で商業捕鯨十年モラトリアム勧告が採択。ＩＷＣでは否決されたが、ＢＷＵ制が廃止され鯨種別規制に移行。	
一九七三		「動物の保護及び管理に関する法律」が施行。海外漁業協力財団が設立。
一九七四	「新管理方式」が採択。	
一九七五	北太平洋でナガスクジラとイワシクジラが捕獲禁止。	
一九七六	ナガスクジラが捕獲禁止。北太平洋、北大西洋におけるイワシクジラが捕獲禁止。	極洋、日水、大洋三社の捕鯨部門と、北洋捕鯨、日東捕鯨、日本捕鯨が統合され、日本共同捕鯨が発足。一船団を減らし二船団で操業。
一九七七		二〇〇カイリ漁業水域法が制定され、二〇〇カイリ時代元年に。国際ＰＲによる働きかけで捕鯨問題懇談会が発足。
		捕獲枠削減に伴い、一船団操業に縮小。
一九七八	南半球でイワシクジラが捕獲禁止。	捕鯨問題懇談会が農林水産大臣に陳情。

一九七九	インド洋がサンクチュアリ（禁漁区）に指定。 ミンククジラ以外の母船式商業捕鯨が禁止。 シエラ号事件が発覚。	捕鯨問題懇談会がＩＷＣ議長と事務局長、各国コミッショナー宛てにアピールを発表。
一九八二	商業捕鯨モラトリアム採択（日本、ノルウェー、ペルー、旧ソ連が異議申し立て）。	
一九八三	商業捕鯨モラトリアム対象鯨種がワシントン条約の付属書Ｉ（禁輸対象リスト）に掲載。	
一九八四	ペルー、モラトリアムに対する異議申し立てを撤回。	水産庁、捕鯨問題検討会を立ち上げ、同年に答申。
一九八六	ＩＷＣ科学委員会が国際鯨類調査一〇年計画（ＩＤＣＲ）を開始。	日本、商業捕鯨モラトリアムに対する異議申し立ての撤回を閣議決定。
一九八七	ノルウェー、商業捕鯨を中止。 韓国の調査捕鯨提案に対する非難決議がＩＷＣで採択。 韓国、北太平洋で調査捕鯨を実施。	大日本水産会、「調査捕鯨維持基金」創設を政府に要望。 大日本水産会、日本鯨類研究所の設置運動を展開。 「財団法人日本捕鯨協会・鯨類研究所」が改組され、「財団法人日本鯨類研究所」が発足。 第一期南極海鯨類捕獲調査計画（ＪＡＲＰＡ）が開始。 マンガ『美味しんぼ』の「激闘鯨合戦」が〈ビッグコミック・スピリッツ〉に掲載。

一九八八	ノルウェー、調査捕鯨でミンククジラの捕獲を開始（一九九四年まで）。	財団法人日本捕鯨協会が解散後、任意団体として再設立。商業捕鯨モラトリアム対象鯨種の全ての商業捕獲を停止。
一九八九		グリーンピース・ジャパン発足。
一九九二	リオデジャネイロで開催された国連環境開発会議でアジェンダ21が採択。アイスランドがＩＷＣを脱退。北大西洋海産哺乳動物委員会が設立（アイスランド、ノルウェー、グリーンランド、フェロー諸島が加盟）。	
一九九三	京都でＩＷＣが開催。	
一九九四	改定管理方式がＩＷＣにおいて全会一致で採択される。南大洋鯨類サンクチュアリーがＩＷＣにおいて採択される。	環境基本計画が策定。
一九九五		第一期北西太平洋鯨類捕獲調査（ＪＡＲＰＮ）が開始
一九九六	ＩＤＣＲを引き継いだ「南大洋の鯨類と生態系調査」（ＳＯＷＥＲ）が開始。	

一九九八		遠洋水産研究所、鯨類関連研究室を鯨類管理研究室と鯨類生態研究室に改編。
一九九九		ＪＡＲＰＮが終了。 「動物の愛護及び管理に関する法律」が成立。
二〇〇〇	ＩＷＣ科学委員会が南極海におけるミンククジラの生息頭数（七六万頭）に関する助言を撤回。	第二期北西太平洋鯨類捕獲調査（ＪＡＲＰＮⅡ）が開始。
二〇〇一	日本に対し、科学委員会による包括的な資源評価が完了するまでイシイルカ捕獲の中止を求める勧告がＩＷＣで採択。	遠洋水産研究所が独立行政法人水産総合研究センター遠洋水産研究所となる。
二〇〇二	下関でＩＷＣが開催。 アイスランドがモラトリアムに対する異議申し立てを復活させたうえで再加盟。	小型捕鯨業者によるＪＡＲＰＮⅡの一部請負が開始。
二〇〇三	ＩＷＣで保存委員会の設立が決定。	
二〇〇五		ＪＡＲＰＡが終了。 第二期南極海鯨類捕獲調査計画（ＪＡＲＰＡⅡ）が開始。
二〇〇六	ＩＷＣでセントキッツ宣言が採択。 アイスランドが商業捕鯨を再開。	マルハ、日本水産、極洋が共同船舶の全株式を公益法人などへ無償で譲渡。

二〇〇七	ＩＷＣ正常化会合がＩＷＣ加盟三五か国の参加を得て日本で開催。 国際イルカ年。	横浜市、二〇〇九年の第六一回ＩＷＣ年次総会の誘致立候補を取り下げ。 極洋、クジラ缶詰の販売から撤退。
二〇〇八	ＩＷＣの中間会合でシーシェパードの非難決議が採択。	戸羽捕鯨、日本近海、星洋漁業、三好捕鯨、大洋エーアンドエフ（Ａ＆Ｆ）鮎川事業所が新会社「鮎川捕鯨」に統合。
		グリーンピース・ジャパンの鯨肉持ち出し事件が起きる。
二〇〇九	オリエンタル・ブルーバード号が国際法とパナマ国内法に違反したとして同号船籍が剥奪、日本の操業主に対して罰金が科された。	太地町のイルカ漁を題材にした映画『The Cove』が日本で封切り。
二〇一〇	ＩＷＣでの妥協案策定交渉が決裂。 オーストラリアが日本の調査捕鯨を国際法違反として国際司法裁判所に提訴。	グリーンピース・ジャパンの鯨肉持ち出し事件の一審判決（懲役一年執行猶予三年）が下る。

参考文献一覧

・網走市史編纂委員会（一九七一）『網走市史』（下巻）網走市。
・石井敦（二〇〇八）「なぜ調査捕鯨論争は繰り返されるのか――独立の立場から日本の捕鯨外交を検証する」『世界』岩波書店。
・梅崎義人（一九八六）『クジラと陰謀――食文化戦争の知られざる内幕』ＡＢＣ出版。
・梅崎義人（二〇〇一）『動物保護運動の虚像――その源流と真の狙い』（二訂版）成山堂書店。
・遠藤愛子・山尾政博（二〇〇六）「鯨肉のフードシステム――鯨肉の市場流通構造と価格形成の特徴――」『地域漁業研究』第四六巻二号、四一～六三ページ。
・大久保彩子・石井敦（二〇〇四）「国際捕鯨委員会における不確実性の管理――実証主義から管理志向の科学へ」『科学技術社会論研究』第三号、一〇四～一一五ページ。
・大隅清治（二〇〇三）『クジラと日本人』岩波新書。
・大隅清治（二〇〇八）『クジラを追って半世紀――新捕鯨時代への提言』成山堂書店。
・大塚徳郎他（二〇〇二）『牡鹿町誌』（下巻）牡鹿町。
・牡鹿町誌編さん委員会（一九八八）『牡鹿町誌』（上巻）牡鹿町。
・笠松不二男（二〇〇〇）『クジラの生態』恒星社厚生閣。
・粕谷俊雄（二〇〇五）「捕鯨問題を考える」『エコソフィア』第一六号、五六～六二ページ。
・金子熊夫（二〇〇二）「日本の環境外交の三〇年：ストックホルムからヨハネスブルグへ」二〇〇二年七月一七日付〈読売新聞〉。

・金子熊夫（二〇〇〇）「さらば『捕鯨』エゴイズム」『論座』第六七号、二八四〜二九一ページ。
・菊池慶一（二〇〇四）『街にクジラがいた風景』寿郎社。
・清宮龍（一九八〇）「国際捕鯨委員会のケンカ作法」『諸君』文藝春秋。
・釧路市史編さん員会議（一九九五）『新修釧路市史』（第二巻・経済産業編）釧路市。
・釧路市総務部地域史料室（二〇〇七）『釧路叢書別巻――釧路捕鯨史』（第二版）釧路市。
・国際ピーアール（一九八〇）「捕鯨問題に関する国内世論の喚起」『PR事例研究』三三一〜四一ページ。
・小島敏男（二〇〇三）『調査捕鯨母船　日新丸よみがえる――火災から生還、南極海へ』成山堂書店。
・小松正之（二〇〇〇）『クジラは食べていい！』宝島社新書。
・駒村吉重（二〇〇八）『煙る鯨影』小学館。
・近藤勲（二〇〇一）『日本沿岸捕鯨の興亡』山洋社。
・財団法人日本鯨類研究所（二〇〇八）「平成一九年度事業報告書」《www.icrwhale.org/H19jigyo.pdf》。
・真田康弘（二〇〇五）「国際捕鯨委員会における日米の対応――一九六〇年から一九六五年までの規制措置を事例にして」『国際政治経済学研究』第一五号、五七〜六九ページ。
・真田康弘（二〇〇六）「一九七二年捕鯨モラトリアム提案とその帰結――米国のイニシアティヴと各国の対応を事例として」『環境情報科学論文集20』、二八三〜二八八ページ。
・真田康弘（二〇〇七）「国際捕鯨レジームの設立と規制の失敗――一九五〇年代迄における国際捕鯨規制を事例として」『六甲台論集・国際協力研究編』第八号、九一〜九九ページ。
・真田康弘（二〇〇七）「米国捕鯨政策の転換――国際捕鯨委員会での規制状況及び米国内における鯨類等保護政策の展開を絡めて」『国際協力論集』第一四巻二号、一〇三〜一三四ページ。

・真田康弘（二〇〇八）「科学的調査捕鯨の系譜――国際捕鯨取締条約第8条の起源と運用を巡って」『環境情報科学論文集22』、三六三〜三六八ページ。

・信夫隆司（二〇〇五）「国連人間環境会議における商業捕鯨モラトリアム問題」『総合政策』第六巻二号、一七一〜二〇二ページ。

・社団法人日本新聞協会広告委員会（二〇〇八）『クロスメディア時代の新聞広告Ⅱ――購買満足と新聞エンゲージメント――「二〇〇七年度全国メディア接触・評価調査」報告書』《www.pressnet.or.jp/adarc/data/rep/img/2008.pdf》。

・自由民主党（二〇〇五）「自由民主党国際捕鯨委員会対応検討プロジェクト・チーム・中間報告」二〇〇五年五月三一日。

・水産庁（一九九八）『日本の希少な野生水生生物に関するデータブック（水産庁編）』（社）日本水産資源保護協会。

・諏訪雄三（一九九六）『アメリカは環境に優しいのか』新評論。

・高成田亨（二〇〇九）『こちら石巻さかな記者奮闘記――アメリカ総局長の定年チェンジ』時事通信出版局。

・中島圭一（二〇〇九）「雑誌『WEDGE』「メディアが伝えぬ日本捕鯨の内幕」に反論――正義を曲げてまで、調査捕鯨を止めることが国益につながるのか」日刊水産経済新聞ホームページ《www.suikei.co.jp/topics/2009/20090309.htm》。

・日本鯨類研究所（一九九七）「日鯨研の設立と捕鯨問題をめぐる国際情勢」『日本鯨類研究所十年誌』日本鯨類研究所。

・日本鯨類研究所（二〇〇八）「第二期南極海鯨類捕獲調査（JARPAⅡ）――二〇〇七／〇八年（第三次）調査航海の調査結果について」二〇〇八年四月一四日付プレスリリース。
・日本捕鯨協会編（一九八七）『くじらと食文化』日本捕鯨協会。
・浜中栄吉（一九七九）『太地町史』（太地町史監修委員会監修）太地町役場。
・原剛（一九九三）『ザ・クジラ――海に映った日本人（第五版）』文眞堂。
・藤田巌（一九六九）「北洋漁業の問題」『水産振興』第一八号（藤田巌追悼録刊行会幹事会（一九八〇）『藤田巌』藤田巌追悼録刊行会、六三五～六五六ページ載録）。
・三好晴之（一九九七）『イルカのくれた夢――ドルフィン・ベェイスイルカ物語』フジテレビ出版。
・森下丈二（二〇〇一）「捕鯨問題の歴史的変容と将来の展望」『国際漁業研究』第四巻一号、四ページ。
・森下丈二（二〇〇二）『なぜクジラは座礁するのか――「反捕鯨」の悲劇』河出書房新社。
・吉岡一男他（二〇〇五）『牡鹿町誌』（中巻）牡鹿町。
・米本昌平（一九九八）『知政学のすすめ』中公叢書。
・渡邊洋之（二〇〇六）『捕鯨問題の歴史社会学』東信堂。
・和田町史編さん室（一九九一）『和田町史』（史料集）和田町。
・和田町史編さん室（一九九四）『和田町史』（通史編）和田町。
・Baker, C.S., G.M. Lento, F. Cipriano, S.R. Palumbi（2000）Predicted decline of protected whales based on molecular genetic monitoring of Japanese and Korean markets. *Proceedings of the Royal Society of London B* 267, pp. 1191–1199.

・Baker, C.S., J.C. Cooke, S. Lavery et al.（2007）Estimating the number of whales entering trade using DNA profiling and capture-recapture analysis of market products. *Molecular Ecology* 16（13）, pp. 2617–2626.

・Baker, C.S. & S.R. Palumbi（1994）Which whales are hunted? A molecular genetic approach to monitoring whaling. *Science* 265, pp. 1538–1539.

・Balcomb III, K.C. & C.A. Goebel（1977）Some Information on a *Berardius bairdii* Fishery in Japan. *Report of the International Whaling Commission* 27, pp. 485–486.

・Baumgartner, M.F., T.V.N. Cole, P.J. Clapham, B.R. Mate（2003）North Atlantic right whale habitat in the lower Bay of Fundy and on the SW Scotian Shelf during 1999–2001. *Marine Ecology Progress Series* 264, pp. 137–154.

・Black, R.（2002）Bitter Division over Whale Hunts. BBC news, May 22, 2002,《news.bbc.co.uk/1/hi/world/asia-pacific/1999931.stm》.

・Blok, A.（2008）Contesting Global Norms: Politics of Identity in Japanese Pro-Whaling Countermobilization. *Global Environmental Politics* 8（2）, pp. 39–66.

・Bowett, J. & P. Hay（2009）Whaling and its controversies: Examining the attitudes of Japan's youth. *Marine Policy* 33（5）, pp. 775–783.

・Branch, T.A. & D.S. Butterworth（2001）Southern Hemisphere minke whales: standardized abundance estimates from the 1978/79 to 1997/98 IDCR-SOWER surveys. *Journal of Cetacean Research and Management* 3, pp. 143–174.

・Breiwick, J.M.（1977）Analysis of the Antarctic fin whale stock in Area I. *Report of the International Whal-*

ing Commission 27. p. 60.

・Brown, M.H., J. May（1989）*Greenpeace Story*. Dorling Kindersley Publishing（中野治子訳［一九九五］『グリーンピース・ストーリー』山と溪谷社）。

・Brownell Jr., R.L., T. Kasuya, H. Kato, S. Ohsumi（1999）Report of the Ad Hoc Intersessional Sperm Whale Group Meeting. *Journal of Cetacean Research and Management* 1（supplement）, p. 147.

・Calambokidis, J. et al.（2008）SPLASH: Structure of Populations, Levels of Abundance and Status of Humpback Whales in the North Pacific. Final Report for contract AB133F–03–RP–00078. 57 pp.

・Childerhouse, S.J. et al.（2006）Comments on the Government of Japan's proposal for a second phase of special permit whaling in Antarctica（JARPA II）. *Journal of Cetacean Research and Management* 8（suppl.）, pp. 260–261.

・Clapham, P.J. et al.（2003）Whaling as science. Bioscience 53, pp. 210–212.

・Clapham, P.J. & J. Link（2006）Whales, whaling and ecosystems in the North Atlantic. In: J. Estes, D.P. Demaster, D.F. Doak, T.M. Williams, R.L. Brownell Jr.（eds）*Whales, whaling and ecosystems*. University of California Press, pp. 241–250.

・Clapham, P.J., M.C. Bérubé, D.K. Mattila（1995）Sex ratio of the Gulf of Maine humpback whale population. *Marine Mammal Science* 11, pp. 227–231.

・Clapham, P.J., S. Childerhouse, N. Gales, L. Rojas, M. Tillman, R.L. Brownell Jr.（2007）The whaling issue: Conservation, confusion and casuistry. *Marine Policy* 31, pp. 314–319.

・D'Amato, A. & S.K. Chopra（1991）Whales: Their Emerging Right to Life. *American Journal of Interna-*

tional Law 21, pp. 28–29.

· Danaher, M. (2002) Why Japan will not give up whaling. *Pacifica Review* 14(2), pp. 105–120.

· de la Mare, W.K. (1990) A Further Note on the Simultaneous Estimation of Natural Mortality Rate and Population Trend from Catch-at-age Data. *Report of the International Whaling Commission* 40, pp. 489–492.

· Freeman, M.M.R. et al. (1988) *Small-type Coastal Whaling in Japan*. Boreal Institute for Northern Studies, The University of Alberta.

· Friedheim, R.L. (1996) Moderation in the Pursuit of Justice: Explaining Japan's Failure in the International Whaling Negotiations. *Ocean Development & International Law* 27, pp. 349–378.

· Friedlaender, A.S., G, L. Lawson & P.N. Halpin. (2009) Evidence of resource partitioning between humpback and minke whales around the western Antarctic Peninsula. *Marine Mammal Science* 25, pp. 402–415.

· Gales, N.J., T. Kasuya, P.J. Clapham. R.L. Brownell, Jr. (2005) Japan's whaling plan under scrutiny: useful science or unregulated commercial whaling? *Nature* 435, pp. 883–884.

· Gambell, R. (1974) The unendangered whale. *Nature* 250, pp. 454–455.

· Gillespie, A. (2005) W*haling Diplomacy: Defining Issues in International Environmental Law*. Edward Elgar.

· Glendinning, L. (2008) Spanish parliament approves 'human rights' for apes. *Guardian*, Jun. 26th, 2008.

· Government of Ireland (1997) *Opening Statement of the Government of Ireland*. Forty-Ninth Annual Meeting of the International Whaling Commission.

· Government of Japan (1987) The program for research on the Southern Hemisphere minke whale and for preliminary research on the marine ecosystem in the Antarctic. Paper SC/39/O 4 presented to the IWC Scientific Committee.

・Government of Japan（1997）Suggest draft for the Revision of Chapter V of the Schedule 'Supervision and Control'. IWC/49/RMS1 presented to the IWC Annual Meeting（unpublished）.

・Government of Japan（2005）Plan for the second phase of the Japanese whale research program under special permit in the Antarctic（JARPA II）. Paper SC/57/O1 presented to the IWC Scientific Committee.

・Herman, D.P, D.G. Burrows, P.R. Wade, J.W. Durban, C.O. Matkin, R.G. LeDuc, L.G. Barrett-Lennard & M. M. Krahn（2005）. Feeding ecology of eastern North Pacific killer whales Orcinus orca from fatty acid, stable isotope, and organochlorine analyses of blubber biopsies. *Marine Ecology Progress Series* 302, pp. 275–291.

・Herman, D.P., G.M. Ylitalo, J. Robbins, J.M. Straley, C.M. Gabriele, P.J. Clapham, R.H. Boyer, K.L. Tilbury, R.W. Pearce & M.M. Krahn（2009）Age determination of humpback whales（Megaptera novaeangliae）through blubber fatty acid compositions of biopsy samples. *Marine Ecology Progress Series* 392, pp. 277–293.

・Hunter, R.（1979）*Warriors of the Rainbow: A Chronicle of the Greenpeace Movement*. Henry Holt & Company（淵脇耕一訳［1985］『虹の戦士たち——グリーンピース反核航海記』社会思想社）。

・Iino, Y. & D. Goodman（2003）Japan's Position in the International Whaling Commission. In: W.C.G. Burns & A. Gillespie（eds.）*The Future of Cetaceans in a Changing World.* Transnational Publishers, pp. 3–32.

・Ishii, A. & A. Okubo（2007）An Alternative Explanation of Japan's Whaling Diplomacy in the Post-Moratorium Era. *Journal of International Wildlife Law & Policy* 10(1), pp. 55–87.

・IWC（1994）Review of food and feeding habits of Southern Hemisphere baleen whales. *Report of the Inter-*

national Whaling Commission 44, p. 102.

・IWC（1997）Report of the International Working Group to Review Data and Results from Special Permit Research on Minke Whales in the Antarctic. SC/49/Rep.

・IWC（2000）Report of the Workshop to Review the Japanese Whale Research Programme under Special Permit for North Pacific Minke Whales（JARPN）. SC/52/REP2.

・IWC（2001）Annex Y. Guidelines for the review of scientific permit proposals. *Journal of Cetacean Research and Management* 3（supplement）, pp. 371–372.

・IWC（2008）. Report of the intersessional workshop to review data and results from Special Permit research on minke whales in the Antarctic, Tokyo 4–8 December 2006. Paper SC/59/Rep 1. *Journal of Cetacean Research and Management*.

・Kaschner, K. & D. Pauly（2004）*Competition between Marine Mammals and Fisheries: FOOD FOR THOUGHT*《www.biologie.uni-freiburg.de/data/bio1/kaschner/pdf/r2004-hsus.pdf》.

・Kasuya, T.（1985）Fishery-dolphin conflict in the Iki Island area of Japan. In: J.R. Beddington, R.J.H. Beverton & D.M. Lavigne（eds.）*Marine Mammals & Fisheries*. George Allen & Unwin.

・Katona, S.K. & H.P. Whitehead（1981）Identifying humpback whales using their natural markings. *Polar Record* 20, pp. 439–444.

・Katona, S.K. & J.A. Beard（1990）Population size, migrations and feeding aggregations of the humpback whale（Megaptera novaeangliae）in the western North Atlantic Ocean. *Reports of the International Whaling Commission*（Special Issue 12）, pp. 295–305.

・Kimura, T. （2009） *Whaling and Media: A cross-cultural and bilingual analysis of Australian and Japanese newspaper reporting on Japan's Southern Ocean whaling*. Master Thesis, University of South Australia, Adelaide.

・Knauss, J. （1997） The International Whaling Commission- Its past and possible future. *Ocean Development & International Law* 28, pp. 79–87.

・Kondo, I. & T. Kasuya （2002） True Catch Statistics for a Japanese Coastal Whaling Company in 1965–1978. Unpublished document presented to the 54th Scientific Committee of the International Whaling Commission, IWC/SC/O13.

・Morishita, J. （2006） Multiple analysis of the whaling issue: understanding the dispute by a matrix. *Marine Policy* 30, pp. 802–808.

・Mulvaney, K. & B. McKay （2003） Small Cetaceans: Status, Threats, and Management. In: W.C.G. Burns & A. Gillespie, *The Future of Cetaceans in a Changing World*. Transnational Publishers.

・Murata, K. （2007） Pro- and anti-whaling discourses in British and Japanese newspaper reports in comparison: A cross-cultural perspective. *Discourse & Society* 18(6), pp. 741–764.

・Nemoto, T. （1970） Feeding patterns of baleen whales in the ocean. In: J. Steele （ed.） *Marine food chains*. University of California Press, pp. 241–252.

・Nowacek, D.P., M.P. Johnson, P.L. Tyack, K.A. Shorter, W.A. McLellan, D.A. Pabst （2001） Buoyant balaenids: the ups and downs of buoyancy in right whales. *Proceedings of the Royal Society of London B* 268, pp. 1811–1816.

· Olavarría, C. et al. (2007) Population structure of humpback whales throughout the South Pacific, and the origin of the eastern Polynesian breeding grounds. *Marine Ecology Progress Series* 330, pp. 257–268.

· Palsbøll, P.J., J. Allen, M.C. Bérubé, P.J. Clapham, T.P. Feddersen, P.S. Hammond, H. Jørgensen, S. Katona, A.H. Larsen, F. Larsen, J. Lien, D.K. Mattila, J. Sigurjónsson, R. Sears, T.D. Smith, R. Sponer, P. Stevick, N. Øien (1997) Genetic tagging of humpback whales. *Nature* 388, pp. 767–769.

· Pash, C. (2008) *The Last Whale*. Fremantle Press.

· Pauly, D., J. Alder, E. Bennett, V. Christensen, P. Tyedmers, R. Watson (2003) The future for fisheries. *Science* 302, pp. 1359–1361.

· Pauly, D. & M-L. Palomares (2005) Fishing down marine food web: It is far more pervasive than we thought. *Bulletin of Marine Science* 76, pp. 197–211.

· Sand, P.H. (2008) Japan's 'Research Whaling' in the Antarctic Southern Ocean and in the North Pacific Ocean in the Face of the Endangered Species Convention. *Review of European Community and International Environmental Law* 17(1), pp. 56–71.

· Schevill, W.E. (ed.) (1974) *The Whale Problem: A Status Report*. Harvard University Press.

· Sergeant, D. (1963) Minke Whales, *Balaenoptera acutorostrata* Lacépède, of the Western North Atlantic. *Journal of the Fisheries Research Board of Canada* 20, pp.1489–1504.

· Stephens, T. & D.R. Rothwell (2007) Japanese Whaling in Antarctica: Humane Society International, Inc. v. Kyodo Senpaku Kaisha Ltd. *RECIEL* 16(2), pp. 243–246.

· Stevick, P.T., J. Allen, P.J. Clapham, S.K. Katona, F. Larsen, J. Lien, D.K. Mattila, P.J. Palsbøll, R. Sears, J.

Sigurjónsson, T.D. Smith, G. Vikingsson, N. Øien, P.S. Hammond（2006）Population spatial structuring on the feeding grounds in North Atlantic humpback whales. *Journal of Zoology* 270, pp. 244–255.

・Tamura, T. & S. Ohsumi（1999）*Estimation of total food consumption by cetaceans in the world's oceans*. The Institute of Cetacean Research.

・Tamura, T. & S. Ohsumi（2000）Regional Assessments of prey consumption by cetaceans in the world. SC/52/E6.

・The Whale and Dolphin Conservation Society & The Humane Society of the United States（2003）*Hunted: Dead or Still Alive? A Report on the Cruelty of Whaling*.《www.wdcs.org/submissions_bin/humanekilling.pdf》.

・Trites, A.W., V. Christensen, D. Pauly（1997）Competition between fisheries and marine mammals for prey and primary production in the Pacific Ocean. *Journal of Northwest Atlantic Fisheries Science* 22, pp. 173–187.

・United States Congress（1971）International Moratorium of Ten Years on the Killing of All Species of Whales: Hearing before the Subcommittee on International Organizations and Movements of the Committee on Foreign Affairs. House of Representatives, Ninety-Second Congress, First Session, July 26, 1971, Government Printing Office, pp. 22–23.

・United States Congress（1971）Marine Mammals: Hearing before the Subcommittee on Fisheries and Wildlife Conservation of the Committee on Merchant Marine and Fisheries. House of Representatives, Ninety-Second Congress, First Session, September 9, 13, 17, 23, 1971, Government Printing Office, p. 147.

・United States Department of the Interior（1971）“Secretary Morton Calls for Moratorium on Whaling,” News Release, Dec. 12, 1971.
・van Wolferen, K.（1990）*The Enigma of Japanese Power: People and Politics in a Stateless Nation*. Vintage Books（篠原勝訳『日本／権力構造の謎』［上下巻・文庫新版］早川書房）
・Weber, M.L.（2002）*From Abundance to Scarcity: A History of U.S. Marine Fisheries Policy*. Island Press, p. 107.
・Weyler, R.（2004）*Greenpeace*. Raincoast Books.
・Willacy, M.（2009）Greenpeace says Japan has re-flagged deregistered ship. Australian Broadcasting Corporation News, Jan. 23, 2009《www.abc.net.au/news/stories/2009/01/23/2472768.htm》.
・Yablokov, A.V., V.A. Zemsky & A.A. Berzinm（1998）Data on Soviet Whaling in the Antarctic in 1947–1972（Population Aspects）. *Russian Journal of Ecology* 29(1), pp. 38–42.
・Zerbini, A.N., A. Andriolo, M.P. Heide-Jørgensen, J.L. Pizzorno, Y.G. Maia, G.R. VanBlaricom, D.P. DeMaster, P.C. Simões-Lopes, S. Moreira, C.P. Bethlem（2006）Satellite-monitored movements of humpback whales（Megaptera novaeangliae）in the Southwest Atlantic Ocean. *Marine Ecology Progress Series* 313, pp. 295–304.

公文書（日本語）

・欧亜局英連邦課（一九六五）「捕鯨委員会特別会合の対策会議について」一九六五年二月二六日、外務省外交史料館所蔵マイクロフィルムB’-174、六三一～六三九コマ目。

・牛場在米大使発外務大臣宛電信第三二七六号、一九七一年一〇月一四日、外務省所蔵文書（情報公開請求により開示。以下「外務省」と略記）、ファイル名「全米熱帯まぐろ類委員会年次会議（第〇二三回）・一九七一年一月一日作成」（以下ファイル名のみ略記）。
・牛場在米大使発外務大臣宛電信第三二八一号、一九七一年一〇月一四日、外務省、「全米熱帯まぐろ類委員会／監視員制度・一九七一年一月一日作成」。
・外務省「北鯨（基地式）監視員制度に対する水産庁「案」へのコメント（一次案）」一九七一年一〇月二五日、外務省「全米熱帯まぐろ類委員会／監視員制度・一九七一年一月一日作成」。
・外務省「国際捕鯨委員会第二八回年次会議の結論について（異議申立て問題）」一九七六年七月六日、外務省「国際捕鯨委員会・一九七六年二月一三日作成」。
・大鷹在フィジー大使発外務大臣宛電信第六九七号、一九八〇年一二月八日、外務省「国際捕鯨委員会（第三二回）・一九八〇年九月一日作成」。
・斉木在ケニア大使発外務大臣宛電信第七三四号、一九八〇年一二月一九日、外務省「国際捕鯨委員会（第三二回）・一九八〇年九月一日作成」。
・平原在英大使発外務大臣宛電信第一八二七号、一九八二年七月二六日、外務省「国際捕鯨委員会（第三四回年次会合［5］）・一九八二年六月一〇日作成」。

公文書（英語）

・Department of the Interior（1971）“Secretary Morton Calls for Moratorium on Whaling,” News Release, Dec. 12, 1971.

・McHugh, J.L.（1970）“Report of the United States Delegation to the 22nd Meeting of the International Whaling Commission, Aug. 4, 1970,” file INCO WHALES 3, box 1337, Subject-Numeric Files [SNF], Record Group 59 [RG59], National Archives II, College Park, Maryland [NA].

・Memorandum for John Whitaker from William A. Hayne（CEQ）, “Presidential Discussion of Whaling during Summit Talks with Prime Minister Sato,” Dec. 22, 1971, file CEQ 1971 [3 of 3], box 42, Staff Member and Office Files: John C. Whitaker [SMOF: Whitaker], White House Central Files [WHCF], Nixon Presidential Materials Project [Nixon], NA.

・Letter from Stans to Rogers, Jan. 24, 1972, file INCO WHALES WHALING 4 1–1–70, box 1337, SNF, RG 59, NA.

・Memorandum of Conversation, “Japan’s Objection to Amendment of Schedule to Whaling Convention,” Oct. 20, 1972, file INCO WHALES WHALING 4 1–1–70, box 1337, SNF, RG59, NA

・Memorandum for Train from W. A. Hayne / Lee Talbot, “U.S. Participation in the International Whaling Commission,” Oct. 28, file Ocean Mammal Protection Act [1 of 2], box 141, SMOF: Whitaker, WHCF, Nixon, NA.

・Parl 133, 2006, Document 341（アイスランド議会の資料）quoted in P. Siglaugsson（2007）Iceland’s cost of Whaling and Whaling-Related projects 1990–2006, p. 4《www.natturuverndarsamtok.is/pdf/Whaling_cost.pdf》.

その他：
・行政文書：絶滅のおそれのある野生動植物の種の保存に関する法律案に関する覚書（環自野第九一号：四水漁第一〇四〇号）一九九三年三月二六日。
・ＩＷＣ議事録、各年。
・ＩＷＣ年次報告書、各年。

他の執筆者一覧

佐久間淳子（さくま・じゅんこ）第４、５章担当。駒澤大学法学部政治学科卒業。週刊誌記者を経て1991年からフリーランスに転じる。1994年から、自然破壊の阻止を目的とした「自然の権利」訴訟に広報担当として参加し、『報告　日本における［自然の権利］運動』を編纂。インターネット新聞JanJanにマスメディアが報じない情報と分析を執筆（2007～2010）2009年から立教大学社会学部兼任講師。『鯨　イルカ　雑学ノート』（ダイヤモンド社、1996年共著）『環境倫理学』（鬼頭秀一／福永真弓編、東大出版会、2009年）の第９章担当など。

大久保彩子（おおくぼ・あやこ）第６章担当。東海大学海洋学部海洋文明学科専任講師。一橋大学大学院経済学研究科修士課程修了（経済学修士）、東京大学大学院工学系研究科単位取得退学。在スウェーデン日本国大使館専門調査員、海洋政策研究財団研究員、東京大学先端科学技術研究センター特任研究員を経て、2011年４月より現職。海洋環境・生態系保全にかかわる国際的な取組みについて、環境政策論、科学技術社会論・国際関係論の視点から研究。2002年以降のIWC年次会合にオブザーバーとして出席し、国際交渉や日本の捕鯨外交の実態を独立の視点から分析してきた。東アジア地域の海洋環境協力、国際漁業資源管理における生態系アプローチについても研究している。

真田康弘（さなだ・やすひろ）第２章担当。法政大学サステイナビリティ研究教育機構リサーチ・アドミニストレータ。神戸大学法学部卒業。神戸大学国際協力研究科博士課程前期課程修了（修士・政治学）。同研究科博士課程後期課程修了（博士・政治学）。大阪大学大学教育実践センター非常勤講師、東京工業大学社会理工学研究科産学官連携研究員を経て、2010年４月より現職。京都光華女子大学非常勤講師を兼任。地球環境政策や漁業資源管理に関して、政治学、政治史、国際関係論の立場から研究。捕鯨問題に関しては、各国に所蔵される一次史料をベースとした研究を行い、多数の論文を発表している。

Phillip J. Clapham（フィリップ・クラプハム）第３章担当。アメリカ国立海洋哺乳類研究所の鯨類評価と生態学プログラム・リーダー。スミソニアン博物館研究員。アバディーン大学で動物学博士号取得。ウッズホールにあるアメリカ海洋大気圏局北東部漁業科学センターのプロジェクトリーダーを経て現職。30年近くにわたって生物学や保全管理の観点から大型鯨類を研究してきた。1997年からIWC科学委員会にアメリカ代表団の一員として参加している。今までに４冊の本と約100本の査読つき論文を発表している。

編著者紹介

石井　敦（いしい・あつし）

第１、４、６章担当、第３章翻訳。東北大学東北アジア研究センター准教授。筑波大学大学院経営・政策科学研究科修士課程修了（経済学修士）、同大大学院社会工学研究科中途退学。国立環境研究所アシスタントフェローを経て、2004年10月より現職。専門は国際関係論・科学技術社会学。学術研究としての理論構築と実際の政策決定への貢献が両立できる研究を目指している。現在までに、*Journal of International Wildlife Law and Policy*、*Global Environmental Change*などに査読つき論文を発表しており、その他にも*Climate Policy*や*Ocean and Coastal Management*にも論考を発表している。2005年以降のIWC年次会合にオブザーバーとして出席し、捕鯨の国際交渉や外交の実態を独立の視点から分析してきた。その他の研究としては、欧州越境性大気汚染条約とIWCにおける科学アセスメントのケーススタディをもとに、外交において影響力を発揮できる新しい科学のあり方として、「外交科学」を提唱している。IWC以外の国際交渉会議への参加としては、1996年以降の気候変動枠組条約・京都議定書に関する国際交渉、2010年のワシントン条約の締約国会議がある。

解体新書「捕鯨論争」

2011年 5月15日　初版第１刷発行

編著者　石井　敦

発行者　武市一幸

発行所　株式会社　新評論

〒169-0051
東京都新宿区西早稲田３-16-28
http://www.shinhyoron.co.jp

電話　03(3202)7391
FAX　03(3202)5832
振替・00160-1-113487

落丁・乱丁はお取り替えします。
定価はカバーに表示してあります。

印刷　フォレスト
製本　清水製本所
装丁　山田英春

Printed in Japan
ISBN978-4-7948-0870-7